U0291011

“十四五”时期国家重点出版物出版专项规划项目

国家出版基金项目
NATIONAL PUBLICATION FOUNDATION

量子信息技术丛书

# 新型量子秘密共享与安全多方计算协议

窦 钊 袁开国 徐 刚 著

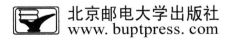北京邮电大学出版社
www.buptpress.com

# 内 容 简 介

本书以作者及其课题组多年的研究成果为主体,对量子秘密共享协议和量子安全多方计算协议的安全性、普适性、公平性和效率进行了相关研究。全书共 12 章,分为三大部分,第 1~2 章介绍量子秘密共享协议和量子安全多方计算协议的相关基础知识,第 3~7 章研究量子秘密共享协议,第 8~12 章研究量子安全多方计算协议。

本书适合密码学相关专业领域高年级本科生、研究生、教师以及其他对本书内容感兴趣的科学工作者阅读参考,也可以作为密码、信息安全等专业的选修课教材或参考书。

**图书在版编目 (CIP) 数据**

新型量子秘密共享与安全多方计算协议 / 窦钊,袁开国,徐刚著 . - - 北京:北京邮电大学出版社,2024.2

ISBN 978-7-5635-7175-8

Ⅰ.①新… Ⅱ.①窦… ②袁… ③徐… Ⅲ.①量子－密码－通信协议－研究 Ⅳ.①TN918.2

中国国家版本馆 CIP 数据核字(2024)第 039641 号

策划编辑:马晓仟　责任编辑:王小莹　责任校对:张会良　封面设计:七星博纳

出版发行:北京邮电大学出版社

社　　　址:北京市海淀区西土城路 10 号

邮政编码:100876

发 行 部:电话:010-62282185　传真:010-62283578

**E-mail**: publish@bupt.edu.cn

经　　　销:各地新华书店

印　　　刷:保定市中画美凯印刷有限公司

开　　　本:720 mm×1 000 mm　1/16

印　　　张:12

字　　　数:258 千字

版　　　次:2024 年 2 月第 1 版

印　　　次:2024 年 2 月第 1 次印刷

ISBN 978-7-5635-7175-8　　　　　　　　　　　　　　　　定　价:68.00 元

# 量子信息技术丛书

## 顾问委员会

喻 松　王 川　徐兵杰　张 茹　焦荣珍

## 编 委 会

主　任　任晓敏
委　员　张 勇　张一辰　曹 聪
　　　　陈 星　方 萍　窦 钊
总 策 划　姚 顺
秘 书 长　刘纳新　马晓仟

# 前　　言

在当前的信息社会,随着经济的不断发展,人民群众所拥有的数据规模越来越大。而随着大数据等技术的出现,数据泄露可能引起的安全风险也大大增加。因此,人们对数据安全性的要求也越来越高。在现代密码学中,对称加密、单向散列函数、公钥加密、认证和密钥交换协议、秘密共享协议、安全多方计算协议、数字签名等多种工具分别从不同角度对数据的安全性进行保护。在这些工具之中,秘密共享协议和安全多方计算协议作为保护数据安全性的重要工具,得到了深入的研究和广泛的应用。

秘密共享的核心思想是以适当的方式分割秘密信息,并将分割后的每一个份额交由不同的参与者保管。单个参与者均无法恢复秘密信息,只有足够多的参与者进行合作才能恢复秘密信息。利用秘密共享可以将核心秘密分散管理,以起到降低窃取风险和容忍部分攻击及错误的作用。此外,秘密共享协议在密钥协商、安全多方计算、数字签名、转账系统和投票系统中有重要应用。

安全多方计算问题是与秘密共享问题类似的一类密码学问题。在这类问题中,多个参与者想合作计算某个函数的输出值。这里,每个参与者都拥有一个不能被泄露给任何人的私密输入。安全多方计算广泛用于分布式网络中,例如秘密共享、电子投票和安全分类等。

由于量子力学可以提供不可克隆性、纠缠性等优良特性,因此研究者发现可以利用量子力学来研究密码学协议。量子密码学只基于量子力学的基本原理,为设计无条件安全的密码学方案提供了一种可能。作为一种热门的密码学技术,量子密码学及其相关技术目前得到了广泛的关注和深入的研究。本书主要对量子秘密共享协议和量子安全多方计算协议进行研究。

全书共 12 章,第 1～2 章介绍量子秘密共享协议和量子安全多方计算协议的相关基础知识,第 3～7 章研究量子秘密共享协议,第 8～12 章研究量子安全多方计算协议。具体来说,第 1 章说明量子秘密共享协议和量子安全多方计算协议的研究背景及研究意义、国内外研究现状等内容;第 2 章介绍量子力学和博弈论基础知识;第 3 章研究基于局域可区分性的门限量子秘密共享协议;第 4 章研究普适性量子秘密共享协议;第 5 章研究庄家在线的理性非分层量子态共享协议;第 6 章研究庄家半离线的理性非分层量子态共享协议;第 7 章研究理性分层量子态共享协议;第 8 章研究基于量子态对称性的一类量子私密比较协议;第 9 章研究基于图态的普适量子安全多方计算协议;第 10 章研究理性量子安全多方计算协议;第 11 章研究基于单向量子行走的高效量子百万富翁协议;第 12 章研究基于单光子和旋转加密的高效量子私密比较协议。

本书的完成离不开作者所在课题组全体成员的帮助和支持。张花丽硕士、车碧琛博士、寇天翊同学、王苣杰同学、韩雨杉同学、王艺霏同学等人的研究工作为本书提供了丰富的资料,作者在此表示深深的感谢。全书的编写工作还得到了李丽香教授、彭海朋教授、陈秀波教授、毕经国副研究员、赖裕平副教授等人的协助,在此一并对他们表示衷心的感谢。

作者希望本书能为广大读者带来帮助。鉴于作者水平有限,对书中的疏漏与不足之处,敬请读者批评指正。

# 目　　录

# 第1章

# 绪　　论

## 1.1　研究背景及研究意义

量子通信、量子计算的发展,不断地推动着量子密码学协议的实用化,也进一步促进了量子密码协议的发展。在这些量子密码协议中,量子秘密共享(Quantum Secret Sharing,QSS)协议和量子安全多方计算(Quantum Secure Multi-party Computation,QSMC)协议是其中的两个重要分支。

量子秘密共享协议通过分割秘密信息,可以解决多个参与者共享秘密的问题。量子秘密共享协议分为共享经典信息的量子秘密共享协议和共享量子信息的量子秘密共享协议,而共享量子信息的量子秘密共享协议又称为量子态共享(Quantum State Sharing,QSTS)协议或量子信息拆分(Quantum Information Splitting,QIS)协议。由于量子态是量子信息处理中最重要的因素之一,因此保护量子态的安全也是至关重要的。通过量子态共享,多个参与者只有合作才能得到量子态。这种方式也是保护量子态安全的一个有效途径。

量子安全多方计算利用量子力学的不可克隆性、纠缠性和叠加性等优良特性,使得安全多方计算协议的安全性建立在量子力学客观规律的基础上。量子安全多方计算可以有效解决互不信任参与方之间保护隐私的协同计算问题,实现量子数据的安全协作计算。量子安全多方计算包括量子百万富翁(Quantum Millionaire,QM)、量子私密比较(Quantum Private Comparison,QPC)、量子多方求和(Quantum Multiparty Summation,QMS)、量子保密计算几何、量子安全多方排序等众多研究分支,适用于数据共享、信息对抗、密钥分配等对安全要求较高的应用场景。相对于基于计算复杂性的传统安全多方计算协议,量子安全多方计算协议具有3个主要优势:一是更高的安全性,即在不需要对通信双方的计算能力做任何假设的前提下达到协议的无条件安全性;二是更有效的检测机制,即任何外部攻击者都可以被发现;三是更强的鲁棒性,即信道对任何窃听攻击都具有鲁棒性。

与设计其他量子密码协议类似,在设计量子秘密共享协议或量子安全多方计算协议时,有一些需要考虑的因素,例如安全性、普适性、效率、对参与者的公平性、所需量子态、所需执行的操作以及相应的设备。从协议安全性的角度出发,提高已有协议的安全性,将使得这些协议更可靠。从全局的角度出发,可以研究具有更强普适性的、更便于应用的协议。从协议参与者的角度出发,可以假设每个参与者都是理性的,研究参与者的动机和所选择的策略,从而设计公平的协议,保证每个参与者的合法利益。从所需量子态的角度出发,可以选择一些具有优良性质的量子态作为载体来构造协议。从所需执行操作的角度出发,可以选择易于执行的操作并讨论如何利用这些操作来完成秘密共享或量子安全多方计算的任务。而从操作所需的设备角度出发,可以研究与设备无关的量子密码协议。

## 1.2 国内外研究现状

量子密码学[1-3]的概念于 1984 年被提出。Bennett 和 Brassard[4]利用非正交量子态和测不准原理设计了首个量子密钥分发(Quantum Key Distribution,QKD)协议。该协议只需要使用单粒子态,因此易于执行。协议的安全性也已得到了严格证明。在此之后,研究者设计了多种类型的量子密码协议。例如,1995 年,Goldenberg 和 Vaidman[5]提出了一种基于正交态的安全量子密钥分发协议。

量子秘密共享协议可以被用来在多个参与者或用户之间共享一些机密的数据。除了量子密钥分发协议之外,量子秘密共享协议也是一类非常重要的量子密码协议。在 1999 年,Hillery 等人[6]基于 GHZ 态首次研究了量子秘密共享协议,并分别提出了一个共享经典秘密和共享量子秘密的协议。

在量子安全多方计算方面,Lo[7]在 1997 年的研究表明两方的量子安全计算协议必须具备一定的安全条件。随后,Crepeau 等人[8]在 2002 年提出了一个信息论安全的 $n$ 方量子安全计算协议。2010 年,Unruh[9]提出了量子通用可组合 UC 模型,并针对一般的安全多方计算问题构建了量子通用可组合安全协议。2017 年,Clementi 等人[10]提出了利用有限计算资源在多方之间执行经典多方计算的量子协议。2021 年,Bartusek 等人[11]提出了首个针对恶意攻击者安全的常数轮量子安全多方计算协议。针对具体的安全多方计算问题,研究者设计了诸多量子协议,例如量子百万富翁、量子私密比较、量子多方求和、量子保密求积、量子匿名排序和量子距离计算等协议。在已有研究中,量子百万富翁协议、量子私密比较协议和量子多方求和协议得到的关注较多。

## 1.2.1 共享经典信息的量子秘密共享协议

在共享经典信息的量子秘密共享协议方面,Guo 等人[12]考虑了一个不使用纠缠的量子秘密共享协议。这个协议只用到了直积态,而且可以适用于多个参与者共享的情况。在此之后,Xiao 等人[13]推广了 Hillery 等人[6]的方案到任意多方,提高了协议的效率,并定性地分析了协议的安全性。2012 年,Long 等人[14]使用 BPB 态设计了一个量子秘密共享协议。在该协议中,庄家拥有 BPB 态的 6 个粒子中的 3 个,而3 个参与者每人拥有一个。不幸的是,Qin 等人[15]发现该协议存在信息泄露。在实验进展方面,2018 年 Zhou 等人[16]利用光场的多粒子束缚纠缠在实验上实现了四方量子秘密共享。之后,Wang 等人[17]提出了基于具有不同结构四模连续变量簇态的测量设备无关量子秘密共享方案。而 Yang 等人[18]基于逻辑 GHZ 态和逻辑 $\chi$ 态,分别提出了 4 种不受联合相移噪声和联合旋转噪声影响的三方量子秘密共享协议。Gao 等人[19]在 2020 年提出了一个与测量设备无关的三方量子秘密共享方案,并将其推广到了任意数量的参与者。Pinnell 等人[20]利用相互无偏基的循环特性,在实验上实现了 $d$ 维量子秘密共享协议。2021 年,Yang 等人[21]受 Li 等人[22]的量子安全直接通信方案的启发,提出了一种基于超编码和单光子 Bell 态测量的三方探测器设备无关量子秘密共享协议。2021 年,Liao 等人[23]利用离散调制相干态实现了量子秘密共享。

## 1.2.2 共享量子信息的量子秘密共享协议

共享量子信息的 QSS 协议又称为量子态共享协议。从参与者权限的角度来看,可以将量子态共享协议分为两大部分:非分层的量子态共享(Non-Hierarchical QSTS,NQSTS)和分层的量子态共享(Hierarchical QSTS,HQSTS)。后者也通常被称为分层量子信息拆分(Hierarchical QIS,HQIS)。

在非分层量子态共享协议方面,Cleve 等人[24]在 1999 年首次提出了量子态共享的概念,并设计了一个基于量子纠错编码理论的 $(k,n)$ 门限量子态共享协议。其中$k\leqslant n<2k-1$。随后,Yang 等人[25]研究了一个多方 $m$ 粒子可分态的共享协议。

2004 年,Li 等人[26]提出了一个利用 Bell 态和多粒子 GHZ 基测量来共享任意量子比特的量子态共享协议。随后,2005 年,Deng 等人[27]提出了一个多方受控协议来隐形传递任意的两粒子态。在该方案中,使用一个三粒子 GHZ 态为量子资源。实际上,绝大多数受控隐形传态协议都可以在不作修改或稍作修改的情况下被视为一个量子态共享协议[28]。在此之后,Li 等人[28]简化了 Deng 等人[27]协议的步骤。新协议中的参与者不需要执行多方纠缠测量或者两量子比特联合操作,这也使得协议更加易于执行。Li 等人同时也将协议扩展到多粒子版本。随后,Muralidharan 和 Panigrahi[29]设计了一个完美的量子态共享协议,此协议通过最大纠缠五量子比特态来共享单量子比特和两量子比特。为了实现目的,该协议需要使用多粒子测量。

2015 年,Li 等人[30]研究了如何通过使用簇态和 Bell 态来共享任意两量子比特态。2018 年,Qin 等人[31]使用量子傅里叶变换设计了一个共享高维量子态的量子态共享协议。Cao 等人[32]利用单粒子酉操作设计了一个易于物理实现的可验证量子态共享协议。Chen 等人[33]对 Tavakoli 等人[34]的协议进行了改进,提出了效率和安全性更高的基于单个 $d$ 级量子态系统的量子态共享协议。Grice 等人[35]在 2019 年提出了一种使用常规激光源和光学零差探测器的连续变量量子秘密共享协议。Williams 等人[36]则在实验上实现了使用偏振纠缠光子对的三方量子秘密共享协议。2020 年,Song 等人[37]在 IBM 量子云平台上,提出了一种可验证 $(t,n)$ 门限量子态共享方案。2021 年,Chou 等人[38]提出了基于中国剩余定理和相移操作的多方门限量子秘密共享协议。

在分层量子态共享协议方面,参与者们有不同的权力重构量子态,他们被分为上级参与者和下级参与者。详细来说,就是当一个上级参与者重构量子态时,他只需要所有其他上级参与者和任意一个下级参与者的帮助;当一个下级参与者重构量子态时,他需要所有其他参与者的帮助。因为分层量子态共享协议比非分层量子态共享协议更通用,所以分层量子态共享协议受到了广泛研究。在 2010 年,Wang 等人[39]首次提出了分层量子态共享协议。再后来,一个 $(2,3)$ 分层量子态共享协议[40]和一个 $(m,n)$ 分层量子态共享协议[41]被提出。2013 年,Shukla 等人[42]实现了一个分层量子态共享协议的通用方法。2019 年,Zha 等人[43]提出了基于 8 粒子态的分层量子态共享协议。

## 1.2.3 理性秘密共享协议

在理性秘密共享协议方面,2004 年,Halpern 和 Teague[44]首次引入了理性参与者的概念,并设计了一个理性的秘密共享协议。每个理性的参与者都希望在自己能获得秘密信息的情况下,让其他参与者尽可能少地获得信息。同时,如果在某一轮中选择合作更有利,则他会选择合作,否则这一轮中他将拒绝合作。理性秘密共享协议中引入了随机数以影响参与者的决策。该三方协议所需执行的期望轮数为 $5/\alpha^3$。这里,$\alpha$ 是每个参与者选择合作的概率。同时,Halpern 等人也证明了确定性策略均无法通过重复弱劣策略删除,因此不存在确定时间的理性多方协议。

随后,Abraham 等人[45]讨论了允许参与者合谋的理性多方计算协议。在该协议中,Abraham 等人使用了随机多项式来设计多轮协议。即使存在 $k$ 个参与者进行合谋,协议也可以完成秘密共享的任务。与 Halpern 等人[44]的协议相比,该协议[45]能适用于两个参与者的情况。2009 年,Ong 等人[46] 提出了一个包括少数的诚实参与者和多数的理性参与者的理性秘密共享方案。该方案可以有效地实现公平性。在诚实参与者忠实执行协议、理性参与者出于自己的利益考虑而选择执行协议时,所有参与者都能获得秘密信息的概率很高。2011 年,Zhang 等人[47] 使用标准的点对点信道设计了一个无条件安全的 $(2,2)$ 门限理性秘密共享协议,该协议满足纳什均衡。在此基础上,Zhang 等人又给出了一个 $(k,n)$ 门限的理性秘密共享协议。在此之后,Groce 等人[48] 展示了只要在理想世界中计算一个函数是严格纳什均衡的,那么就可能在现实世界中构造一个理性、公平的协议来计算这个函数。

2015 年,Zhang 等人[49] 提出了一个可验证的理性秘密共享协议,并对协议的正确性给出了一个非交互的可证实的证明过程。该协议不需要生成、传播和存储证书,因此更适用于设备尺寸和处理能力受限的场景,例如移动网络。2016 年,Wang 等人[50] 基于激励研究了安全计算协议中的公平性问题,根据激励给出了理性参与者效用的新定义。同年,Wang 等人[51] 还使用模糊理论研究了基于不完全信息情景的理性计算协议。在这种情景下,允许参与者拥有其他参与者均不知道的私密类型。与已有协议相比,该协议的轮数复杂度更小。

2015 年,Maitra 等人[52] 首次研究了带有理性参与者的量子秘密共享协议。Maitra 等人利用 Calderbank-Shor-Steane(CSS) 纠错码,设计了一个 $(3,7)$ 门限的共享已知量子态的秘密共享协议,并将该协议推广至 $(k,n)$ 门限。在文献 [52] 中,Maitra 等人考虑了半离线的庄家和离线的庄家两种情况,并分别设计了协议。同时,由于不可克隆定理的限制,Maitra 等人引入了量子存储器,并由庄家来复制已知的量子态再进行分发。

到目前为止,大多数被提出的理性量子态共享协议都是非分层量子态共享协议,基本上没有关于理性非分层量子态共享协议的研究。在理性非分层量子态共享协议中,由于上级和下级对重构共享量子态有不同的权力,对于理性参与者来说,上级参与者可能会滥用自己的权力,如通过威胁进行作弊,那么下级参与者可能会担心自己的收益受损而放弃参与协议,最终导致协议失败。因此在面对不同级别的参与者重构量子态时,应该使用合适的博弈模型去求解博弈均衡。

## 1.2.4 门限量子秘密共享协议

在门限量子秘密共享协议方面,Lance 等人[53] 利用明亮光束上的正交振幅设计了两个 $(2,3)$ 门限的量子秘密共享协议。两个协议的执行都需要一对纠缠光束。其中,第一个协议利用两个相敏光学放大器,而第二个协议使用一个光电前馈回路以重构秘密。此外,2008 年,Yang 等人[54] 使用一串单光子提出了一个多方与多方之间的门限量子秘密共享协议。该协议具有两个优势:一方面,协议执行时不需要使用纠缠资源;另一方面,如果未检测到窃听,那么共享密钥是可以重用的。在此之后,Dehkordi 等人[55]设计了一个 $(t,m)$-$(s,n)$ 门限量子秘密共享协议。该协议可以利用 GHZ 态在多方(集合 1 中的 $m$ 个成员)和多方(集合 2 中的 $n$ 个成员)之间实现量子秘密共享。基于 Shamir[56] 的秘密共享协议和拉格朗日插值法,研究者提出了一些量子门限秘密共享协议[57-59]。

除此之外,另一类常见的量子门限秘密共享协议是基于局域可区分性的协议。2015 年,Rahaman 等人[60]基于局域操作和经典通信(Local Operations and Classical Communications,LOCC),设计了一个简单高效的 $(k,n)$ 门限量子秘密共享模型。这一模型利用一组相互正交的多粒子纠缠态来编码信息。$k$ 个或者多于 $k$ 个参与者通过合作即可区分这些量子态,从而得到秘密信息。Rahaman 等人[60]同时也设计了一个受限的 $(2,n)$ 门限和一个 $(k,n)$ 门限 LOCC-QSS 协议,协议中 $k \geqslant \lceil n/2 \rceil$。这里,受限的 $(2,n)$ 门限协议是指将所有参与者分为 2 个集合,从 2 个集合中各选 1 个参与者进行合作即可恢复秘密。

针对 $d$ 维量子态,Yang 等人[61]设计了一个标准的 $(2,n)$ 门限 LOCC-QSS 协议。同时,Yang 等人还发现目前已有的 LOCC-QSS 协议都是不完美的,并引入了两个新的参数 $k_1$ 和 $k_2$,将协议记为 $(k_1,k_2,k,n)$ 门限 LOCC-QSS 协议。这里,$k_2$ 表示 $k_2$ 个参与者可以以非 0 的概率通过测量来明确区分量子态,而 $k_1$ 表示 $k_1$ 个参与者可以通过最小错误态区分以大于 $1/2$ 的概率来区分两个量子态。由此证明 $k_1 \leqslant k_2 \leqslant k < n$。

2017 年,为了更好地设计和分析 LOCC-QSS 协议,Wang 等人[62]提出了判决空间的概念。利用这一工具,Wang 等人设计了一个 $(2,3,3,4)$ 门限和 $(2,5,5,6)$ 门限 LOCC-QSS 协议。随后,Bai 等人[63]提出了一个 $(n,n)$ 门限、受限的 $(3,n)$ 门限和受限的 $(4,n)$ 门限 LOCC-QSS 协议。同年,Liu 等人[64]分析了 15 个 7 粒子纠缠态的局域可区分性,并据此提出了一个 $(6,7)$ 门限 LOCC-QSS 协议。

## 1.2.5　图态量子秘密共享协议

在图态量子秘密共享协议方面,2008 年,Markham 等人[65]将图态引入量子秘密共享领域,在一个统一的图态方法下探讨了 3 类门限量子秘密共享协议。同时,他们也在一个更大的图态中引入了嵌入式的协议以作为一个单向的量子信息处理系统。

在此之后,Keet 等人[66]在高维(素数维)量子系统中研究了图态量子秘密共享,并分别考虑了以下 3 种情况下的协议。①CC 秘密共享:秘密信息是经典的,分发者与参与者们分别通过私密量子信道连接,参与者之间通过私密经典信道连接。②CQ 秘密共享:秘密消息是经典的,分发者与参与者们分别通过公开量子信道连接,参与者之间通过私密经典信道连接。③QQ 秘密共享:秘密消息是量子的,分发者与参与者们分别通过私密或公开量子信道连接,参与者之间通过私密量子或经典信道连接。

随后,Javelle 等人[67]使用图态形式体系[68]构造了任意访问结构下的基于图态的量子秘密共享。2012 年,Sarvepalli 等人[69]利用图态形式体系研究了非门限的量子秘密共享。同年,Jia 等人[70]使用图态中的星型簇态分别设计了一个动态共享经典信息和共享量子信息的量子秘密共享协议。由于图态具有测量部分粒子后剩余粒子依然是图态的性质,因此该协议可以实现参与者的增加、删除等操作。

除此之外,Wu 等人[71]也使用连续变量图态研究了量子秘密共享。随后,2014 年,Bell 等人[72]对图态量子秘密共享进行了实验研究。Bell 等人使用全光子设定,通过编码量子信息到光子上来表示一个五量子比特图态。结果表明图态是在量子网络中实现复杂多层次通信协议的一个有前景的方式。2016 年,Guo 等人[73]使用图态研究了基于中国剩余定理的量子秘密共享。与此同时,梁建武等人[74]基于量子图态的几何结构特征,利用生成矩阵分割法,提出了一个量子秘密共享方案。

## 1.2.6 量子百万富翁协议

Yao 在文献[75]中首次提出了安全多方计算问题。具体来说,Yao 引入了两方的百万富翁问题。两个百万富翁想要在不需要其他任何人帮助的情况下比较他们的财富值。在此之后,Goldreich 等人[76]考虑了安全多方计算问题。1998 年,Goldreich 对安全多方计算做了完整总结,同时提出了安全多方计算的安全性定义[77]。由于安全多方计算具有广泛的应用前景,所以目前世界各国的许多专家都致力于相关研究。随后,研究者引入了百万富翁问题的一个变体,即社会主义百万富翁问题[78-79]。该问题关注的是两个百万富翁的财富值是否相等。

随着量子信息处理技术的发展,学术界开始研究如何使用量子密码协议解决安全多方计算问题。考虑到百万富翁问题,Jia 等人[80]在 2011 年提出了一个量子百万富翁协议。该协议中参与者的输入被编码为 $d$ 维纠缠态的相位。在此之后,Zhang 等人[81]设计了一个基于 $d$ 维 Bell 态的量子百万富翁协议。2013 年,Lin 等人[82]同样提出了一个基于 $d$ 维 Bell 态的量子百万富翁协议,该协议可以保证公平性、正确性和安全性。与此同时,该协议中所有的粒子只传输一次。2019 年,Cao 等人[83]基于 $d$ 维 GHZ 态设计了一个多方之间比较数据大小的量子协议。2021 年,Zhou 等人[84]利用 $d$ 维 Bell 态设计了一个半量子百万富翁协议,该协议的比较过程可经由单轮处理完成,这较现有协议节省了量子资源。

## 1.2.7 量子私密比较协议

量子私密比较协议是社会主义百万富翁问题的量子版本解决方案。在不诚实的第三方(the Third Party,TP)的帮助之下,Yang 等人[85]提出了一个使用很多额外密码技术(如哈希函数、量子密钥分发协议等)的量子私密比较协议。该协议是私密比较问题的第一个量子版本解决方案。随后,Chen 等人[86]介绍了一个使用 GHZ 态及单粒子测量的高效量子私密比较协议。该协议首次提出和描述了实际生活中具有更广泛应用的半可信 TP 模型。其后,基于 Chen 等人[86]提出的半可信 TP 模型的量子私密比较协议被大量研究,Liu 等人[87]介绍了一个利用 3 粒子 W 态和单粒子测量的新协议。该协议中,3 粒子 W 态中的 1 个粒子决定 1 比特信息,另外 2 个粒子共同决定 1 比特信息。在此之后,Tseng 等人在文献[88]中使用了单向量子态传输和 Bell 态的量子纠缠以执行他们的量子私密比较协议。该协议的优势是在量子通信方面只需要由 TP 分别向 Alice 和 Bob 发送一次量子态,量子态的利用率很高。2013 年,Chang 等人在文献[89]中提出了一个基于 GHZ 类态的多方私密比较协议。除了粒子分发过程之外,协议不需要传输其他量子态。

随后,Chen 等人[90]在 2014 年提出了一类量子私密比较协议。本书第 8 章将进行具体介绍。在不使用纠缠的情况下,Chen 等人[91]介绍了一个只需要单粒子的高效量子私密比较协议。此外,文献[91]中,Chen 等人还提出了一个能够抵抗联合振幅阻尼噪声的协议。这在实际应用中将非常有优势。2017 年,Liu 等人[92]利用单光子干涉设计了一个量子私密比较协议。2021 年,Chen 等人[93]利用圆上的量子游走构造了量子私密比较协议,其中用到了不共谋的第三方。2022 年,Tang 等人[94]利用无退相干态分别提出了两种针对联合相移噪声和联合旋转噪声的半量子私密比较协议。

## 1.2.8　量子多方求和协议

在量子多方求和协议方面,量子多方求和协议是一类常见的量子安全多方计算协议。在多方求和问题[95-97]中,参与者需要合作计算他们私密输入值的和。2007 年,杜等人[98]研究了一个基于非正交态的量子多方求和协议。在此之后,Shi 等人[99]提出了一个量子方法来系统性地计算量子多方求和和量子多方求积。2018 年,Yang 等人[100]也设计了一个利用树型模式传输粒子的量子多方求和协议。2021 年,Wang 等人[101]提出了一个基于纠缠交换的量子安全多方求和协议。2022 年,Zhang 等人[102]提出了一种与设备无关的量子多方逐位异或求和协议。

# 1.3　本书的主要研究工作

本书主要从协议的安全性、普适性、公平性和效率 4 个角度出发,研究了量子秘密共享协议和量子安全多方计算协议的设计问题,如图 1-1 所示。本书中设计的量子秘密共享协议包括最优 LOCC-QSS 协议、普适性量子秘密共享协议、理性非分层量子态共享协议和理性分层量子态共享协议。本书中设计的量子安全多方计算协议包括基于量子态对称性的一类量子私密比较协议、基于图态的普适量子安全多方计算协议、理性量子安全多方计算协议、基于单向量子行走的高效量子百万富翁协议和基于单光子和旋转加密的高效量子私密比较协议。本书中设计的协议安全性更高，应用范围更广，更适应实际情况。本书的主要研究工作具体包括如下几个部分。

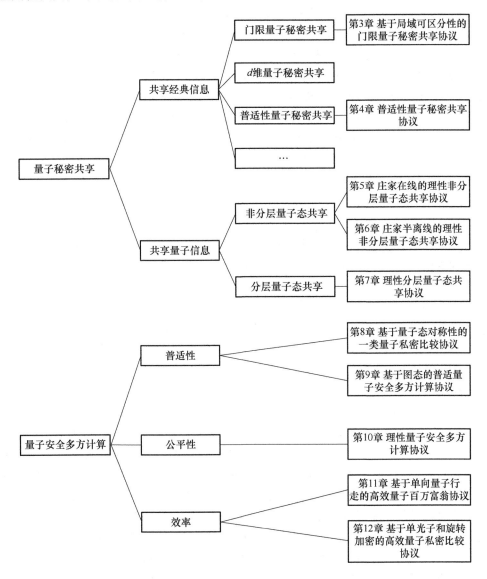

图 1-1 研究热点及本书主要研究工作的总体框架图

① 基于局域可区分性的门限量子秘密共享协议的研究。首先，跟随 Wang 等人[62]的工作，深入地研究了判决空间，并给出了判决空间的数字表示形式。进一步描述了其图形表示形式，也即判决空间的网状图。其次，借鉴 Wang 等人[62]的思路，

对于任意的$(k,n)$,设计了一个算法以搜索可选的量子态。与此同时,该算法保证满足$k_2=k$的条件,列出了$k<n\leqslant8$情况下所有的可选量子态。再次,描述了一种可以尽可能提高$k_1$取值的方法。作为例子,可以得到一个$(3,3,3,4)$门限、两个$(3,5,5,6)$门限和一个$(3,6,6,7)$门限协议。这里的$(3,3,3,4)$门限协议是一个完美的$(3,4)$门限协议。最后,基于以上的工作,首次研究了最优 LOCC-QSS 协议的条件。

② 普适性量子秘密共享协议的研究。首先,借鉴文献[103]和[104]的工作,设计了一个基于 BPB 态的量子秘密共享协议。该协议同样使用了 BPB 态不同粒子测量结果之间的关联性。除此之外,协议中的庄家只需要制备量子态、传输态至参与者 Alice 和 Bob,以及执行测量。而对两个参与者来说,他们只需要执行测量即可。该协议步骤简单,且在当前条件下易于实现。其次,详细地研究量子密码协议的普适性。具体来说,提出了量子密码协议的模块划分,并将一般协议划分为 7 个模块,讨论了不同模块之间的耦合度。如果一个协议中不同模块间的耦合度较低,则该协议是普适的。作为例子,分析了一些已有的协议。研究了 BPB 态的性质,相应地提出了 BPB 类态和类 BPB 类态。在这两个类中,所有的态都具有相同的形式。随后扩展了提出的协议至一类基于 BPB 类态或者类 BPB 类态的量子秘密共享协议。上述两个类中的所有量子态,都能被用来完美地执行协议。讨论了文献[104]中的量子私密比较协议和本书提出的基于 BPB 态的量子秘密共享协议的关系。比较发现,从某种意义上说,私密比较是秘密共享的逆过程。如果已经设计了一个量子私密比较协议,则有可能容易推得一个量子秘密共享协议。这表明本书提出的基于 BPB 态的量子秘密共享协议可以在只修改小部分操作的情况下完成量子私密比较或者量子秘密共享的目标。通过上述分析,可以发现该协议是健壮的,且其不同模块间具有较低的耦合度。最后,使用伪纠缠度和 Wei 等人[105]的方法,分别研究了六粒子 BPB 类态的纠缠度。伪纠缠度是受计算两粒子量子态纠缠度的方法启发而引入的。计算结果表明 BPB 类态具有较高的纠缠度。这在一定程度上说明该协议具有较高的价值。

③ 庄家在线的理性非分层量子态共享协议的研究。首先,跟随 Li 等人[28]和 Maitra 等人[52]的工作,设计了一个共享未知量子态的理性量子秘密共享协议。该协议中包括 $n+1$ 个参与者,他们将共同随机选择其中 1 方来恢复量子态,而其余 $n$ 方将协助恢复者。在该协议中,各个参与者可以选择各种可能的策略,包括忠实执行、退出协议或者公布虚假信息等策略以最大化自己的利益。其次,总结了前述非分层量子态共享协议的一般步骤。再次,提出了基于这些步骤的理性协议。协议步骤可以被总结为上述一般步骤的所有协议,都可以用在提出的协议中。所需的修改是简单易行的,并且提出协议与普通协议兼容。恢复量子态的参与者并不是预先确定的或者由庄家指定的。实际上,他是由所有参与者通过随机选举得到的。最后,具体地分析了提出的理性协议的安全性、参与者效用、正确性、公平性、纳什均衡和帕累托最优。

④ 庄家半离线的理性非分层量子态共享协议的研究。首先,借鉴文献[52]和

[106]的工作,设计了一个庄家半离线的理性非分层量子态共享协议。该协议中,庄家利用 EPR 对、GHZ 态和参与者共享任意两粒子纠缠态,并且庄家并不知道要共享的量子态的具体信息,因此不能复制量子态。除此之外,该协议中庄家是半离线的,这意味着庄家只需要与参与者进行两次交互。第一次是公布协议的轮数,第二次是公布实际的揭示轮和在揭示轮的测量结果。其次,通过分析证明提出的协议实现了理性量子态共享协议要求的安全性、正确性、公平性和严格纳什均衡。最后,将提出的协议和其他协议进行比较,说明所提出协议的优势。

　　⑤ 理性分层量子态共享协议的研究。借鉴文献[52]和[107]的工作,设计了一个理性分层量子态共享协议。首先,庄家通过$(m+n+1)$粒子簇态和理性参与者共享任意两粒子纠缠态,其中理性参与者分为上级参与者和下级参与者。其次,庄家对要共享的量子态是未知的,因此他并不能克隆任何量子信息。最终只有一个参与者 David 能够重构共享的量子态。而 David 是由上级参与者和下级参与者共同选举出来的,保证了该协议公平性的基本要求。除此之外,在提出的协议中,当一个上级参与者重构量子态时,他将和几个下级参与者讨价还价,以获得关于他们测量结果的真实信息。因此,为了满足实际应用需求,提出的协议应用鲁宾斯坦讨价还价博弈模型研究理性参与者的行为策略。最后,提出的协议实现了理性分层量子态共享协议的基本要求:安全性、公平性、正确性和严格纳什均衡。

　　⑥ 基于量子态对称性的一类量子私密比较协议的研究。首先,说明了量子态的对称性。其次,设计了一个基于 χ 型态的量子私密比较协议,并使用对称性将提出的基于 χ 型态的量子私密比较协议扩展为一类量子私密比较协议。随后,对该类协议进行了分析,并列举了几个常见的具有对称性的量子态。最后,讨论了量子态对称性与量子码中稳定子体系的关系。

　　⑦ 基于图态的普适量子安全多方计算协议的研究。利用图态和稳定子体系来寻找量子安全多方计算问题的普适解。第一,对普适性进行了深入研究。第二,利用类 GHZ 态和稳定子体系提出了一个近乎普适的协议。提出的协议可以简单、高效地解决安全多方计算问题。第三,提出了基于所提出的近乎普适协议的 3 种量子安全多方计算协议:量子百万富翁协议、量子私密比较协议和量子多方求和协议。并以这些协议作为例子解释普适性。第四,对示例协议进行分析,并验证了其正确性和公平性。还从防止内部攻击和外部攻击的角度展示了示例协议的安全性。第五,利用IBM Q 平台对示例协议进行了实验实现,并将实验结果与理论结果进行了比较。结果表明提出的协议在一定程度上是普适的,并且易于执行。

　　⑧ 理性量子安全多方计算协议的研究。首先,给出了一个理性求和协议作为例子。与 Halpern 等人的理性秘密共享协议[44]类似,提出的协议中的参与者同样需要产生一些随机比特,并以此来决定他们的策略。提出的协议的一个改进是引入了惩罚机制,使得参与者更倾向于发送他们的输入值。其次,讨论了提出的协议可以解决哪些多方计算问题。如果一个问题的解决方案的核心计算是同态的,就可以将这个

解决方案修改为一个理性协议。进一步地,提出的协议也就可以解决这个问题。协议可以解决的问题包括但不限于求和、求积和匿名排序。再次,分析了提出协议的正确性、纳什均衡和公平性。为了实现这 3 种特性,参与者们可以选择合适的参数。提出的协议实际上满足理性协议的所有标准。最后,分析了提出协议的安全性,计算了最优和最劣情况的概率,并将其与 Halpern 等人[44] 的协议和 Maitra 等人[52] 的协议进行了比较。这些分析比较表明提出的协议是安全的、高效的和多功能的。除此之外,提出的协议在分析参与者的决策时不需要任何额外的预设。

⑨ 基于单向量子行走的高效量子百万富翁协议的研究。首先,设计了一个基于单向量子行走的高效量子百万富翁协议,并提出了一种可以通过设立量子标志位来比较私密信息大小的新颖方法。其次,分析了提出的协议以及前人协议的量子比特效率,并得出提出的协议提高了量子比特利用率和参与者私密信息的最大值。再次,进一步探讨了该协议的现实意义,即其在当前的量子技术下能否实现。量子行走粒子在初始状态是解纠缠的,并且只需要利用一个特殊算符去行走。这使得提出的协议减少了所需的量子资源,易于实现。最后,对提出协议的正确性以及安全性进行了分析。分析表明,提出的协议是正确和安全的。

⑩ 基于单光子和旋转加密的高效量子私密比较协议的研究。首先,设计了一个基于单光子和旋转加密的高效量子私密比较协议。其次,通过分析证明了该协议是正确的和安全的。再次,在该协议中,秘密信息被编码为单光子偏振态,之后用同态旋转加密方法进行加密,该协议基于这种加密方法和循环传输模式实现了光子的复用,将效率提高至 100%。最后,将该协议和其他协议相比较,由于该协议只引入了单光子、酉运算和单粒子测量,所以该协议是易于实现的。

# 本章参考文献

[1] Wang X L, Chen L K, Li W, et al. Experimental ten-photon entanglement [J]. Physical Review Letters, 2016, 117(21): 210502.

[2] Wang Y, Li Y, Yin Z, et al. 16-qubit IBM universal quantum computer can be fully entangled[J]. Npj Quantum Information, 2018, 4(1): 46.

[3] Wang X L, Luo Y H, Huang H L, et al. 18-qubit entanglement with six photons' three degrees of freedom [J]. Physical Review Letters, 2018, 120(26): 260502.

[4] Bennet C H, Brassard, G. Quantum cryptography: public key distribution and coin tossing[C] // Proc. of IEEE Int. Conf. on Comp., Syst. and Signal Proc. Bangalore: IEEE, 1984.

[5] Goldenberg L, Vaidman L. Quantum cryptography based on orthogonal

states[J]. Physical Review Letters，1995，75(7)：1239.

[6] Hillery M，Bužek V，Berthiaume A. Quantum secret sharing[J]. Physical Review A，1999，59(3)：1829.

[7] Lo H K. Insecurity of quantum secure computations[J]. Physical Review A，1997，56(2)：1154.

[8] Crépeau C，Gottesman D，Smith A. Secure multi-party quantum computation [C]//Proceedings of the Thiry-fourth Annual ACM Symposium on Theory of Computing. 2002：643-652.

[9] Unruh D. Universally composable quantum multi-party computation[C]// Annual International Conference on the Theory and Applications of Cryptographic Techniques. Berlin：Springer，2010：486-505.

[10] Clementi M，Pappa A，Eckstein A，et al. Classical multiparty computation using quantum resources[J]. Physical Review A，2017，96(6)：062317.

[11] Bartusek J，Coladangelo A，Khurana D，et al. On the round complexity of secure quantum computation [ C ]//Annual International Cryptology Conference. Cham：Springer，2021：406-435.

[12] Guo G P，Guo G C. Quantum secret sharing without entanglement[J]. Physics Letters A，2003，310(4)：247-251.

[13] Xiao L，Long G L，Deng F G，et al. Efficient multiparty quantum-secret-sharing schemes[J]. Physical Review A，2004，69(5)：052307.

[14] Long Y，Qiu D，Long D. Quantum secret sharing of multi-bits by an entangled six-qubit state [J]. Journal of Physics A：Mathematical and Theoretical，2012，45(19)：195303.

[15] Qin S J，Liu F. Information leakage in quantum secret sharing of multi-bits by an entangled six-qubit state[J]. International Journal of Theoretical Physics，2014，53(9)：3116-3123.

[16] Zhou Y，Yu J，Yan Z，et al. Quantum secret sharing among four players using multipartite bound entanglement of an optical field[J]. Physical Review Letters，2018，121(15)：150502.

[17] Wang Y，Tian C，Su Q，et al. Measurement-device-independent quantum secret sharing and quantum conference based on Gaussian cluster state[J]. Science China Information Sciences，2019，62(7)：72501.

[18] Yang Y G，Gao S，Li D，et al. Three-party quantum secret sharing against collective noise[J]. Quantum Information Processing，2019，18(7)：215.

[19] Gao Z K，Li T，Li Z H. Deterministic measurement-device-independent quantum secret sharing [ J ]. Science China Physics，Mechanics &

Astronomy，2020，63(12)：120311.

[20] Pinnell J，Nape I，de Oliveira M，et al. Experimental demonstration of 11-dimensional 10-party quantum secret sharing [J]. Laser & Photonics Reviews，2020，14(9)：2000012.

[21] Yang Y G，Liu X X，Gao S，et al. Detector-device-independent quantum secret sharing based on hyper-encoding and single-photon Bell-state measurement[J]. Quantum Engineering，2021，3(3)：e76.

[22] Li T，Long G L. Quantum secure direct communication based on single-photon bell-state measurement [J]. New Journal of Physics，2020，22(6)：063017.

[23] Liao Q，Liu H，Zhu L，et al. Quantum secret sharing using discretely modulated coherent states[J]. Physical Review A，2021，103(3)：032410.

[24] Cleve R，Gottesman D，Lo H K. How to share a quantum secret[J]. Physical Review Letters，1999，83(3)：648.

[25] Yang C P，Chu S I，Han S. Efficient many-party controlled teleportation of multiqubit quantum information via entanglement[J]. Physical Review A，2004，70(2)：022329.

[26] Li Y，Zhang K，Peng K. Multiparty secret sharing of quantum information based on entanglement swapping[J]. Physics Letters A，2004，324(5-6)：420-424.

[27] Deng F G，Li C Y，Li Y S，et al. Symmetric multiparty-controlled teleportation of an arbitrary two-particle entanglement[J]. Physical Review A，2005，72(2)：022338.

[28] Li X H，Zhou P，Li C Y，et al. Efficient symmetric multiparty quantum state sharing of an arbitrary m-qubit state [J]. Journal of Physics B：Atomic，Molecular and Optical Physics，2006，39(8)：1975.

[29] Muralidharan S，Panigrahi P K. Perfect teleportation，quantum-state sharing，and superdense coding through a genuinely entangled five-qubit state[J]. Physical Review A，2008，77(3)：032321.

[30] Li D，Wang R，Zhang F，et al. Quantum information splitting of arbitrary two-qubit state by using four-qubit cluster state and Bell-state[J]. Quantum Information Processing，2015，14(3)：1103-1116.

[31] Qin H，Tso R，Dai Y. Multi-dimensional quantum state sharing based on quantum Fourier transform[J]. Quantum Information Processing，2018，17(3)：48.

[32] Cao H，Ma W. Verifiable threshold quantum state sharing scheme[J].

IEEE Access，2018，6：10453-10457.

[33]　Chen X B，Tang X，Xu G，et al. Cryptanalysis of secret sharing with a single d-level quantum system[J]. Quantum Information Processing，2018，17(9)：225.

[34]　Tavakoli A，Herbauts I，Zukowski M，et al. Secret sharing with a single d-level quantum system[J]. Physical Review A，2015，92(3)：030302.

[35]　Grice W P，Qi B. Quantum secret sharing using weak coherent states[J]. Physical Review A，2019，100(2)：022339.

[36]　Williams B P，Lukens J M，Peters N A，et al. Quantum secret sharing with polarization-entangled photon pairs [J]. Physical Review A，2019，99(6)：062311.

[37]　Song X，Liu Y，Xiao M，et al. A verifiable (t, n) threshold quantum state sharing scheme on IBM quantum cloud platform[J]. Quantum Information Processing，2020，19(9)：337.

[38]　Chou Y H，Zeng G J，Chen X Y，et al. Multiparty weighted threshold quantum secret sharing based on the Chinese remainder theorem to share quantum information[J]. Scientific Reports，2021，11(1)：6093.

[39]　Wang X W，Xia L X，Wang Z Y，et al. Hierarchical quantum-information splitting[J]. Optics Communications，2010，283(6)：1196-1199.

[40]　Wang X W，Zhang D Y，Tang S Q，et al. Hierarchical quantum information splitting with six-photon cluster states [J]. International Journal of Theoretical Physics，2010，49(11)：2691-2697.

[41]　Wang X W，Zhang D Y，Tang S Q，et al. Multiparty hierarchical quantum-information splitting[J]. Journal of Physics B：Atomic，Molecular and Optical Physics，2011，44(3)：035505.

[42]　Shukla C，Pathak A. Hierarchical quantum communication[J]. Physics Letters A，2013，377(19-20)：1337-1344.

[43]　Zha X W，Miao N，Wang H F. Hierarchical quantum information splitting of an arbitrary two-qubit using a single quantum resource[J]. International Journal of Theoretical Physics，2019，58(8)：2428-2434.

[44]　Halpern J，Teague V. Rational secret sharing and multiparty computation [C] // Proceedings of the Thirty-sixth Annual ACM Symposium on Theory of Computing. New York：ACM Press，2004：623-632.

[45]　Abraham I，Dolev D，Gonen R，et al. Distributed computing meets game theory：robust mechanisms for rational secret sharing and multiparty computation [C] // Proceedings of the Twenty-fifth Annual ACM

Symposium on Principles of Distributed Computing. New York: ACM Press, 2006: 53-62.

[46] Ong S J, Parkes D C, Rosen A, et al. Fairness with an honest minority and a rational majority[C] // Theory of Cryptography Conference. Berlin: Springer, 2009: 36-53.

[47] Zhang Z, Liu M. Unconditionally secure rational secret sharing in standard communication networks[C] // International Conference on Information Security and Cryptology. Berlin: Springer, 2010: 355-369.

[48] Groce A, Katz J. Fair computation with rational players[C] // Annual International Conference on the Theory and Applications of Cryptographic Techniques. Berlin: Springer, 2012: 81-98.

[49] Zhang E, Yuan P, Du J. Verifiable rational secret sharing scheme in mobile networks[J]. Mobile Information Systems, 2015, 2015: 462345.

[50] Wang Y, Chen L, Leung H, et al. Fairness in secure computing protocols based on incentives[J]. Soft Computing, 2016, 20(10): 3947-3955.

[51] Wang Y, Li T, Chen L, et al. Rational computing protocol based on fuzzy theory[J]. Soft Computing, 2016, 20(2): 429-438.

[52] Maitra A, De S J, Paul G, et al. Proposal for quantum rational secret sharing[J]. Physical Review A, 2015, 92(2): 022305.

[53] Lance A M, Symul T, Bowen W P, et al. Continuous variable (2, 3) threshold quantum secret sharing schemes[J]. New Journal of Physics, 2003, 5(1): 4.

[54] Yang Y G, Wen Q Y. Threshold quantum secret sharing between multi-party and multi-party[J]. Science in China Series G: Physics, Mechanics and Astronomy, 2008, 51(9): 1308-1315.

[55] Dehkordi M H, Fattahi E. Threshold quantum secret sharing between multiparty and multiparty using Greenberger-Horne-Zeilinger state[J]. Quantum Information Processing, 2013, 12(2): 1299-1306.

[56] Shamir A. How to share a secret[J]. Communications of the ACM, 1979, 22(11): 612-613.

[57] Lai H, Zhang J, Luo M X, et al. Hybrid threshold adaptable quantum secret sharing scheme with reverse Huffman-Fibonacci-tree coding[J]. Scientific Reports, 2016, 6: 31350.

[58] Qin H, Dai Y. An efficient (t, n) threshold quantum secret sharing without entanglement[J]. Modern Physics Letters B, 2016, 30(12): 1650138.

[59] Song X L, Liu Y B, Deng H Y, et al. (t, n) Threshold d-level quantum

secret sharing[J]. Scientific Reports，2017，7(1)：6366.

[60] Rahaman R，Parker M G. Quantum scheme for secret sharing based on local distinguishability[J]. Physical Review A，2015，91(2)：022330.

[61] Yang Y H，Gao F，Wu X，et al. Quantum secret sharing via local operations and classical communication [J]. Scientific Reports，2015，5：16967.

[62] Wang J，Li L，Peng H，et al. Quantum-secret-sharing scheme based on local distinguishability of orthogonal multiqudit entangled states [J]. Physical Review A，2017，95(2)：022320.

[63] Bai C M，Li Z H，Liu C J，et al. Quantum secret sharing using orthogonal multiqudit entangled states[J]. Quantum Information Processing，2017，16(12)：304.

[64] Liu C J，Li Z H，Bai C M，et al. Quantum-secret-sharing scheme based on local distinguishability of orthogonal seven-qudit entangled states [J]. International Journal of Theoretical Physics，2018，57(2)：428-442.

[65] Markham D，Sanders B C. Graph states for quantum secret sharing[J]. Physical Review A，2008，78(4)：042309.

[66] Keet A，Fortescue B，Markham D，et al. Quantum secret sharing with qudit graph states[J]. Physical Review A，2010，82(6)：062315.

[67] Javelle J，Mhalla M，Perdrix S. New protocols and lower bounds for quantum secret sharing with graph states[C] // Conference on Quantum Computation，Communication，and Cryptography. Berlin：Springer，2012：7582.

[68] Gravier S，Javelle J，Mhalla M，et al. Quantum secret sharing with graph states [C] // International Doctoral Workshop on Mathematical and Engineering Methods in Computer Science. Berlin：Springer，2012：15-31.

[69] Sarvepalli P. Nonthreshold quantum secret-sharing schemes in the graph-state formalism[J]. Physical Review A，2012，86(4)：042303.

[70] Jia H Y，Wen Q Y，Gao F，et al. Dynamic quantum secret sharing[J]. Physics Letters A，2012，376(10-11)：1035-1041.

[71] Wu Y，Cai R，He G，et al. Quantum secret sharing with continuous variable graph state[J]. Quantum Information Processing，2014，13(5)：1085-1102.

[72] Bell B A，Markham D，Herrera-Martí D A，et al. Experimental demonstration of graph-state quantum secret sharing [J]. Nature communications，2014，5：5480.

[73] Guo Y, Luo P, Wang Y. Graph state-based quantum secret sharing with the chinese remainder theorem[J]. International Journal of Theoretical Physics, 2016, 55(11): 4936-4950.

[74] 梁建武, 程资, 石金晶, 等. 基于量子图态的量子秘密共享[J]. 物理学报, 2016, 65(16): 160301-160301.

[75] Yao A C. Protocols for secure computations[C] // 23rd Annual Symposium on Foundations of Computer Science. Chicago: IEEE, 1982: 160-164.

[76] Goldreich O, Micali S, Wigderson A. How to play any mental game[C] // Proceedings of the nineteenth annual ACM symposium on Theory of computing. New York: ACM Press, 1987: 218-229.

[77] Goldreich O. Secure multi-party computation[J]. Manuscript Preliminary Version, 1998, 78.

[78] Boudot F, Schoenmakers B, Traore J. A fair and efficient solution to the socialist millionaires' problem[J]. Discrete Applied Mathematics, 2001, 111(1-2): 23-36.

[79] Lin H Y, Tzeng W G. An efficient solution to the millionaires' problem based on homomorphic encryption [C] // International Conference on Applied Cryptography and Network Security. Berlin: Springer, 2005: 456-466.

[80] Jia H Y, Wen Q Y, Song T T, et al. Quantum protocol for millionaire problem[J]. Optics Communications, 2011, 284(1): 545-549.

[81] Zhang W W, Li D, Zhang K J, et al. A quantum protocol for millionaire problem with Bell states [J]. Quantum Information Processing, 2013, 12(6): 2241-2249.

[82] Lin S, Sun Y, Liu X F, et al. Quantum private comparison protocol with d-dimensional Bell states[J]. Quantum Information Processing, 2013, 12(1): 559-568.

[83] Cao H, Ma W, Lü L, et al. Multi-party quantum privacy comparison of size based on d-level GHZ states[J]. Quantum Information Processing, 2019, 18(9): 287.

[84] Zhou N R, Xu Q D, Du N S, et al. Semi-quantum private comparison protocol of size relation with d-dimensional Bell states [J]. Quantum Information Processing, 2021, 20(3): 124.

[85] Yang Y G, Wen Q Y. An efficient two-party quantum private comparison protocol with decoy photons and two-photon entanglement[J]. Journal of Physics A: Mathematical and Theoretical, 2009, 42(5): 055305.

[86]  Chen X B, Xu G, Niu X X, et al. An efficient protocol for the private comparison of equal information based on the triplet entangled state and single-particle measurement[J]. Optics Communications, 2010, 283(7): 1561-1565.

[87]  Liu W, Wang Y B, Jiang Z T. An efficient protocol for the quantum private comparison of equality with W state[J]. Optics Communications, 2011, 284(12): 3160-3163.

[88]  Tseng H Y, Lin J, Hwang T. New quantum private comparison protocol using EPR pairs[J]. Quantum Information Processing, 2012, 11(2): 373-384.

[89]  Chang Y J, Tsai C W, Hwang T. Multi-user private comparison protocol using GHZ class states[J]. Quantum Information Processing, 2013, 12(2): 1077-1088.

[90]  Chen X B, Dou Z, Xu G, et al. A class of protocols for quantum private comparison based on the symmetry of states[J]. Quantum Information Processing, 2014, 13(1): 85-100.

[91]  Chen X B, Su Y, Niu X X, et al. Efficient and feasible quantum private comparison of equality against the collective amplitude damping noise[J]. Quantum Information Processing, 2014, 13(1): 101-112.

[92]  Liu B, Xiao D, Huang W, et al. Quantum private comparison employing single-photon interference[J]. Quantum Information Processing, 2017, 16(7): 180.

[93]  Chen F L, Zhang H, Chen S G, et al. Novel two-party quantum private comparison via quantum walks on circle[J]. Quantum Information Processing, 2021, 20(5): 178.

[94]  Tang Y H, Jia H Y, Wu X, et al. Robust semi-quantum private comparison protocols againstcollective noises with decoherence-free states[J]. Quantum Information Processing, 2022, 21(3): 97.

[95]  Clifton C, Kantarcioglu M, Vaidya J, et al. Tools for privacy preserving distributed data mining[J]. ACM Sigkdd Explorations Newsletter, 2002, 4(2): 28-34.

[96]  Sanil A P, Karr A F, Lin X, et al. Privacy preserving regression modelling via distributed computation[C] // Proceedings of the Tenth ACM SIGKDD International Conference on Knowledge Discovery and Data Mining. New York: ACM press, 2004: 677-682.

[97]  Atallah M, Bykova M, Li J, et al. Private collaborative forecasting and

benchmarking[C] // Proceedings of the 2004 ACM Workshop on Privacy in the Electronic Society. New York: ACM Press, 2004: 103-114.

[98] 杜建忠, 陈秀波, 温巧燕, 等. 保密多方量子求和[J]. 物理学报, 2007, 56(11): 6214-6219.

[99] Shi R, Mu Y, Zhong H, et al. Secure multiparty quantum computation for summation and multiplication[J]. Scientific Reports, 2016, 6: 19655.

[100] Yang H Y, Ye T Y. Secure multi-party quantum summation based on quantum Fourier transform[J]. Quantum Information Processing, 2018, 17(6): 129.

[101] Wang Y, Hu P, Xu Q. Quantum secure multi-party summation based on entanglement swapping [J]. Quantum Information Processing, 2021, 20(10): 319.

[102] Zhang C, Wei T. Secure device-independent quantum bit-wise XOR summation based on anpseudo-telepathy game[J]. Quantum Information Processing, 2022, 21(3): 82.

[103] Zhang C, Sun Z W, Huang X, et al. Three-party quantum summation without a trusted third party [J]. International Journal of Quantum Information, 2015, 13(02): 1550011.

[104] Zhang C, Sun Z, Huang X, et al. Three-party quantum private comparison of equality based on genuinely maximally entangled six-qubit states[J]. arXiv preprint arXiv:1503.04282, 2015.

[105] Wei T C, Goldbart P M. Geometric measure of entanglement and applications to bipartite and multipartite quantum states [J]. Physical Review A, 2003, 68(4): 042307.

[106] Deng F G, Li X H, Li C Y, et al. Multiparty quantum-state sharing of an arbitrary two-particle state with Einstein-Podolsky-Rosen pairs [J]. Physical Review A, 2005, 72(4): 044301.

[107] Xu G, Wang C, Yang Y X. Hierarchical quantum information splitting of an arbitrary two-qubit state via the cluster state[J]. Quantum Information Processing, 2014, 13(1): 43-57.

# 第2章

# 基础知识

## 2.1 概　　述

量子密码学是量子力学与密码学的交叉学科。在量子密码学的研究过程中,需要以数学及物理学的相关知识为基础。而理性量子秘密共享协议和理性量子安全多方计算协议是量子密码学与博弈论的交叉领域,还需要以博弈论的相关知识为基础。为了更好地阐述后续章节中的工作,本章将统一给出相关的基础知识,具体包括Hilbert 空间、量子操作、量子态、测量基、博弈、策略和效用等。

## 2.2 量子信息处理基础

为了更好地研究量子密码协议,本节将简要介绍量子信息处理的基础知识,主要包括其数学背景和物理特性两部分。

### 2.2.1 Hilbert 空间

在量子信息处理中,最有价值的空间是复空间 $\mathbb{C}^n$:所有的 $n$ 元复数张成的空间。记 $\mathbb{C}^n = (c_1, c_2, \cdots, c_n)$,其中 $c_k = a_k + ib_k (k=1,2,\cdots,n)$。这里,$a_k$ 和 $b_k$ 都是实数。若 V 表示线性空间,可以得到

$$\mathbb{C}^n \subset V \tag{2-1}$$

线性复空间中的元素被称为一个向量 $v$:

$$v = \begin{bmatrix} c_1 \\ c_2 \\ \vdots \\ c_n \end{bmatrix} \tag{2-2}$$

将向量 $\upsilon$ 记为 $|\upsilon\rangle$，称为右矢。其中，$|\cdot\rangle$ 表示狄拉克符号。$|\upsilon\rangle$ 的伴随表示为 $\langle\upsilon|$，称为左矢，表示右矢的对偶向量。另外，$(|\upsilon\rangle)^* = (c_1^*, c_2^*, \cdots, c_n^*)^{\mathrm{T}}$，$(|\upsilon\rangle)^\dagger = ((c_1^*, c_2^*, \cdots, c_n^*)^{\mathrm{T}})^{\mathrm{T}} = \langle\upsilon|$ 分别表示向量 $|\upsilon\rangle$ 的复共轭和厄米共轭。

内积是复空间内向量上的一种操作。相关定义如下：

**定义 2.1(内积)** 设 V 是复数域 $\mathbb{C}$ 上的线性空间，$|\phi\rangle$ 和 $|\varphi\rangle$ 分别是 V 上的任意向量。函数 $G$：$\mathrm{V}\times\mathrm{V}\rightarrow\mathbb{C}$ 被定义为内积，表示为

$$G(|\phi\rangle, |\varphi\rangle) \equiv \langle\phi|\varphi\rangle \tag{2-3}$$

**定义 2.2(内积空间)** 如果一个内积被定义在线性空间 V 上，且对于复数空间内的任意向量 $|\phi\rangle$ 和 $|\varphi\rangle$ 满足如下条件：

① $\langle\varphi|\phi\rangle = (\langle\phi|\varphi\rangle)^*$，其中，$(\langle\phi|\varphi\rangle)^*$ 是 $\langle\phi|\varphi\rangle$ 的复共轭；

② $\langle\varphi|\varphi\rangle \geqslant 0$ 取等号当且仅当 $|\varphi\rangle = 0$；

③ 对于任意的 $|\phi\rangle$，$|\varphi_i\rangle \in \mathrm{V}$，以及 $\alpha_i \in \mathbb{C}$，都有

$$G\left(|\phi\rangle, \sum_{i=1}^n \alpha_i |\varphi_i\rangle\right) = \sum_{i=1}^n \alpha_i G(|\phi\rangle, |\varphi_i\rangle)$$

则称 V 为一个内积空间。

在量子力学和量子信息处理中，Hilbert 空间是一个重要的概念。

**定义 2.3(Hilbert 空间)** 一个 Hilbert 空间即一个内积空间。通常将 Hilbert 空间记为 H。

举例来说，通常将用于量子信息处理的 2 维 Hilbert 空间记为 $\mathrm{H}_2$，$n$ 维 Hilbert 空间记为 $\mathrm{H}_n$。

一个线性空间是由一些基向量张成的，对于 Hilbert 空间来说也是如此。在 Hilbert 空间中，通常将一个向量称为一个态向量。

(1) 基本向量

令 $|\varphi\rangle$ 是 Hilbert 空间内的一个任意向量，即 $|\varphi\rangle \in \mathrm{H}$，其厄米共轭为 $\langle\varphi|$。$|\varphi\rangle$ 和 $\langle\varphi|$ 有如下关系：

$$(|\varphi\rangle)^\dagger = \langle\varphi| \tag{2-4}$$

如果 $|\varphi\rangle = 0$，则称向量 $|\varphi\rangle$ 为零向量。请注意，$|0\rangle \neq 0$。$|0\rangle$ 总是表示一个非零向量，而 0 表示零向量。

(2) 向量操作

由于 Hilbert 空间是一个线性空间，所以定义在线性空间中的操作完全适用于 Hilbert 空间。令 $|\phi_1\rangle$，$|\phi_2\rangle$，$\cdots$，$|\phi_n\rangle \in \mathrm{H}$，且 $c_1, c_2, \cdots, c_n \in \mathbb{C}$，这些向量的线性组合 $|\Psi\rangle$ 依然是 Hilbert 空间内的一个向量，和向量被记为

$$|\Psi\rangle = c_1 |\phi_1\rangle + c_2 |\phi_2\rangle + \cdots + c_n |\phi_n\rangle \tag{2-5}$$

内积和张量积是两类常见的向量乘积操作。前文已经介绍过内积，这里讨论张量积。

**定义 2.4(张量积)** 令 $|\phi\rangle$，$|\varphi\rangle \in \mathrm{H}$，则称 $|\Phi\rangle = |\phi\rangle \otimes |\varphi\rangle$ 为两个向量 $|\phi\rangle$，$|\varphi\rangle$

的张量积。

张量积是一个将多个较小向量空间张成较大向量空间的方法。这在量子信息处理领域的多粒子量子系统中非常有用。与矩阵的张量积类似,态向量的张量积也具有如下性质:

$$c|\phi\rangle\otimes|\varphi\rangle=(c|\phi\rangle)\otimes|\varphi\rangle=|\phi\rangle\otimes(c|\varphi\rangle) \tag{2-6a}$$

$$|\phi\rangle\otimes(|\varphi_1\rangle+|\varphi_2\rangle)=|\phi\rangle\otimes|\varphi_1\rangle+|\phi\rangle\otimes|\varphi_2\rangle \tag{2-6b}$$

$$|\phi\rangle^{\otimes k}=\underbrace{|\phi\rangle\otimes|\phi\rangle\otimes\cdots\otimes|\phi\rangle}_{k} \tag{2-6c}$$

(3)向量的表示

假设线性空间内有 $n$ 个向量 $|v_1\rangle,|v_2\rangle,\cdots,|v_n\rangle$,它们可能是线性相关或者线性无关的。

**定义 2.5(线性相关)** 一个非零向量的集合 $\langle|v_1\rangle,|v_2\rangle,\cdots,|v_n\rangle\rangle$ 是线性相关的,如果存在一组复数 $a_1,a_2,\cdots,a_n$,且至少存在一个 $a_i\neq0$,使

$$a_1|v_1\rangle+a_2|v_2\rangle+\cdots+a_n|v_n\rangle=0 \tag{2-7}$$

否则,它们是线性无关的。

如果 Hilbert 空间 H 内的一个向量组 $\langle|v_1\rangle,|v_2\rangle,\cdots,|v_n\rangle\rangle$ 是线性无关的,且向量元素满足正交归一条件,即

$$\langle v_i|v_j\rangle=\delta_{ij}=\begin{cases}0, & i\neq j\\1, & i=j\end{cases} \tag{2-8}$$

在这种情况下,向量组包含了 Hilbert 空间 H 内的一组基矢,该向量组称为正交归一向量组。

由于线性无关的向量组 $\langle|v_1\rangle,|v_2\rangle,\cdots,|v_n\rangle\rangle$ 可以被视为 Hilbert 空间 H 内的一组基,任何该空间 H 内的向量都可以使用该组基表示,即

$$|\varphi\rangle=\sum_{i=1}^{n}a_i|v_i\rangle \tag{2-9}$$

举例来说,在 2 维 Hilbert 空间 $H_2$ 中,一组基矢 $\langle|v_1\rangle,|v_2\rangle\rangle$ 可以被记为如下形式:

$$|v_1\rangle=\begin{pmatrix}1\\0\end{pmatrix},\quad|v_2\rangle=\begin{pmatrix}0\\1\end{pmatrix} \tag{2-10}$$

此时,任意向量 $|v\rangle$ 可以使用这组基矢表示

$$|v\rangle=a_1|v_1\rangle+a_2|v_2\rangle \tag{2-11}$$

通常地,一个向量空间含有很多组不同的基矢。举例来说,给出一组新的基矢 $\langle|\tilde{v}_1\rangle,|\tilde{v}_2\rangle\rangle$,

$$|\tilde{v}_1\rangle=\frac{1}{\sqrt{2}}\begin{pmatrix}1\\1\end{pmatrix},\quad|\tilde{v}_2\rangle=\frac{1}{\sqrt{2}}\begin{pmatrix}1\\-1\end{pmatrix} \tag{2-12}$$

公式(2-11)中向量 $|v\rangle$ 也可以表示为

$$|v\rangle = \frac{a_1 + a_2}{\sqrt{2}} |\tilde{v}_1\rangle + \frac{a_1 - a_2}{\sqrt{2}} |\tilde{v}_2\rangle \tag{2-13}$$

根据公式(2-13)可知,Hilbert 空间内每一个向量也都可以使用基矢$\{|\tilde{v}_1\rangle,$ $|\tilde{v}_2\rangle\}$表示,该空间是由这组基矢生成的。Hilbert 空间内的这组基矢也被称为生成集。

**定义 2.6(生成集)** 一个生成集是一组向量的集合$\{|v_i\rangle, i = 1, 2, \cdots, n\}$,使得任意向量$|v\rangle$都可以写成这组向量的线性组合。

使用这组基矢,可以表示任意两个向量的内积。令$|v\rangle$和$|w\rangle$为 Hilbert 空间 H 内的任意两个向量,这两个向量的内积为

$$\langle v|w\rangle = \left(\sum_i v_i |i\rangle, \sum_j w_j |j\rangle\right) = \sum_{i,j} v_i^* w_j \langle i|j\rangle$$
$$= \sum_{i,j} v_i^* w_j \delta_{ij} = \sum_i v_i^* w_i \tag{2-14}$$

张量积也可以使用这组基矢表示。令$|v_i\rangle$,$|w_i\rangle$分别是向量空间 V 和 W 内两组正交基,两个任意向量可以记为$|\phi\rangle = \sum_i c_i |v_i\rangle$和$|\varphi\rangle = \sum_i d_i |w_i\rangle$。因此,$|\phi\rangle$和$|\varphi\rangle$的张量积为

$$|\phi\rangle \otimes |\varphi\rangle = \sum_{i,j} c_i d_j |v_i\rangle \otimes |w_j\rangle = \sum_{i,j} c_i d_j |v_i w_j\rangle \tag{2-15}$$

如上分析表明基矢是一个非常重要的概念。因此,构造正交基矢是一个重要的问题。令$\{|w_1\rangle, |w_2\rangle, \cdots, |w_n\rangle\}$是向量空间 H 内的一组线性无关向量,为了构造一组正交基矢,通常使用 Gram-Schmidt 方法。定义$|v_1\rangle = |w_1\rangle/L_{w_1}$,对$1 \leqslant k \leqslant d-1$,定义$|v_{k+1}\rangle$满足如下关系:

$$|v_{k+1}\rangle = \frac{|w_{k+1}\rangle - \sum_{i=1}^{k} \langle v_i|w_{k+1}\rangle |v_i\rangle}{\left| |w_{k+1}\rangle - \sum_{i=1}^{k} \langle v_i|w_{k+1}\rangle |v_i\rangle \right|} \tag{2-16}$$

任何有限的 $d$ 维向量空间都有一个正交基矢。使用构造的正交基,可以张成一个 Hilbert 空间,Hilbert 空间内的任何态向量都能用这组基矢表示。

## 2.2.2　量子操作

在很多情形下,向量之间都需要转换。因此转换或者说操作是必需的。有时候,也将"操作"称为"算子"或"算符"。本小节将主要介绍常用于量子信息处理的一些主要操作。

### 1. 线性操作

一个线性变换实际上是一个线性操作。线性操作 $A$ 的定义如下:

**定义 2.7(线性操作)** 线性空间 V 和 W 之间的一个线性操作可以被定义为任意函数 $A:V \to W$,其输入是线性的,即

$$A\left(\sum_i a_i |v_i\rangle\right) = \sum_i a_i A |v_i\rangle \tag{2-17}$$

**2. 线性操作的表示**

(1)矩阵

假设 $A:V \to W$ 是向量空间 V 和 W 之间的一个线性变换,$|v_j\rangle (j=1,2,\cdots,m)$ 是空间 V 上的一组基,$|w_i\rangle$ 是空间 W 上的一组基。容易得到

$$A |v_j\rangle = \sum_i A_{ij} |w_i\rangle \tag{2-18}$$

其中,$A_{ij} = \langle w_i | A | v_j \rangle$ 是操作 $A$ 的矩阵表示中第 $i$ 行第 $j$ 列的元素。显然地,给出操作 $A$ 和两组相关的基矢,即 $|v_j\rangle$ 和 $|w_i\rangle$,可以计算得到操作 $A$ 的矩阵表示形式。

(2)外积

令 $A$ 是向量空间 V 和 W 上的一个变换,$|v\rangle \in V, |w\rangle \in W$。操作可以表示为

$$A = |v\rangle\langle w| \tag{2-19}$$

这个形式被称为外积。显然,外积与内积不同。前者是一个操作,后者则是一个复数。将这个操作作用在态 $|k\rangle$ 上得到

$$A |k\rangle = (|v\rangle\langle w|) |k\rangle = |v\rangle(\langle w|k\rangle) \tag{2-20}$$

## 2.2.3 一些重要的量子操作

下面使用 2.2.2 节的线性操作理论,介绍量子密码学中的一些重要操作。

(1)恒等操作

令 $|\varphi\rangle$ 是空间 V 内的任意向量。如果如下关系存在

$$I |\varphi\rangle = |\varphi\rangle \tag{2-21}$$

则操作 $I$ 被称为恒等操作。恒等操作的矩阵表示为 $I=(I_{ii})$。其外积表示形式为

$$I = \sum_i |i\rangle\langle i| \tag{2-22}$$

(2)厄米操作

为了定义厄米操作,需要首先定义厄米共轭。令 $A$ 是一个操作,则 $A$ 的厄米共轭是将 $A$ 进行复共轭后再转置,即

$$A^\dagger = (A^*)^T \tag{2-23}$$

这里,$*$ 和 T 分别表示复共轭和转置。

使用厄米共轭,厄米操作被定义为满足下式的操作:

$$A^\dagger = A \tag{2-24}$$

也可以使用向量内积的概念来定义厄米操作。令 $|\phi\rangle$ 是空间 V 内的任意向量,如果

存在关系

$$(|\phi\rangle, A|\varphi\rangle) = (A|\phi\rangle, |\varphi\rangle) \tag{2-25}$$

则操作 $A$ 是一个厄米操作。

（3）酉操作

令 $U$ 是一个线性操作，如果满足条件

$$U^{\dagger}U = UU^{\dagger} = I \tag{2-26}$$

则操作 $U$ 是一个酉操作。

**例 2.1** Hadamard 矩阵 $H$ 是一个酉矩阵，满足 $H^{\dagger}H = HH^{\dagger} = I$。在矩阵形式中，矩阵 $H$ 记为

$$H = \frac{1}{\sqrt{2}} \begin{pmatrix} 1 & 1 \\ 1 & -1 \end{pmatrix} \tag{2-27}$$

Hadamard 矩阵作用于 $|0\rangle$ 和 $|1\rangle$ 的方式为 $H|0\rangle = \frac{1}{\sqrt{2}}(|0\rangle + |1\rangle)$，$H|1\rangle = \frac{1}{\sqrt{2}}(|0\rangle - |1\rangle)$。

Hadamard 矩阵在外积形式中，如式（2-27）可以写为

$$H = \frac{1}{\sqrt{2}}(|0\rangle\langle 0| + |0\rangle\langle 1| + |1\rangle\langle 0| - |1\rangle\langle 1|)$$

$$= \frac{1}{\sqrt{2}} \sum_{i,j=0}^{1} (-1)^{ij} |i\rangle\langle j| \tag{2-28}$$

（4）投影操作

如果 $|\psi\rangle = a|\phi\rangle + b|\varphi\rangle$，此时 $P_{c_1}|\psi\rangle = a|\phi\rangle$ 且 $P_{c_2}|\psi\rangle = b|\varphi\rangle$。投影操作是一个特殊的厄米操作。其中，$1 \leqslant c_1, c_2 \leqslant d, c_1 \neq c_2$，且

$$P = \sum_{i=1}^{d} P_i = \sum_{i=1}^{d} |i\rangle\langle i| \tag{2-29}$$

容易验证

$$P^{\dagger} = P, P^2 = P \tag{2-30}$$

举例来说，在 2 维 Hilbert 空间 $\mathbf{H}_2$ 中，基矢 $\{|0\rangle, |1\rangle\}$ 可以构成投影操作。对于任意的向量 $|\psi\rangle = \alpha|0\rangle + \beta|1\rangle$，执行一个投影操作 $P = |0\rangle\langle 0|$ 得到 $P|\psi\rangle = (|0\rangle\langle 0|) \cdot (\alpha|0\rangle + \beta|1\rangle) = \alpha|0\rangle$。如果 $P = |1\rangle\langle 1|$，则可以得到 $P|\psi\rangle = \beta|1\rangle$。

（5）Pauli 操作

Pauli 操作被定义为

$$\sigma_0 = \begin{pmatrix} 1 & 0 \\ 0 & 1 \end{pmatrix}, \sigma_1 = \begin{pmatrix} 0 & 1 \\ 1 & 0 \end{pmatrix}, \sigma_2 = \begin{pmatrix} 0 & -i \\ i & 0 \end{pmatrix}, \sigma_3 = \begin{pmatrix} 1 & 0 \\ 0 & -1 \end{pmatrix} \tag{2-31}$$

其中，$\sigma_0$ 实际上是 2 阶的恒等操作。Pauli 操作的另一种常见表示形式为

$$I = \sigma_0, X = \sigma_1, Y = i\sigma_2, Z = \sigma_3 \tag{2-32}$$

Pauli 操作具有如下性质：

$$\sigma_0^2 = \sigma_1^2 = \sigma_2^2 = \sigma_3^2 = \begin{pmatrix} 1 & 0 \\ 0 & 1 \end{pmatrix} \tag{2-33}$$

$$\sigma_1\sigma_2 = i\sigma_3, \sigma_2\sigma_3 = i\sigma_1, \sigma_3\sigma_1 = i\sigma_2 \tag{2-34}$$

且

$$\sigma_j\sigma_k = -\sigma_k\sigma_j \tag{2-35}$$

其中，$j,k \in \{1,2,3\}$，且 $j \neq k$。

## 2.2.4 密度矩阵

密度矩阵提供了一种描述状态不完全已知的量子系统的途径。准确地说，设量子系统以概率 $p_i$ 处于状态 $|\varphi_i\rangle$ 中，则称 $\langle p_i, |\varphi_i\rangle \rangle$ 为一个纯态的系综。系统的密度矩阵表示为

$$\rho \equiv \sum_i p_i |\varphi_i\rangle\langle\varphi_i| \tag{2-36}$$

密度矩阵也常称为密度算子。密度算子最重要的应用是描述复合系统的子系统。这一应用主要由约化密度算子提供。约化密度算子是分析复合量子系统时必不可少的工具。

假设有物理系统 $A$ 和 $B$，其状态由密度算子 $\rho^{AB}$ 描述。则系统 $A$ 的约化密度算子定义为

$$\rho^A = \text{tr}_B(\rho^{AB}) \tag{2-37}$$

其中 $\text{tr}_B$ 是一个算子映射，称为在系统 $B$ 上的偏迹，

$$\text{tr}_B(|a_1\rangle\langle a_2| \otimes |b_1\rangle\langle b_2|) \equiv |a_1\rangle\langle a_2| \text{tr}(|b_1\rangle\langle b_2|) \tag{2-38}$$

其中 $|a_1\rangle$ 和 $|a_2\rangle$ 是状态空间 $A$ 中的两个向量，$|b_1\rangle$ 和 $|b_2\rangle$ 是状态空间 $B$ 中的两个向量。公式(2-38)等号右边的取迹运算是系统 $B$ 上的普通取迹运算，即 $\text{tr}(|b_1\rangle\langle b_2|) = \langle b_2|b_1\rangle$。

## 2.2.5 叠加特性

叠加是量子比特的一个基本特性。对于一个 $d$ 维 Hilbert 空间，该空间上的一个量子态可能同时存在于所有的基态。令 Hilbert 空间 $H_d$ 内的基矢为 $\langle |0\rangle, |1\rangle, \cdots, |d-1\rangle \rangle$，根据态叠加原理，量子比特可以被记为

$$|\psi^d\rangle = \alpha_0|0\rangle + \alpha_1|1\rangle + \cdots + \alpha_{d-1}|d-1\rangle \tag{2-39}$$

这是一个 $d$ 维量子态。二维量子态是 $d$ 维量子态的一个特例，它可以被写为

$$|\psi^2\rangle = \alpha_0|0\rangle + \alpha_1|1\rangle \tag{2-40}$$

简单起见,通常省略上标 2。

量子态的叠加特性导致了测量结果的不确定性。举例来说,对于公式(2-41)中的 2 维量子比特

$$|\psi\rangle = \frac{1}{\sqrt{2}}(|0\rangle + |1\rangle) \qquad (2\text{-}41)$$

可以构造一个测量操作,例如由基矢$\langle|0\rangle,|1\rangle\rangle$构成的投影操作 $P$。使用这组投影操作测量态$|\psi\rangle$,将分别以 $p(0)=1/2$ 和 $p(1)=1/2$ 的概率得到结果$|0\rangle$和$|1\rangle$。显然地,在测量之前结果是不确定的。使用基矢$\langle|+\rangle=(|0\rangle+|1\rangle)/\sqrt{2},|-\rangle=(|0\rangle+|1\rangle)/\sqrt{2}\rangle$可以将$|\psi\rangle$重写为

$$|\psi\rangle = |+\rangle \qquad (2\text{-}42)$$

因此,使用由基矢$\langle|+\rangle,|-\rangle\rangle$构成的投影操作 $P'$,可以完全确定态$|\psi\rangle$。实际上,这一性质已经应用在著名的 BB84 量子密钥分发协议中了。

如上的分析表明量子比特的测量依赖测量基矢的选择。不同的测量将得到不同的结果。因此,一个合适的测量系统对于实现实验目标是必要的。

## 2.2.6  纠缠特性

纠缠是量子比特的一个重要物理特性,在量子信息处理和量子力学中扮演着重要的地位。一般认为,纠缠是由 Einstein、Podolsky 和 Rosen 在阐述 EPR 悖论时首次介绍的[1]。在量子密码学中,纠缠是一个非常重要的量子资源,尤其是在量子密码协议的设计和安全性分析中。本小节将介绍量子比特纠缠的一些基本知识。

单量子比特不具有纠缠特性。为了构造纠缠系统,需要一个复合量子系统。一般地,对于一个由 $N$ 个子系统构成的复合系统,如果系统的密度矩阵不能写成各个子系统的密度矩阵直积的线性和形式

$$\rho \neq \sum_i p_i \rho_i^{(1)} \otimes \rho_i^{(2)} \otimes \cdots \rho_i^{(N)} \qquad (2\text{-}43)$$

则称这个复合系统是纠缠的。这里 $p_i \geqslant 0$,且 $\sum_i p_i = 1$。

纠缠态的重要特性体现在纠缠态中的各粒子无论在多遥远的距离下仍保有特别的关联性,即当其中有一个粒子被测量而状态发生变化时,另一个粒子的状态也会立刻发生相应的变化。所以对纠缠态中部分粒子进行测量时,测量结果会决定其他粒子的状态。这个特性在许多领域中被广泛应用,但这种关联无法用经典力学进行解释。

纠缠态作为一种物理资源,在量子密码学的各方面,如量子隐形传态、量子远程态制备、量子密钥分发中等都起着重要作用。在许多文献、协议中被广泛应用的一个

重要的纠缠态是两粒子最大纠缠——EPR 对,也称为 Bell 态。EPR 对是以 Einstein、Podolsky 和 Rosen 的名字命名的。EPR 对有 4 种形式:

$$\begin{cases} |\Phi^{0\pm}\rangle = \dfrac{1}{\sqrt{2}}(|00\rangle \pm |11\rangle) = \dfrac{1}{\sqrt{2}}(|+\pm\rangle + |-\mp\rangle) \\ |\Phi^{1\pm}\rangle = \dfrac{1}{\sqrt{2}}(|01\rangle \pm |10\rangle) = \dfrac{1}{\sqrt{2}}(|\pm+\rangle - |\mp-\rangle) \end{cases} \tag{2-44}$$

这 4 个态也可以被表示为 $|\Phi^{VP}\rangle$,它们均是最大纠缠态。其中,$V \in \{0,1\}$,$P \in \{+,-\}$。这 4 个态也构成了 4 维 Hilbert 空间的一组完备正交归一基——Bell 基。类似地,可以将 $|+\rangle$ 和 $|-\rangle$ 重写为 $|P\rangle$,并将其组成 $X$ 基。

Bell 态作为量子信道,被广泛用于量子密码协议中。另一种重要的纠缠态是 GHZ 态。在 3 粒子的情况下,一共存在 8 个不同的 GHZ 态:

$$\begin{cases} |\Psi^{00\pm}\rangle = \dfrac{1}{\sqrt{2}}(|000\rangle \pm |111\rangle), |\Psi^{01\pm}\rangle = \dfrac{1}{\sqrt{2}}(|001\rangle \pm |110\rangle) \\ |\Psi^{10\pm}\rangle = \dfrac{1}{\sqrt{2}}(|010\rangle \pm |101\rangle), |\Psi^{11\pm}\rangle = \dfrac{1}{\sqrt{2}}(|011\rangle \pm |100\rangle) \end{cases} \tag{2-45}$$

最著名的 GHZ 态是 $|\Psi^{00+}\rangle = (|000\rangle + |111\rangle)/\sqrt{2}$。在 $n+2$ 粒子的情况下,其对应的量子态为 $|\Psi^{n+2}\rangle = \left(\prod\limits_{i=1}^{n+2}|0\rangle + \prod\limits_{i=1}^{n+2}|1\rangle\right)/\sqrt{2}$。

公式(2-45)可简写为

$$\begin{cases} |G_{ij+}\rangle = \dfrac{1}{\sqrt{2}}(|0ij\rangle + |1\overline{ij}\rangle) \\ |G_{ij-}\rangle = \dfrac{1}{\sqrt{2}}(|0ij\rangle - |1\overline{ij}\rangle) \end{cases} \tag{2-46}$$

其中 $i,j \in \{0,1\}$,$\bar{i} = 1-i$ 且 $\bar{j} = 1-j$。那么 $(n+2)$ 粒子的 GHZ 态为

$$\begin{cases} \left|G_{\underset{n+1}{ij\cdots k}+}\right\rangle = \dfrac{1}{\sqrt{2}}\left(\left|0\underset{n+1}{\underline{ij\cdots k}}\right\rangle + \left|1\overline{\underset{n+1}{\underline{ij\cdots k}}}\right\rangle\right) \\ \left|G_{\underset{n+1}{ij\cdots k}-}\right\rangle = \dfrac{1}{\sqrt{2}}\left(\left|0\underset{n+1}{\underline{ij\cdots k}}\right\rangle - \left|1\overline{\underset{n+1}{\underline{ij\cdots k}}}\right\rangle\right) \end{cases} \tag{2-47}$$

相应地,$i,j,k \in \{0,1\}$,$\bar{i} = 1-i$,$\bar{j} = 1-j$ 且 $\bar{k} = 1-k$。

## 2.2.7　量子不可克隆

量子不可克隆定理是量子力学的重要结果之一,它不允许对任意未知态的精确复制。由于该定理的存在,外部攻击者无法对量子态进行拷贝,因此不可克隆定理在量子密码学中发挥着至关重要的作用。

量子克隆是指对一个任意未知量子态的精确拷贝。在狄拉克符号中,量子克隆过程可以被描述为

$$U |\varphi\rangle_A |e\rangle_B = |\varphi\rangle_A |\varphi\rangle_B \tag{2-48}$$

其中,$U$ 是一个实际的克隆操作,$|\varphi\rangle_A$ 是被克隆的量子态,$|e\rangle_B$ 是拷贝的初始态,$|\varphi\rangle_B$ 是拷贝之后得到的态,其与 $|\varphi\rangle_A$ 应该是完全相同的。在绝大多数情况下,量子克隆是被量子力学中的不可克隆定理所禁止的,即不存在能完成对任意量子比特完美克隆的一个操作 $U$。

**定理 2.1(量子不可克隆定理[2])**   在不改变初始态的情况下不能对任意未知量子态进行精确克隆。

**证明:**假设需要被克隆的量子系统为 $|\varphi\rangle_q$。为了完成克隆,需要一个具有同样态空间的系统,其初始态为 $|e\rangle_B$。初始态(或者说空白态)是与 $|\varphi\rangle_q$ 独立的,任何人不知道任何相关的先验知识。复合系统可以被描述为直积态,其状态为 $|\varphi\rangle_q |e\rangle_B$。

当被克隆的态分别为 $|\phi\rangle$ 和 $|\varphi\rangle$ 时,操作可以得到如下结果:

$$U |\varphi\rangle_A |e\rangle_B = |\varphi\rangle_A |\varphi\rangle_B \tag{2-49}$$

$$U |\phi\rangle_A |e\rangle_B = |\phi\rangle_A |\phi\rangle_B \tag{2-50}$$

将公式(2-49)和公式(2-50)等号左边做内积,得到

$$\langle e|_B \langle \varphi|_A U^* U |\phi\rangle_A |e\rangle_B = \langle \varphi|\phi\rangle \tag{2-51}$$

根据酉操作的定义,$U$ 是保内积的,即

$$\langle \varphi|\phi\rangle = \langle \varphi|\phi\rangle^2 \tag{2-52}$$

显然,在一般情况下,式(2-52)是不成立的。因此,不存在满足要求的操作 $U$。

# 2.3   理性协议基础

对于一个 $n$ 方的博弈 $\Gamma = (\{P_i\}_{i=1}^n, \{A_i\}_{i=1}^n, \{U_i\}_{i=1}^n)$ 来说,$P_i$ 表示第 $i$ 个参与者,$a_i \in A_i$ 是他的一个策略,$A_i$ 是他的策略集。令 $A = A_1 \times A_2 \times \cdots \times A_n$,那么 $a = (a_1, a_2, \cdots, a_n) \in A$ 表示这个博弈的一个策略向量,$o(a) = (o_1, o_2, \cdots, o_n)$ 是对应的结果,$U_i(a)$ 是 $P_i$ 在这种情况下的效用。除此之外,如果相比于 $a'$,$P_i$ 更倾向于 $a$,那么有 $U_i(a) > U_i(a')$。另外,对于任意给定的策略向量 $a$,定义 $a_{-i} = (a_1, a_2, \cdots, a_{i-1}, a_{i+1}, \cdots, a_n)$,自然地可以得到 $(a_i', a_{-i}) = (a_1, a_2, \cdots, a_{i-1}, a_i', a_{i+1}, \cdots, a_n)$。

在理性多方计算问题中,同样引入一个符号 $\text{info}_i(a)$ 来描述 $P_i$ 在策略向量 $a$ 下是否能得到计算的结果。其中,如果 $P_i$ 可以得到结果,则 $\text{info}_i(a) = 1$。如果得不到,则 $\text{info}_i(a) = 0$。此处,再展示后续章节中涉及的 3 个注释。

① 如果 $\text{info}_i(a) > \text{info}_i(a')$,那么 $U_i(a) > U_i(a')$。

② 如果 $\text{info}_i(a) = \text{info}_i(a')$,对于所有的 $j \neq i$ 都有 $\text{info}_j(a) \geqslant \text{info}_j(a')$,且存在

至少一个 $P_k$ 满足 $\text{info}_k(a) > \text{info}_k(a')$，那么 $U_i(a) < U_i(a')$。

③ 如果 $\text{info}_i(a) = \text{info}_i(a')$，对于所有的 $j \neq i$ 都有 $\text{info}_j(a) \leqslant \text{info}_j(a')$，且存在至少一个 $P_k$ 满足 $\text{info}_k(a) < \text{info}_k(a')$，那么 $U_i(a) > U_i(a')$。

**定义 2.8(纯策略纳什均衡[3])** 博弈 $\Gamma$ 中的一个策略向量 $a$ 是一个纯策略纳什均衡，如果对于每一个参与者 $P_i$ 和他的任意其他策略 $a_i'$，满足条件

$$U_i(a_i', a_{-i}) \leqslant U_i(a) \tag{2-53}$$

**定义 2.9(混合策略[3])** 在博弈 $\Gamma$ 中，一个参与者 $P_i$ 拥有一个策略集合 $A_i = \{a_{i1}, a_{i2}, \cdots, a_{iK}\}$。将 $P_i$ 的一个混合策略记为 $\text{Pr}_i = \{p_{i1}, p_{i2}, \cdots, p_{iK}\}$。这表示 $P_i$ 将以概率 $p_{ij}$ 选择策略 $a_{ij}$，$0 \leqslant p_{ij} < 1$ 且有 $\sum_{j=1}^{K} p_{ij} = 1$。将所有其他参与者的混合策略记为 $\text{Pr}_{-i} = (\text{Pr}_1, \text{Pr}_2, \cdots, \text{Pr}_{i-1}, \text{Pr}_{i+1}, \cdots, \text{Pr}_n)$。那么，所有参与者的混合策略即 $\text{Pr} = (\text{Pr}_1, \text{Pr}_2, \cdots, \text{Pr}_n)$。

**定义 2.10(混合策略纳什均衡[3])** 博弈 $\Gamma$ 中的一个策略向量 $\text{Pr}$ 是一个混合策略纳什均衡，如果对于每一个参与者 $P_i$ 和他的任意其他策略 $\text{Pr}_i'$，满足条件

$$U_i(\text{Pr}_i', \text{Pr}_{-i}) \leqslant U_i(\text{Pr}) \tag{2-54}$$

**定义 2.11(帕累托最优[4])** 博弈 $\Gamma$ 中的一个策略向量 $a$ 是一个帕累托最优，如果不可能在不减少任意参与者效用的情况下增加某个参与者的效用。换句话说，如果 $U_i(a') > U_i(a)$（$i \in \{i_1, i_2, \cdots, i_c\}, c < n$），那么 $U_j(a') < U_j(a)$，$\exists j$（$j \notin \{i_1, i_2, \cdots, i_c\}$）。

反之，如果对于每一个 $P_i$ 来说都有 $U_i(a') \geqslant U_i(a)$，且至少存在一个参与者 $j$ 使得 $U_j(a') > U_j(a)$，那么 $a'$ 是 $a$ 的一个帕累托优化。

# 本 章 小 结

本章介绍了后续章节常用的基础知识。一方面，本章介绍了量子信息处理的相关基础知识，例如 Hilbert 空间、量子操作、叠加、纠缠、量子态和测量基等。另一方面，本章介绍了理性协议的相关基础知识，例如博弈、效用、策略、结果、纳什均衡、混合策略和混合策略纳什均衡等。

# 本 章 参 考 文 献

[1] Einstein A，Podolsky B，Rosen N. Can quantum-mechanical description of physical reality be considered complete? [J]. Physical Review，1935，

47(10)：777.

[2] Zeng G. Quantum private communication［M］. Berlin：Springer Publishing Company，Incorporated，2010.

[3] Fudenberg D，Tirole J. Game theory［M］. Cambridge，MA：MIT Press，1991.

[4] Osborne M J，Rubinstein A. A course in game theory［M］. Cambridge，MA：MIT press，1994.

# 第 3 章

# 基于局域可区分性的门限量子秘密共享协议

## 3.1 概　　述

量子秘密共享协议的一个重要分支是$(k,n)$门限量子秘密共享协议。在这类协议中,秘密信息被分成$n$份。任意$k$个或者多于$k$个的参与者可以合作恢复秘密,而少于$k$个参与者则无法恢复秘密。

目前已有的$(k,n)$门限 LOCC-QSS 协议仍然存在一些问题亟待研究。首先,判决空间是 LOCC-QSS 协议的一个重要且有价值的概念,但其表示形式较为烦琐,不够简练。其次,已有的协议只针对一些特定的参数对$(k,n)$,例如$(3,4)$、$(5,6)$、$(6,7)$和$(2,n)$。对于其他的参数对,尚不清楚是否也存在相应的协议,以及如何来找到这些协议。再次,在已有的协议中,绝大多数都满足$k_1=2$的条件,是否有可能提高$k_1$的取值也尚待研究。最后,对于任意给定的$(k,n)$,如果存在多个协议,如何从中寻找最优的协议尚未得到研究。

本章将依次考虑上述问题,首先介绍了 LOCC-QSS 协议的预备知识,其次描述了判决空间的数字和图形表示形式;最后介绍了设计最优 LOCC-QSS 协议的方法以及最优协议的条件。

## 3.2 预 备 知 识

### 3.2.1 编码方法

为了提高协议的安全性,Wang 等人[1]引入了一个编码方法。在一个 LOCC-

QSS 协议中,可以利用两个量子态来编码一个比特。令 $|\varphi_0\rangle,|\varphi_1\rangle,\cdots,|\varphi_{l-1}\rangle$ 为一组正交态,$\{0,1,\cdots,l-1\}$ 是共享的经典秘密。量子态与秘密之间的映射关系为

$$\begin{cases} |\varphi_i\rangle|\varphi_i\rangle \to 0 \\ |\varphi_i\rangle|\varphi_{i\oplus 1}\rangle \to 1 \\ \vdots \\ |\varphi_i\rangle|\varphi_{i\oplus(l-1)}\rangle \to l-1 \end{cases} \tag{3-1}$$

## 3.2.2　LOCC-QSS 协议模型

在文献[2]中,Rahaman 提出了一个简单方便的 LOCC-QSS 协议基本模型,本章提出的协议与文献[1],[3],[4]同样采用了这一模型。该模型的具体步骤描述如下。

[T-1] 庄家 Alice 制备 $L$ 个量子态 $|S(a,b_t)\rangle$($L>n$),这里的量子态随机选择自一组相互正交的 $n$ 粒子 $d$ 维纠缠态的集合。其中,$a$ 表示被选中的量子态,$t$ 代表量子态的次序($t=1,2,\cdots,L$),而 $b_t=(1_t,2_t,\cdots,n_t)$ 记录的是一个量子态中 $n$ 个粒子的位置。

[T-2] 对于每个参与者 $Bob_i$,Alice 制备一个只有自己知道的序列 $r_i=\Pi_i(1,2,\cdots,L)$。随后,她按照 $r_i$ 的顺序将第 $i_t$ 个粒子发送给 $Bob_i$。这里,$\Pi_i$ 是序列($1,2,\cdots,L$)的任意一个置换。

[T-3] 在所有的参与者收到粒子之后,Alice 随机选择一些整数 $\{t_s\}_{s=1}^u$($\subset\{1,2,\cdots,L\}$),并任意选择$\{1,2,\cdots,u\}$的 $n$ 个置换 $p_i$。在此之后,她为每个 $Bob_i$ 准备列表 $C_i=\{[\sigma_i(t_{p_i(s)}),\Pi_i(t_{p_i(s)})]\}_{s=1}^u$,并将其发给每个参与者。在收到 $C_i$ 之后,$Bob_i$ 使用 $\sigma_i(t_{p_i(s)})$ 基测量他的第 $\Pi_i(t_{p_i(s)})$ 个量子比特,并将测量结果 $v_i(t_{p_i(s)})$ 发给 Alice。需要注意的是,每个制备的量子态都是可观测量集合 $\{O\}$ 中至少一个元素的本征态。这意味着至少存在一个 $O_{t_s}\in\{O\}$ 满足如下等式:

$$O_{t_s}|S[a,r(b_{t_{p(s)}})]\rangle=\lambda(a,t_s)|S[a,r(b_{t_{p(s)}})]\rangle \tag{3-2}$$

其中,$\lambda(a,t_s)$ 是一个本征值,且 $r(b_{t_{p(s)}})=[\Pi_1(t_{p_1(s)}),\Pi_2(t_{p_2(s)}),\cdots,\Pi_n(t_{p_n(s)})]$。因此,等式 $\lambda(a,t_s)=\prod_{i=1}^n v_i(t_{p_i(s)})$ 应该成立。

[T-4] 对于每个选中的时刻 $t_s$,Alice 检查 $\lambda(a,t_s)$ 是否等于 $\prod_{i=1}^n v_i(t_{p_i(s)})$。如果不等,她将放弃这个协议并重新开始。

[T-5] 根据秘密信息和前述的编码方法,Alice 公布两个未被测量的量子态所有粒子的位置。参与者们可以通过测量这些量子态来获得秘密消息。

## 3.2.3  完美与不完美$(k,n)$门限 LOCC-QSS 协议

对一个$(k,n)$门限协议来说,应该只有$k$个或者多于$k$个的参与者才能获得秘密,任意$x$个参与者$(x<k)$都不能获得关于秘密的任何信息。可以实现这一目标的协议被称为完美的$(k,n)$门限协议。不幸的是,很难设计完美的$(k,n)$门限 LOCC-QSS 协议。绝大多数已有的 LOCC-QSS 协议[1-5]都是不完美的,因此,Yang 等人引入了另外两个参数$k_1$和$k_2$,并将协议记为$(k_1,k_2,k,n)$门限协议。

在$(k_1,k_2,k,n)$门限 LOCC-QSS 协议中:

① 任意$x$个参与者$(x<k_1)$不能获得任何信息;

② 任意$x$个参与者$(k_1 \leqslant x<k_2)$可以以大于 0.5 的猜测概率获得与秘密相关的信息;

③ 任意$x$个参与者$(k_2 \leqslant x<k)$可以以大于 0 的明确区分概率获得与秘密相关的信息;

④ 任意$x$个参与者$(x \geqslant k)$可以确定性地获得完整的秘密。

这里,猜测概率指的是利用最小错误态判别成功区分两个量子态的概率$p=(1+\operatorname{tr}|q_2 p_2 - q_1 p_1|)/2$[3,6],而明确区分概率指的是参与者通过使用$Z$基测量成功区分量子态的概率。

一方面,为了满足$k_1>1$,每个量子态的每个粒子的约化密度矩阵都应为$I_d = \frac{1}{d}\sum_{i=0}^{d-1}|i\rangle\langle i|$。作为一个反例,在 Rahaman 等人提出的$(5,6)$门限协议中,$|1,6\rangle$的一阶约化密度矩阵为$\frac{5}{6}|0\rangle\langle 0| + \frac{1}{6}|1\rangle\langle 1|$,而$|3,6\rangle$的一阶约化密度矩阵为$\frac{1}{2}|0\rangle\langle 0| + \frac{1}{2}|1\rangle\langle 1|$,因此该协议中$k_1=1$。另外,$k_2=k$是容易满足的。具体的方法是由 Wang 等人在文献[1]中提出的,详见 3.2.4 节。

## 3.2.4  判决空间

在 2017 年,Wang 等人[1]介绍了判决空间的概念。对于一个$n$粒子$d$维量子态$|\varphi_1\rangle$,可以利用基$\{|e_i^{(t)}\rangle \otimes |e_j^{(n-t)}\rangle\}$将其重写为$|\varphi_1\rangle = \sum_{i,j}a_{ij}|e_i^{(t)}\rangle|e_j^{(n-t)}\rangle$。$|\varphi_1\rangle$的$t$阶判决空间定义为$S_1^{(t)} = \{|e_i^{(t)}\rangle \mid a_{ij} \neq 0\}$。判决空间表示$t$个参与者利用基$\{|e_i^{(t)}\rangle\}$进行测量时所有可能的测量结果的集合。

在一个$(k_1,k_2,k,n)$门限协议中,对于量子态$|\varphi_0\rangle, |\varphi_1\rangle, \cdots, |\varphi_{n-1}\rangle$,它们的$k$阶判决空间分别为$S_0^{(k)}, S_1^{(k)}, \cdots, S_{n-1}^{(k)}$。如果对于$j=0,1,\cdots,n-1$都有$S_j^{(k-1)} \subseteq \bigcup_{i=0,i\neq j}^{n-1}S_i^{(k-1)}$,且对于$i,j=0,1,\cdots,n-1,i\neq j$都有$S_i^{(k)} \perp S_j^{(k)}$,则该协议中$k_2=k$。

# 3.3 判决空间的数字和图形表示

判决空间是研究 LOCC-QSS 协议的一个有价值的工具。然而,其表示形式不够简单方便。因此,本节将分别利用数字表示形式和图形表示形式来描述量子态的判决空间。

## 3.3.1 判决空间的数字表示

具体地,利用式子 $i_1+i_2+\cdots+i_p$ 来表示量子态:

$$\frac{1}{\sqrt{\Lambda_1}}\sum_{\substack{P_i\in P \\ j\neq k\neq\cdots\neq m}}\sum_{j,k,\cdots,m=0}^{d-1}P_i(|\underbrace{j\cdots j}_{i_1}\underbrace{k\cdots k}_{i_2}\cdots\underbrace{m\cdots m}_{i_p}\rangle) \tag{3-3}$$

或判决空间

$$\langle P_i|\underbrace{j\cdots j}_{i_1}\underbrace{k\cdots k}_{i_2}\cdots\underbrace{m\cdots m}_{i_p}\rangle;P_i\in P,j\neq k\neq\cdots\neq m,j,k,\cdots,m=0,\cdots,d-1 \tag{3-4}$$

其中,$\Lambda_1$ 表示归一化系数。在本小节中,只展示利用式子来描述判决空间的情况,描述量子态的情况与之类似。同样地,可以用 $(i_1+i_2)+\cdots+i_p$ 表示

$$\langle P_i(|\underbrace{k\cdots k}_{i_1+i_2}\cdots\underbrace{m\cdots m}_{i_p}\rangle;P_i\in P,k\neq\cdots\neq m,k,\cdots,m=0,\cdots,d-1 \tag{3-5}$$

进一步地,可以将两个式子 $i_1+i_2+\cdots+i_p$ 和 $(i_1+i_2)+\cdots+i_p$ 的级联记为 $i_1+i_2+\cdots+i_p\parallel(i_1+i_2)+\cdots+i_p$。新的式子可以被用来表示判决空间:

$$\langle P_i|\underbrace{j\cdots j}_{i_1}\underbrace{k\cdots k}_{i_2}\cdots\underbrace{m\cdots m}_{i_p}\rangle;P_i\in P,j\neq\cdots\neq m,k\neq\cdots\neq m,j,k,\cdots,m=0,\cdots,d-1$$

$$\tag{3-6}$$

**性质 3.1** $i_1+i_2+\cdots+i_p$ 等价于 $i_{1'}+i_{2'}+\cdots+i_{p'}$。这里,$\{1',2',\cdots,p'\}$ 是 $\{1,2,\cdots,p\}$ 的一个置换。

**证明:**$i_1+i_2+\cdots+i_p$ 表示判决空间 $\langle P_i|\underbrace{j\cdots j}_{i_1}\underbrace{k\cdots k}_{i_2}\cdots\underbrace{m\cdots m}_{i_p}\rangle;P_i\in P,j\neq k\neq\cdots\neq m,j,k,\cdots,m=0,\cdots,d-1$。类似地,$i_{1'}+i_{2'}+\cdots+i_{p'}$ 则表示

$$\langle P_i(|\underbrace{j\cdots j}_{i_{1'}}\underbrace{k\cdots k}_{i_{2'}}\cdots\underbrace{m\cdots m}_{i_{p'}}\rangle);P_i\in P,j\neq k\neq\cdots\neq m,j,k,\cdots,m=0,\cdots,d-1$$

$$\tag{3-7}$$

不失一般性,假设 $p'=1,(p-1)'=2,\cdots,1'=p$。公式(3-7)等价于

$$\{P_i(|\underbrace{j\cdots j}_{i_{1'}}\underbrace{k\cdots k}_{i_{2'}}\cdots\underbrace{m\cdots m}_{i_{p'}}\rangle);P_i\in P,j\neq k\neq\cdots\neq m,j,k,\cdots,m=0,\cdots,d-1\}$$

$$=\{P_i(|\underbrace{m\cdots m}_{i_{p'}}\cdots\underbrace{k\cdots k}_{i_{2'}}\underbrace{j\cdots j}_{i_{1'}}\rangle);P_i\in P,j\neq k\neq\cdots\neq m,j,k,\cdots,m=0,\cdots,d-1\}$$

$$=\{P_i(|\underbrace{m\cdots m}_{i_1}\cdots\underbrace{k\cdots k}_{i_{p-1}}\underbrace{j\cdots j}_{i_p}\rangle);P_i\in P,j\neq k\neq\cdots\neq m,j,k,\cdots,m=0,\cdots,d-1\}$$

$$\underset{\overline{m=j',\cdots,j=m'}}{=}\{P_i(|\underbrace{j'\cdots j'}_{i_1}\underbrace{k'\cdots k'}_{i_2}\cdots\underbrace{m'\cdots m'}_{i_p}\rangle);P_i\in P,j'\neq k'\neq\cdots\neq m',j',$$

$$k',\cdots,m'=0,\cdots,d-1\} \tag{3-8}$$

由于 $\{P_i(|\underbrace{j'\cdots j'}_{i_1}\underbrace{k'\cdots k'}_{i_2}\cdots\underbrace{m'\cdots m'}_{i_p}\rangle);P_i\in P,j'\neq k'\neq\cdots\neq m',j',k',\cdots,m'=0,\cdots,d-1\}$ 可以被记为 $i_1+i_2+\cdots+i_p$，因此对于 $p'=1,(p-1)'=2,\cdots,1'=p$，可以得到 $i_1+i_2+\cdots+i_p=i_{1'}+i_{2'}+\cdots+i_{p'}$。同样地，容易说明对于 $\{1,2,\cdots,p\}$ 和 $\{1',2',\cdots,p'\}$ 之间的其他映射关系，同样满足这一结论。

一般地，式子或者式子的级联可以被用来描述 LOCC-QSS 协议的判决空间。

以 Wang 等人[1] 的 $(3,4)$ 门限 LOCC-QSS 协议（记为 Wang34 协议）为例，该协议中用到的量子态为

$$|\varphi_0\rangle=\frac{1}{\sqrt{4}}\sum_{j=0}^{3}|jjjj\rangle,|\varphi_1\rangle=\frac{1}{\sqrt{24}}\sum_{P_i\in P}P_i(|0123\rangle),|\varphi_2\rangle=\frac{1}{\sqrt{36}}\sum_{P_i\in P}\sum_{k,j=0;k>j}^{3}P_i(|jjkk\rangle) \tag{3-9}$$

这 3 个量子态的四阶判决空间分别为

$$S_0^{(4)}=\{|jjjj\rangle;j=0,\cdots,3\} \tag{3-10a}$$

$$S_1^{(4)}=\{P_i(|0123\rangle);P_i\in P\} \tag{3-10b}$$

$$S_2^{(4)}=\{P_i(|jjkk\rangle);P_i\in P,k>j,j,k=0,\cdots,3\} \tag{3-10c}$$

可以将这些判决空间分别表示为 $4,1+1+1+1$ 和 $2+2$。类似地，也可以用数字形式表示这些量子态的三阶、二阶和一阶判决空间，如表 3-1 所示。

**表 3-1 Wang34 协议中的三阶、二阶和一阶判决空间和它们的数字表示**

| 判决空间 | 数字表示 |
| --- | --- |
| $S_0^{(3)}=\{|jjj\rangle;j=0,\cdots,3\}$ | 3 |
| $S_1^{(3)}=\{|ijk\rangle;i\neq j\neq k,i,j,k=0,\cdots,3\}$ | $1+1+1$ |
| $S_2^{(3)}=\{P_i(|jjk\rangle);P_i\in P,j\neq k,j,k=0,\cdots,3\}$ | $1+2$ |
| $S_0^{(2)}=\{|jj\rangle;j=0,\cdots,3\}$ | 2 |
| $S_1^{(2)}=\{|jk\rangle;j\neq k,j,k=0,\cdots,3\}$ | $1+1$ |
| $S_0^{(1)}=\{|j\rangle;j=0,\cdots,3\}$ | 1 |

## 3.3.2 判决空间的图形表示

可以利用网状图将 Wang34 协议中的所有判决空间描述为图 3-1 所示的样子。

其中,使用实线连接每个量子态的不同阶判决空间。

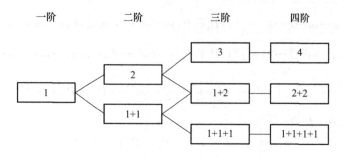

图 3-1　Wang34 协议中判决空间的网状图

**引理 3.1**　对于一个给定的 $n$ 阶式子 $i_1+i_2+\cdots+i_p$,如果 $\{i_1,i_2,\cdots,i_p\}$ 中存在 $l$ 个互不相同的值 $(l<p)$,那么 $i_1+i_2+\cdots+i_p$ 与 $l+1$ 个 $n+1$ 阶的式子,以及 $l$ 个 $n-1$ 阶的式子相关联。

**证明:**假设 $\{i_1,i_2,\cdots,i_p\}$ 中 $l$ 个互不相同的整数分别为 $j_1,j_2,\cdots,j_l$,且 $j_1<j_2<\cdots<j_l$。可以将式子 $i_1+i_2+\cdots+i_p$ 记为 $j_1+\cdots+j_1+j_2+\cdots+j_2+\cdots+j_l+\cdots+j_l$。与该式子相关联的式子表示如图 3-2 所示。

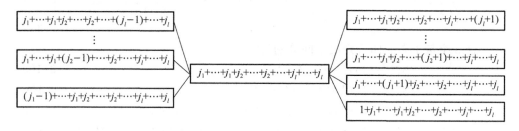

图 3-2　相邻阶判决空间中关联的式子

引理 3.1 得证。

进一步地,基于数字表示,也可以利用网状图来描述一阶至 $n$ 阶的全判决空间,如图 3-3 所示。

这里,容易看出图 3-1 是图 3-3 的一部分。图 3-1 中只出现了 Wang34 协议中涉及的式子。实际上,任何 LOCC-QSS 协议的判决空间都是图 3-3 的一部分。

一些协议,例如 Wang34 协议,使用了满足 $d=n$ 的 $d$ 维 $n$ 粒子量子态。然而一些其他协议,例如 Rahaman 的 $(2,n)$ 门限协议[2],使用了二维 $n$ 量子对称 Dicke 态,即 $d=2<n$,图 3-3 中虚线 Line-2 以上的式子即可表示这类量子态。更一般地,对于满足 $d<n$ 的 $d$ 维 $n$ 粒子量子态,图 3-3 中虚线 Line-$d$ 以上的式子即可表示这类量子态。

为了更全面地研究判决空间,下一步讨论 $n$ 阶判决空间中式子的数量。该数量等价于正整数 $n$ 不同分割的数量。在数论中,一般将其记为 $p(n)$。Hardy 和 Ramanujan[7]在 1918 年给出了 $p(n)$ 的一个渐进表达式。

图 3-3 全判决空间的网状图

$$p(n) \sim \frac{1}{4n\sqrt{3}} \exp\left(\pi\sqrt{\frac{2n}{3}}\right), \text{当 } n \to \infty \text{ 时} \tag{3-11}$$

这里，表 3-2 中同样列出了当 $1 \leqslant n \leqslant 20$ 时 $p(n)$ 的取值。

**表 3-2  $1 \leqslant n \leqslant 20$ 时 $p(n)$ 的取值**

| $n$ | $p(n)$ | $n$ | $p(n)$ | $n$ | $p(n)$ | $n$ | $p(n)$ |
| --- | --- | --- | --- | --- | --- | --- | --- |
| 1 | 1 | 6 | 11 | 11 | 56 | 16 | 231 |
| 2 | 2 | 7 | 15 | 12 | 77 | 17 | 297 |
| 3 | 3 | 8 | 22 | 13 | 101 | 18 | 385 |
| 4 | 5 | 9 | 30 | 14 | 135 | 19 | 490 |
| 5 | 7 | 10 | 42 | 15 | 176 | 20 | 627 |

正如第 1 章中提到的，Liu 等人[5]分析了 15 种七粒子纠缠态的局域可区分性。这些量子态可以被视为 $n=7$ 而 $p(n)=15$ 的特例。

值得一提的是，本节中的所有结论对利用式子表示量子态的情况也都成立。

# 3.4  设计最优 $(k,n)$ 门限 LOCC-QSS 协议的方法

在判决空间的数字和图形表示形式的帮助下，本节将讨论设计最优 $(k,n)$ 门限 LOCC-QSS 协议的方法。本节首先给出一个满足 $k_2=k$ 的获得可选量子态的方法；其次将可选量子态进行分组，并获得一些最优的协议；最后介绍最优协议的条件。

## 3.4.1  $(k,n)$ 门限 LOCC-QSS 协议可选量子态的搜索

再次以 Wang34 协议作为例子，标记每个判决空间对应的量子态，图 3-4 给出了其对应关系。

在 Wang34 协议中，由于每个二阶判决空间都与两个不同的量子态相对应，而每个三阶判决空间只与一个量子态对应，即在二阶的情况下不能完全区分这些量子态，而在三阶、四阶的情况下则均可以区分。可以分析得到，Wang34 协议中 $k_2=3$。

如前所述，对于一个给定的量子态，可以计算得到其每一阶的判决空间，并在图 3-3 中标注这些判决空间。因此，图 3-4 可以直接、简便地描述 LOCC-QSS 协议。

**引理 3.2**  在一个 $(k_1,k_2,k,n)$ 门限 LOCC-QSS 协议中，$k_2=k$ 的充要条件为图 3-3 中的每个 $k-1$ 阶的式子都与 $x$ 个量子态对应（$x \geqslant 2$ 或 $x=0$），同时每个 $m$ 阶的式子（$m \geqslant k$）都与 $y$ 个量子态对应（$y \leqslant 1$）。

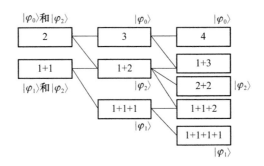

图 3-4　Wang34 协议中的全判决空间及量子态

**证明:**一方面,由于 $k_2 = k$,量子态不能被 $k-1$ 个合作的参与者利用 LOCC 明确区分。因此,每一个 $k-1$ 阶的式子只要与任意量子态相关联,都应与 2 个或更多量子态相对应。与此同时,量子态可以被 $m$ 个合作的参与者($m \geqslant k$)利用 LOCC 进行区分。因此,每个 $m$ 阶的式子只要与任意量子态相关联,都应只与一个量子态对应。除此之外,如果任意阶的任意式子不与任何量子态相关联,则其将不会被标注。

另一方面,若每个 $k-1$ 阶的式子都与 $x$ 个量子态对应($x \geqslant 2$ 或 $x = 0$),同时每个 $m$ 阶的式子($m \geqslant k$)都与 $y$ 个量子态对应($y \leqslant 1$),则该协议中的量子态不能被 $k-1$ 个合作的参与者利用 LOCC 明确区分,而可以被 $m$ 个合作的参与者($m \geqslant k$)区分,此时 $k_2 = k$。引理 3.2 得证。

根据这一思路,遍历了 $k < n \leqslant 8$ 的所有情况,并获得了满足 $k_2 = k$ 的 $(k, n)$ 门限 LOCC-QSS 协议的所有可选量子态。遍历结果表明,只有 $(2, n)$ 门限、$(3, 4)$ 门限、$(5, 6)$ 门限、$(6, 7)$ 门限和 $(7, 8)$ 门限的协议是可解的。其他的 $(k, n)$ 门限,如 $(4, 5)$ 门限或者 $(3, 7)$ 门限都是无满足 $k_2 = k$ 的解的。对于 $(2, n)$ 门限的情况,唯一的解为"$n$, $1 + \cdots + 1$"。其他情况下的所有解均在表 3-3 中列出。

表 3-3　$3 \leqslant k < n \leqslant 8$ 时所有 LOCC-QSS 协议的全部可选量子态

| (3,4)门限 | (5,6)门限 | (6,7)门限 | (7,8)门限 | |
| --- | --- | --- | --- | --- |
| 4 | 6 | 7 | 8 | 8 |
| 2+2 | 2+4 | 2+5 | 2+6 | 2+6 |
| 1+1+1+1 | 2+2+2 | 1+3+3 | 4+4 | 4+4 |
| | 1+1+1+3 | 1+1+1+4 | 2+2+4 | 2+2+4 |
| | 1+1+1+1+1+1 | 1+2+2+2 | 1+1+1+5 | 1+1+1+5 |
| | | | 1+1+3+3 | 1+1+3+3 |
| | | | 2+2+2+2 | 1+1+2+2+2 |
| | | | | 1+1+1+1+1+3 |
| | | | | 1+1+1+1+1+1+1+1 |

| (3,4)门限 | (5,6)门限 | (6,7)门限 | (7,8)门限 | |
|---|---|---|---|---|
| 6 | 7 | 8 | 8 | 8 |
| 3+3 | 2+5 | 3+5 | 3+5 | 3+5 |
| 1+1+4 | 1+3+3 | 1+1+6 | 1+1+6 | 1+1+6 |
| 2+2+2 | 1+1+1+4 | 2+2+4 | 2+2+4 | 2+2+4 |
| | 1+1+1+2+2 | 1+1+3+3 | 1+1+3+3 | 1+1+3+3 |
| | 1+1+1+1+1+1+1 | 2+2+2+2 | 1+1+1+1+4 | 1+1+1+1+4 |
| | | 1+1+1+1+4 | 1+1+2+2+2 | 1+1+2+2+2 |
| | | 1+1+1+1+2+2 | | |
| | | 1+1+1+1+1+1+1+1 | | |
| 6 | 6 | 8 | 8 | 8 |
| 3+3 | 2+5 | 3+5 | 3+5 | 3+5 |
| 1+1+4 | 2+2+3 | 1+1+6 | 1+1+6 | 1+1+6 |
| 1+1+2+2 | 1+1+1+4 | 2+2+4 | 2+3+3 | 2+3+3 |
| 1+1+1+1+1+1 | 1+1+1+2+2 | 1+1+3+3 | 1+1+2+4 | 1+1+2+4 |
| | 1+1+1+1+1+1+1 | 1+1+2+2+2 | 1+1+2+2+2 | 1+1+2+2+2 |
| | | 1+1+1+1+1+3 | 1+1+1+1+1+3 | 1+1+1+1+1+3 |
| | | 1+1+1+1+1+1+1+1 | 1+1+1+1+1+1+1+1 | 1+1+1+1+1+1+1+1 |
| 3+3 | 3+4 | 3+5 | 3+5 | 3+5 |
| 2+2+2 | 2+2+3 | 2+2+4 | 2+2+4 | 2+2+4 |
| 1+1+1+3 | 1+1+1+4 | 1+1+1+5 | 1+1+1+5 | 1+1+1+5 |
| 1+1+1+1+1+1 | 1+1+1+2+2 | 1+1+3+3 | 1+1+3+3 | 1+1+3+3 |
| | 1+1+1+1+1+1+1 | 2+2+2+2 | 1+1+2+2+2 | 1+1+2+2+2 |
| | | | 1+1+1+1+1+3 | 1+1+1+1+1+3 |
| | | | 1+1+1+1+1+1+1+1 | 1+1+1+1+1+1+1+1 |
| | | 4+4 | 4+4 | |
| | | 2+2+4 | 2+2+4 | |
| | | 1+1+3+3 | 1+1+3+3 | |
| | | 2+2+2+2 | 1+1+1+1+4 | |
| | | 1+1+1+1+4 | 1+1+2+2+2 | |
| | | 1+1+1+1+2+2 | | |
| | | 1+1+1+1+1+1+1+1 | | |

特别地，(6,7)门限的首组可选量子态"7,2+5,1+3+3,1+1+1+4,1+2+2+2"即 Liu 等人[5]提出的 LOCC-QSS 协议(Liu67 协议)。(5,6)门限的第四组可选量子态"3+3,2+2+2,1+1+1+3,1+1+1+1+1+1"即 Wang 等人[1]提出的 LOCC-QSS 协议(Wang56 协议)。(2,$n$)门限中唯一的一组可选量子态"$n$,1+1+…+1"即 Yang 等人[3]提出的 LOCC-QSS 协议。下面给出搜索算法的伪代码。

```
1    input k,n.
2    for 1<= i<= n {
3        fml[i] = tranverse_formula(i); } //obtain all the formulas in the i-th level.
4    for 1<= i<= n{
5        for 1<= j<= num(flm[i]) {
6            for 1<= j1<= num(flm[i-1]) {
7                if minus(fml[i][j],fml[i-1][j1]) == ture
8                    rltijj1 = true;}}} // connect formulas which are related to each other.
9    for 0<= j2<= power(2,num(flmn)) - 1  {
10       jvec = dectobin (j2);    //the value range of vector jvec is {0,0,···,0} to {1,1,···,1}.
         // jvec denotes the possible formulas which may be utilized in a LOCC-QSS protocol.
11   flag = (flmn,jvec);         // traverse all the possible cases of formulas,and
         // compute the numbers of states each judgement space corresponding to.
12   for 1<= i<= k - 1 {
13       for 1<= j<= num(flmi) {
14           if flagij == 1
15               break; }}   // i-level judgement space only corresponds one state,
         // go to the next value of j2.
16   for 1<= j<= num(flmk) {
17       if flagkj >1
18           break; }       //k-level judgement space correspond to more than one state,
         // go to the next value of j2.
19   for 0<= j3<= num (flmn) - 1{
20       if jvecj3 == 1 {
21           solution[j4 ++] = flmnj3;}}}//If it is a solution,record it.
22   output solution;   // output all the formulas for all the solution.
```

此外,Wang56 协议中 $|\varphi_0\rangle$ 和 $|\varphi_1\rangle$ 的一阶约化密度矩阵为 $\rho_0^{(1)} = \rho_1^{(1)} = \frac{1}{6}\sum_{i=0}^{5}|i\rangle\langle i|$。

然而,$|\varphi_2\rangle$ 的约化密度矩阵为 $\rho_2^{(1)} = \frac{1}{3}|0\rangle\langle 0| + \frac{1}{5}|1\rangle\langle 1| + \frac{2}{15}|2\rangle\langle 2| + \frac{1}{9}|3\rangle\langle 3| +$

$\frac{1}{9}|4\rangle\langle 4| + \frac{1}{9}|5\rangle\langle 5|$。因此,对于任意的参与者,都可以从 $|\varphi_0\rangle$ 和 $|\varphi_1\rangle$ 中区分 $|\varphi_2\rangle$。

为了修补这一漏洞,此处给出另一个量子态 $|\varphi_2'\rangle = \frac{1}{\sqrt{7\,200}}\sum_{P_i\in P}\sum_{j,m,l,k=0}^{5}P_i|jjjklm\rangle(j\neq$

$k,j\neq l,j\neq m,m>l>k)$。$|\varphi_2'\rangle$ 满足 $\rho_{2'}^{(1)} = \frac{1}{6}\sum_{i=0}^{5}|i\rangle\langle i|$。此时,$|\varphi_0\rangle$,$|\varphi_1\rangle$ 和 $|\varphi_2'\rangle$

无法被单个参与者区分。修改后的协议是一个 (2,5,5,6) 门限 LOCC-QSS 协议。

在 Liu67 协议中,包含条件 $k=j+1$,$l=j+2$ 和 $m=j+3$。举例来说,如果 4 个参与者的测量结果为 $|0003\rangle$,那么该量子态只能是 $|\varphi_8\rangle$。换句话说,可能存在 4 个参与者能区分协议中量子态的情况,因此该协议中 $k_2$ 等于 4。同理,很容易可以分析得到 $k_1=2$,该协议即一个 $(2,4,6,7)$ 门限协议。为了提高协议安全性,可以将其条件改为 $j\neq k\neq l\neq m$,也即 $j,k,l$ 和 $m$ 互不相等。修改后的协议为 $(2,6,6,7)$ 门限协议。

## 3.4.2  量子态的分组

在得到可选的量子态之后,已经得到了满足 $k_2=k$ 的 $(k_1,k_2,k,n)$ 门限协议。下一步通过对这些量子态进行分组进一步提高 $k_1$ 的取值。

首先回顾 Wang56 协议。在该协议中,用到了 3 个量子态,其中一个是 $|\varphi_1\rangle=\frac{1}{\sqrt{1\ 020}}\Big[\sum_{P_i\in P}P_i(|012345\rangle)+\sum_{P_i\in P}\sum_{k,j=0;k>j}^{5}P_i(|jjjkkk\rangle)\Big]$。可以将这一量子态视为 $|\phi_{11}\rangle=\frac{1}{\sqrt{720}}\sum_{P_i\in P}P_i(|012345\rangle)$ 和 $|\varphi_{12}\rangle=\frac{1}{\sqrt{300}}\sum_{P_i\in P}\sum_{k,j=0;k>j}^{5}P_i(|jjjkkk\rangle)$ 的叠加。

因此,可以将 $|\varphi_1\rangle$ 重写为 $|\varphi_1\rangle=\sqrt{\frac{720}{1\ 020}}|\phi_{11}\rangle+\sqrt{\frac{300}{1\ 020}}|\phi_{12}\rangle$,后两个量子态分别可以被记为 $1+1+1+1+1+1$ 和 $3+3$。

受这一思路的启发,本小节通过叠加可选量子态的方法,使得这些量子态更难通过最小错误区分的方式来区分,进一步提高 $(k_1,k_2,k,n)$ 门限协议中 $k_1$ 的取值。此时需要从两个方面进行考虑:①对这些量子态进行分组的方式;②每个叠加态中各项的系数。

以图 3-4 作为例子,如果将 $|\varphi_0\rangle$ 和 $|\varphi_1\rangle$ 叠加,并将新的量子态命名为 $|\varphi_3\rangle=x|\varphi_0\rangle+y|\varphi_1\rangle$,这里 $|x|^2+|y|^2=1$,那么新的判决空间和量子态如图 3-5 所示。

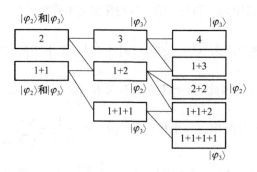

图 3-5  改进的 Wang34 协议中的全判决空间及量子态

此时,正如文献[1]和[3]中所述的,可以得到一个$(2,3,3,4)$门限 LOCC-QSS 协议。

考虑参数 $k_1$,其含义为在 $k_1-1$ 阶下 $p=(1+\mathrm{tr}\,|\,q_2\rho_2-q_3\rho_3\,|\,)/2$ 等于 $0.5$,而在 $k_1$ 阶下 $p>0.5$。由于 tr 迹表示一个矩阵的对角线元素之和,可以选择合适的参数 $x$ 和 $y$ 以使得 $\rho_2^{(k_1-1)}$ 和 $\rho_3^{(k_1-1)}$ 的对角线元素相等。由于密度矩阵的非对角线元素对迹的计算是不重要的,此时即有 $p=0.5$。很容易得到 $x=1/\sqrt{3}$,$y=\sqrt{2/3}$。共享的量子态应当为

$$|\varphi_1\rangle = \frac{1}{\sqrt{36}}\sum_{P_i\in P}\sum_{k,j=0;k>j}^{3}P_i(|jjkk\rangle), \tag{3-12a}$$

$$|\varphi_3\rangle = \frac{1}{\sqrt{3}}\left(\frac{1}{\sqrt{4}}\sum_{j=0}^{3}|jjjj\rangle\right)+\sqrt{\frac{2}{3}}\left(\frac{1}{\sqrt{24}}\sum_{P_i\in P}P_i(|0123\rangle)\right) \tag{3-12b}$$

在这种情况下,一个或两个参与者都无法以大于 $1/2$ 的猜测概率,或非零的明确区分概率来获得秘密信息。可以得到 $k_1=k_2=k=3$,这是一个完美的 $(3,4)$ 门限协议。

考虑到 LOCC-QSS 协议的普遍情形,随之产生的问题是:对于给定的量子态 $|\varphi_0\rangle$,$|\varphi_1\rangle$ 和 $|\varphi_2\rangle$,如何来选择合适的系数以使得 $|\varphi_3\rangle=x|\varphi_0\rangle+y|\varphi_1\rangle$ 和 $|\varphi_2\rangle$ 在 $t$ 阶是不可区分的? 为了解决这一问题,首先给出了如下定理。

**定理 3.1** $|\varphi_0\rangle$ 和 $|\varphi_1\rangle$ 是一对 $n$ 粒子 $d$ 维正交纠缠态,$|\varphi_3\rangle=x|\varphi_0\rangle+y|\varphi_1\rangle$ 且 $|x|^2+|y|^2=1$。它们的 $t$ 阶约化密度矩阵分别为 $\rho_0^{(t)}$,$\rho_1^{(t)}$ 和 $\rho_3^{(t)}$。那么,当 $1\leqslant t\leqslant n-1$ 时 $\rho_3^{(t)}$ 和 $|x|^2\rho_0^{(t)}+|y|^2\rho_1^{(t)}$ 不可区分。

**证明**:利用基 $\{|e_i^{(k)}\rangle\otimes|e_j^{(n-k)}\rangle\}$ 可以将量子态 $|\varphi_0\rangle$,$|\varphi_1\rangle$ 和 $|\varphi_3\rangle$ 重写为 $|\varphi_0\rangle=\sum_{i,j}a_{ij}|e_i^{(k)}\rangle|e_j^{(n-k)}\rangle$,$|\varphi_1\rangle=\sum_{i,j}a'_{ij}|e_i^{(k)}\rangle|e_j^{(n-k)}\rangle$ 和 $|\varphi_3\rangle=\sum_{i,j}a''_{ij}|e_i^{(k)}\rangle|e_j^{(n-k)}\rangle$。这里 $a''_{ij}=xa_{ij}+ya'_{ij}$,$a_{ij}(a'_{ij})^{\dagger}=0$.

随后可以得到它们的 $t$ 阶约化密度矩阵

$$\begin{aligned}
\rho_0^{(t)} &= \mathrm{tr}_{n-t}(|\varphi_1\rangle\langle\varphi_1|)\\
&= \mathrm{tr}_{n-t}\left(\sum_{i_1,i_2,j_1,j_2}|e_{i_1}^{(t)}\rangle|e_{j_1}^{(n-t)}\rangle a_{i_1j_1}(a_{i_2j_2})^{\dagger}\langle e_{i_2}^{(t)}|\langle e_{j_2}^{(n-t)}|\right)\\
&= \sum_{i_1,i_2,j_1,j_2}\langle e_{j_2}^{(n-t)}|e_{j_1}^{(n-t)}\rangle a_{i_1j_1}(a_{i_2j_2})^{\dagger}|e_{i_1}^{(t)}\rangle\langle e_{i_2}^{(t)}|]\\
&= \sum_{i_1,i_2,j}a_{i_1j}(a_{i_2j})^{\dagger}|e_{i_1}^{(t)}\rangle\langle e_{i_2}^{(t)}|\\
&= \sum_{i,j}|a_{ij}|^2|e_i^{(t)}\rangle\langle e_i^{(t)}|+\sum_{i_1\neq i_2,j}a_{i_1j}(a_{i_2j})^{\dagger}|e_{i_1}^{(t)}\rangle\langle e_{i_2}^{(t)}| \tag{3-13}
\end{aligned}$$

$$\rho_1^{(t)} = \sum_{i,j} |a'_{ij}|^2 |e_i^{(t)}\rangle\langle e_i^{(t)}| + \sum_{i_1 \neq i_2, j} a'_{i_1 j}(a'_{i_2 j})^\dagger |e_{i_1}^{(t)}\rangle\langle e_{i_2}^{(t)}| \tag{3-14}$$

$$|x|^2 \rho_0^{(t)} + |y|^2 \rho_1^{(t)} = \sum_{i,j} (|x|^2 |a_{ij}|^2 + |y|^2 |a'_{ij}|^2) |e_i^{(t)}\rangle\langle e_i^{(t)}|$$
$$+ \sum_{i_1 \neq i_2, j} [|x|^2 a_{i_1 j}(a_{i_2 j})^\dagger + |y|^2 a'_{i_1 j}(a'_{i_2 j})^\dagger] |e_{i_1}^{(t)}\rangle\langle e_{i_2}^{(t)}|$$

$$\tag{3-15}$$

$$\rho_3^{(t)} = \sum_{i,j} |a''_{ij}|^2 |e_i^{(t)}\rangle\langle e_i^{(t)}| + \sum_{i_1 \neq i_2, j} a''_{i_1 j}(a''_{i_2 j})^\dagger |e_{i_1}^{(t)}\rangle\langle e_{i_2}^{(t)}|$$
$$= \sum_{i,j} (|x|^2 |a_{ij}|^2 + |y|^2 |a'_{ij}|^2) |e_i^{(t)}\rangle\langle e_i^{(t)}| + \sum_{i_1 \neq i_2, j} a''_{i_1 j}(a''_{i_2 j})^\dagger |e_{i_1}^{(t)}\rangle\langle e_{i_2}^{(t)}|$$

$$\tag{3-16}$$

因此,通过最小错误态区分的方法区分密度矩阵 $\rho_a = |x|^2 \rho_0^{(t)} + |y|^2 \rho_1^{(t)}$ 和 $\rho_b = \rho_3^{(t)}$ 的概率为

$$p = \frac{1}{2}(1 + \mathrm{tr}|q_b \rho_b - q_a \rho_a|)$$
$$= \frac{1}{2}\left[1 + \mathrm{tr}\left|\frac{1}{2}\rho_3^{(t)} - \frac{1}{2}(|x|^2 \rho_0^{(t)} + |y|^2 \rho_1^{(t)})\right|\right]$$
$$= \frac{1}{2}\left\{1 + \frac{1}{2}\mathrm{tr}\left|\sum_{i_1 \neq i_2, j}[a''_{i_1 j}(a''_{i_2 j})^\dagger - |x|^2 a_{i_1 j}(a_{i_2 j})^\dagger - |y|^2 a'_{i_1 j}(a'_{i_2 j})^\dagger] |e_{i_1}^{(t)}\rangle\langle e_{i_2}^{(t)}|\right|\right\}$$
$$= \frac{1}{2} \times \left(1 + \frac{1}{2} \times 0\right) = \frac{1}{2}$$

$$\tag{3-17}$$

因此,对于 $1 \leqslant t \leqslant n-1$, $\rho_3^{(t)}$ 和 $|x|^2 \rho_0^{(t)} + |y|^2 \rho_1^{(t)}$ 是不可区分的。

对于另一个系综 $\rho_2^{(t)}$,如果 $|x|^2 \rho_0^{(t)} + |y|^2 \rho_1^{(t)}$ 和 $\rho_2^{(t)}$ 不能被区分,那么 $\rho_3^{(t)}$ 和 $\rho_2^{(t)}$ 同样也是不可区分的。基于这一结论,对于给定的一组量子态 $|\varphi_0\rangle$,$|\varphi_1\rangle$,…, $|\varphi_{l-1}\rangle$,可以将提高 $k_1$ 取值的步骤描述如下:

[S-1] 对于 $1 \leqslant t \leqslant n-1$,计算每个量子态的 $t$ 阶约化密度矩阵。

[S-2] 将所有的量子态分为 $m$ 组($m \leqslant l$)。如果一个 $k-1$ 阶判决空间对应于 $s$ 个量子态,那么这 $s$ 个量子态需被分在至少两个不同的组中。

[S-3] 分别将每个组中的所有量子态以系数 $x_0, x_1, \cdots, x_{q_1-1}, x_{q_1}, x_{q_1+1}, \cdots,$ $x_{q_2-1}, \cdots, x_{q_{m-1}}$ 和 $x_{q_{m-1}+1}, \cdots, x_{q_m}$ 叠加为一个量子态。这里,$|x_0|^2 + |x_1|^2 + \cdots + |x_{q_1-1}|^2 = 1$,$|x_{q_1}|^2 + \cdots + |x_{q_2-1}|^2 = 1$,$\cdots$,$|x_{q_{m-1}}|^2 + \cdots + |x_{q_m-1}|^2 = 1$,$q_m = l$. 可以获得如下等式:

$$\begin{cases} |\phi_0\rangle = x_0 |\varphi_{i_0}\rangle + x_1 |\varphi_{i_1}\rangle + \cdots + x_{q_1-1} |\varphi_{i_{q_1-1}}\rangle \\ |\phi_1\rangle = x_{q_1} |\varphi_{i_{q_1}}\rangle + x_{q_1+1} |\varphi_{i_{q_1+1}}\rangle + \cdots + x_{q_2-1} |\varphi_{i_{q_2-1}}\rangle \\ \quad\vdots \\ |\phi_{m-1}\rangle = x_{q_{m-1}} |\varphi_{i_{q_{m-1}}}\rangle + x_{q_{m-1}+1} |\varphi_{i_{q_{m-1}+1}}\rangle + \cdots + x_{q_m-1} |\varphi_{i_{q_m-1}}\rangle \end{cases} \tag{3-18}$$

其中,$\{i_0,i_1,\cdots,i_{l-1}\}$ 是 $\{0,1,\cdots,l-1\}$ 的一个置换。

[S-4] 选择适当的系数以使 $|\phi_0\rangle,|\phi_1\rangle,\cdots,|\phi_{m-1}\rangle$ 在 $t_1-1$ 阶不可区分,且在 $t_1$ 阶可区分。准确地说,满足 $|x_0|^2\rho_{i_0}^{(t_1-1)}+\cdots+|x_{q_1-1}|^2\rho_{i_{q_1-1}}^{(t_1-1)}=\cdots=|x_{q_{m-1}}|^2\rho_{i_{q_{m-1}}}^{(t_1-1)}+\cdots+|x_{q_m-1}|^2\rho_{i_{q_m-1}}^{(t_1-1)}$, $|x_0|^2\rho_{i_0}^{(t_1)}+\cdots+|x_{q_1-1}|^2\rho_{i_{q_1-1}}^{(t_1)}\neq\cdots\neq|x_{q_{m-1}}|^2\rho_{i_{q_{m-1}}}^{(t_1)}+\cdots+|x_{q_m-1}|^2\rho_{i_{q_m-1}}^{(t_1)}$。记录 $t_1$。

[S-5] 如果存在其他可能的分组方式,则针对这些分组重复步骤[S-2]至[S-4]。所有 $t_1$ 中的最大值即为 $k_1$。

## 3.4.3 最优$(k,n)$门限 LOCC-QSS 协议

对于给定的 $k$ 和 $n$,可能存在不止一个 LOCC-QSS 协议。举例来说,通过 3.4.2 节的方法,可以得到两个$(3,5,5,6)$门限协议。

$$\begin{cases} |\varphi_{00}^{56}\rangle = \frac{1}{2}\left(\frac{1}{\sqrt{6}}\sum_{j=0}^5|jjjjjj\rangle\right)+\frac{\sqrt{3}}{2}\left(\frac{1}{\sqrt{1\,800}}\sum_{P_i\in P}\sum_{l,k,j=0;l>k>j}^5 P_i(|jjkkll\rangle)\right) \\ |\varphi_{01}^{56}\rangle = \frac{1}{\sqrt{1\,800}}\sum_{P_i\in P}\sum_{\substack{l,k,j=0;l\neq k,\\l\neq j,j>k}}^5 P_i(|jkllll\rangle) \\ |\varphi_{02}^{56}\rangle = \frac{1}{\sqrt{300}}\sum_{P_i\in P}\sum_{k,j=0;k>j}^5 P_i(|jjjkkk\rangle) \end{cases} \tag{3-19}$$

$$\begin{cases} |\varphi_{10}^{56}\rangle = \frac{1}{\sqrt{1\,800}}\sum_{P_i\in P}\sum_{l,k,j=0;l>k>j}^5 P_i(|jjkkll\rangle) \\ |\varphi_{11}^{56}\rangle = \frac{1}{\sqrt{2}}\left(\frac{1}{\sqrt{720}}\sum_{P_i\in P}P_i(|012345\rangle)\right)+\frac{1}{\sqrt{2}}\left(\frac{1}{\sqrt{300}}\sum_{P_i\in P}\sum_{k,j=0;k>j}^5 P_i(|jjjkkk\rangle)\right) \\ |\varphi_{12}^{56}\rangle = \frac{1}{\sqrt{7\,200}}\sum_{P_i\in P}\sum_{\substack{m,l,k,j=0;m>l>k\\j\neq k,j\neq l,j>m}}^5 P_i(|jjjklm\rangle) \end{cases} \tag{3-20}$$

下一步,讨论公式(3-19)和公式(3-20)表示的两个协议中哪个是最优的$(3,5,5,6)$门限协议。此处同样考虑猜测概率。对于前一个带有 $|\varphi_{00}^{56}\rangle$, $|\varphi_{01}^{56}\rangle$ 和 $|\varphi_{02}^{56}\rangle$ 的协议,三阶时 $p=0.8$,而在后一个协议中 $p=0.6$。因此,后一个协议中的量子态更难被区分。进而可以推得,带有 $|\varphi_{10}^{56}\rangle$, $|\varphi_{11}^{56}\rangle$ 和 $|\varphi_{12}^{56}\rangle$ 的协议是安全性方面最优的$(5,6)$门限 LOCC-QSS 协议。

类似地,公式(3-21)中列出了获得的最优$(6,7)$门限协议:

$$
\left\{
\begin{aligned}
|\varphi_{10}^{67}\rangle &= \sqrt{\frac{0.050\,5}{1.050\,5}}\left(\frac{1}{\sqrt{7}}\sum_{j=0}^{6}|jjjjjjj\rangle\right) \\
&\quad + \frac{1}{\sqrt{1.050\,5}}\left(\frac{1}{\sqrt{22\,050}}\sum_{P_i\in P}\sum_{\substack{l,k,j=0;k>j\\l\neq j,l\neq k}}^{6}P_i(|jjkklll\rangle)\right) \\
|\varphi_{11}^{67}\rangle &= \sqrt{\frac{0.720\,5}{1.720\,5}}\left(\frac{1}{\sqrt{882}}\sum_{P_i\in P}\sum_{\substack{k,j=0;j\neq k}}^{6}P_i(|jjkkkkk\rangle)\right) \\
&\quad + \frac{1}{\sqrt{1.720\,5}}\left(\frac{1}{\sqrt{264\,600}}\sum_{P_i\in P}\sum_{\substack{n,m,l,k,j=0;l>k>j;n>m\\m\neq j,m\neq k,m\neq l\\n\neq j,n\neq k,n\neq l}}^{6}P_i(|jklmmnn\rangle)\right) \\
|\varphi_{12}^{67}\rangle &= \sqrt{\frac{24.970\,4}{25.970\,4}}\left(\frac{1}{\sqrt{29\,400}}\sum_{P_i\in P}\sum_{\substack{m,l,k,j=0;l>k>j\\m\neq j,m\neq k,m\neq l}}^{6}P_i(|jklmmmm\rangle)\right) \\
&\quad + \frac{1}{\sqrt{25.970\,4}}\left(\frac{1}{\sqrt{5\,040}}\sum_{P_i\in P}P_i(|0123456\rangle)\right)
\end{aligned}
\right.
$$

$$(3-21)$$

经过以上的分析,下面进一步给出安全性方面最优的 LOCC-QSS 协议中量子态需要满足的条件:

① (文献[1]中的推论 1)这些量子态中的 $k$ 阶判决空间是正交的。

② (文献[1]中的推论 3)对于 $j=0,1,\cdots,n-1$,这些量子态中的 $k-1$ 阶判决空间满足 $S_j^{(k-1)}\subseteq\bigcup_{i=0,i\neq j}^{n-1}S_i^{(k-1)}$。

③ 每个量子态都可以被式子 $\sum_{P_i\in P}\sum_{\substack{j,k,\cdots,m=0\\j\neq k\neq\cdots\neq m}}^{d}P_i(|\underbrace{j\cdots j}_{i_1}\underbrace{k\cdots k}_{i_2}\cdots\underbrace{m\cdots m}_{i_n}\rangle)$ 表示。量子态对量子比特的置换是对称的。

④ 在对这些量子态进行分组并选择合适的系数进行叠加后,量子态 $|\phi_0\rangle$,$|\phi_1\rangle$,$\cdots$,$|\phi_{m-1}\rangle$ 的判决空间仍然需要满足条件①和②。与此同时,在这些系数下 $k_1$ 的取值为最大。

⑤ 若同时存在多组量子态满足条件④,则最优协议的量子态是 $k_1$ 阶下猜测概率 $p$ 最小的。

满足上述条件的一组 $n$ 粒子 $d$ 维对称纠缠态 $\{|\varphi_0\rangle,|\varphi_1\rangle,\cdots,|\varphi_{n-1}\rangle\}$ 可以被用来设计最优的 $(k,n)$ 门限 LOCC-QSS 协议。

# 本 章 小 结

本章深入研究了 LOCC-QSS 协议。首先,本章讨论了判决空间的数字和图形表示。在提出的简便表示形式的帮助下,LOCC-QSS 协议和判决空间的研究将更加容易。其次,本章给出了一个搜索算法。对于任意的 $k$ 和 $n$,该算法可以判断是否存在满足 $k=k_2$ 的协议。如果存在的话,则可以得到所有可选的量子态。该算法可验证所有的已有协议。再次,本章提出了一个提高 $k_1$ 取值的方法,并获得了一些更安全的 LOCC-QSS 协议,例如一个 (3,3,3,4) 门限、两个 (3,5,5,6) 门限和一个 (3,6,6,7) 门限协议。最后,本章讨论了最优 LOCC-QSS 协议所需量子态的条件。

# 本章参考文献

［1］ Wang J，Li L，Peng H，et al. Quantum-secret-sharing scheme based on local distinguishability of orthogonal multiqudit entangled states［J］. Physical Review A，2017，95(2)：022320.

［2］ Rahaman R，Parker M G. Quantum scheme for secret sharing based on local distinguishability［J］. Physical Review A，2015，91(2)：022330.

［3］ Yang Y H，Gao F，Wu X，et al. Quantum secret sharing via local operations and classical communication［J］. Scientific Reports，2015，5：16967.

［4］ Bai C M，Li Z H，Liu C J，et al. Quantum secret sharing using orthogonal multiqudit entangled states［J］. Quantum Information Processing，2017，16(12)：304.

［5］ Liu C J，Li Z H，Bai C M，et al. Quantum-secret-sharing scheme based on local distinguishability of orthogonal seven-qudit entangled states［J］. International Journal of Theoretical Physics，2018，57(2)：428-442.

［6］ Bae J，Kwek L C. Quantum state discrimination and its applications［J］. Journal of Physics A：Mathematical and Theoretical，2015，48(8)：083001.

［7］ Hardy G H，Ramanujan S. Asymptotic formulæ in combinatory analysis［J］. Proceedings of the London Mathematical Society，1918，2(1)：75-115.

# 第4章

# 普适性量子秘密共享协议

## 4.1 概　　述

普适性是软件或硬件系统实际应用中一个至关重要的因素。在计算机科学中，一般以模块划分的形式来研究和展示普适性[1-2]。具体地，一个系统被分成不同模块，耦合度表示不同模块之间的关联程度。在一个设计良好的系统中，一个模块不应与其他模块之间有较强的联系。当其他模块都被确定的时候，该模块最好是可变的。降低耦合度将减少不同模块之间的联系，以及修改一个模块对整个系统的影响。普适性高的系统更加健壮。

对于一个量子密码协议来说，量子态可以被视为一个模块。如果可以用不同的量子态来执行同一个协议，该协议就具有一定的普适性。2014 年，作者们[3]首次考虑了量子私密比较协议的普适性，具体地讨论了如何使用不同量子态执行同一个协议；研究了一些量子态的对称性，并基于此提出了一类量子私密比较协议。这是首个普适性量子私密比较协议类，它在现有的技术条件下容易实现，属于该类的协议可以在只修改小部分操作的情况下使用大量不同的对称态。本书的第 8 章将具体介绍该协议。

目前，在其他量子密码协议的研究过程中，研究者对协议普适性的关注依然很少。本章首先设计了一个具有普适性的量子秘密共享协议；其次在此基础上讨论了量子密码协议的模块划分，以及不同模块之间的耦合度，同时分析了提出的普适性量子秘密共享协议；最后计算了所提出协议中 BPB 类态的纠缠度。

## 4.2　基于 BPB 态的量子秘密共享协议

2007 年，Borras 等人[4]研究了一个新的最大纠缠六粒子态（简称 BPB 态），如公式（4-1）所示。

$$|\Psi_{6qb}\rangle = \frac{1}{\sqrt{32}}[(\,|000000\rangle + |000011\rangle - |001100\rangle + |001111\rangle + |110000\rangle - |110011\rangle$$

$$+ |111100\rangle + |111111\rangle) + (\,|000101\rangle + |000110\rangle + |001001\rangle - |001010\rangle$$

$$- |110101\rangle + |110110\rangle + |111001\rangle + |111010\rangle) + (\,|010001\rangle + |010010\rangle$$

$$+ |011101\rangle - |011110\rangle - |100001\rangle + |100010\rangle + |101101\rangle + |101110\rangle)$$

$$+ (-|010100\rangle - |010111\rangle + |011000\rangle - |011011\rangle - |100100\rangle$$

$$+ |100111\rangle - |101000\rangle - |101011\rangle)]_{123456} \tag{4-1}$$

该量子态在 $X$ 基下可写为

$$|\Psi_{6qb}\rangle = \frac{1}{\sqrt{32}}[(\,|++++++\rangle - |++++--\rangle + |++--++\rangle + |++----\rangle$$

$$+ |--++++\rangle + |--++--\rangle - |----++\rangle + |------\rangle)$$

$$+ (\,|++++-+\rangle + |++++-+\rangle + |++--+-\rangle - |++--+-\rangle$$

$$- |--+-+-\rangle + |--+--+\rangle + |--++-\rangle + |--+-+\rangle)$$

$$+ (-|+-++-\rangle - |+-+++\rangle + |+--+-\rangle - |+----+\rangle$$

$$- |-+++-\rangle + |-++++\rangle - |-+--+-\rangle - |-+---+\rangle)$$

$$+ (-|+-+-++\rangle + |+-+---\rangle + |+--++-\rangle + |+---+-\rangle$$

$$+ |-++-++\rangle + |-++---\rangle + |-+-+++\rangle - |-+-+--\rangle)]_{123456}$$

$$\tag{4-2}$$

为了进一步的研究,也可以将该量子态写为

$$|\Psi_{6qb}\rangle = \frac{1}{4}[\,|\Phi^+\rangle(\,|\Phi^+\rangle|\Phi^+\rangle + |\Phi^-\rangle|\Phi^-\rangle + |\Psi^+\rangle|\Psi^+\rangle - |\Psi^-\rangle|\Psi^-\rangle)$$

$$+ |\Phi^-\rangle(-|\Phi^+\rangle|\Phi^-\rangle + |\Phi^-\rangle|\Phi^+\rangle + |\Psi^+\rangle|\Psi^-\rangle + |\Psi^-\rangle|\Psi^+\rangle)$$

$$+ |\Psi^+\rangle(\,|\Phi^+\rangle|\Psi^+\rangle - |\Phi^-\rangle|\Psi^-\rangle - |\Psi^+\rangle|\Phi^+\rangle - |\Psi^-\rangle|\Phi^-\rangle)$$

$$+ |\Psi^-\rangle(\,|\Phi^+\rangle|\Psi^-\rangle + |\Phi^-\rangle|\Psi^+\rangle + |\Psi^+\rangle|\Phi^-\rangle - |\Psi^-\rangle|\Phi^+\rangle)]_{123456}$$

$$\tag{4-3}$$

其中,Bell 态为

$$|\Phi^\pm\rangle = \frac{1}{\sqrt{2}}(\,|00\rangle \pm |11\rangle), \quad |\Psi^\pm\rangle = \frac{1}{\sqrt{2}}(\,|01\rangle \pm |10\rangle) \tag{4-4}$$

这 4 个量子态可以构成一组正交基,即 Bell 基。

4 个 Bell 态可以被编码为两个经典比特,

$$|\Phi^+\rangle \rightarrow 00, \quad |\Phi^-\rangle \rightarrow 01, \quad |\Psi^+\rangle \rightarrow 10, \quad |\Psi^-\rangle \rightarrow 11 \tag{4-5}$$

进一步地,根据公式(4-5),如果使用 Bell 基测量同一个 BPB 态的第(1,2)、(3,4)、(5,6)粒子,并相应地编码测量结果至两个经典比特,可以发现 $R_{12} \oplus R_{34} \oplus R_{56} = 00$。举例来说,如果测量结果是 $|\Phi^-\rangle$, $|\Psi^+\rangle$ 和 $|\Psi^-\rangle$,那么 $R_{12} = 01$, $R_{34} = 10$ 且 $R_{56} = 11$。测量结果的关联关系受到 Zhang 等人提出的协议[5-6]的启发,但关联关系与这两个协议相似,不同之处在于第 5 和第 6 粒子的顺序。

假设庄家 Charlie 拥有秘密信息 $S$。该信息的二进制表示形式为 $S=(s_0,s_1,\cdots,$ $s_{2N-1})$，即可以将 $S$ 写为 $S=\sum_{i=0}^{2N-1}s_i$。为了方便协议描述，现将 $S$ 分成对的形式，即 $S=(S_0,S_1,\cdots,S_{N-1})=((s_0,s_1),(s_2,s_3)\cdots,(s_{2N-2},s_{2N-1}))$。本章提出协议的具体步骤描述如下：

[S-1] 庄家 Charlie 制备 $N$ 组 $|\Psi_{6qb}\rangle$ 态，并将这 $N$ 组态分成 3 个序列。每个量子态的第 1 个和第 2 个粒子组成序列 $S_C:\{(P_1^1,P_2^1),(P_1^2,P_2^2),\cdots,(P_1^N,P_2^N)\}$。类似地，第 3 个和第 4 个（第 5 个和第 6 个）粒子组成序列 $S_A:\{(P_3^1,P_4^1),(P_3^2,P_4^2),\cdots,(P_3^N,P_4^N)\}$($S_B:\{(P_5^1,P_6^1),(P_5^2,P_6^2),\cdots,(P_5^N,P_6^N)\}$)。

[S-2] Charlie 产生两个诱骗粒子序列。序列中的量子态属于集合 $\{|0\rangle,|1\rangle,$ $|+\rangle,|-\rangle\}$，每个序列的长度均为 $K$。在产生这两个序列后，Charlie 将第 1 个（第 2 个）诱骗粒子序列随机插入至 $S_A$($S_B$)，并将新的序列记为 $S_{A2}$($S_{B2}$)。在此之后，他将两个新的序列分别发送给参与者 Alice 和 Bob。

[S-3] 一旦 Alice 和 Bob 收到序列，3 个参与者就检测信道中是否存在窃听。Charlie 将 $S_{A2}$ 和 $S_{B2}$ 中诱骗粒子的具体位置，及在测量中需要使用的测量基告诉 Alice 和 Bob。当量子态处于 $|0\rangle$ 或 $|1\rangle$ 时使用 $Z$ 基进行测量，当处于 $|+\rangle$ 或 $|-\rangle$ 时使用 $X$ 基进行测量。随后，两个参与者将测量结果告知 Charlie 以帮助他分析错误率。如果错误率高于预设的阈值，则 3 个参与者抛弃这些序列，并重新开始步骤[S-1]；否则，他们继续执行协议。

[S-4] 3 个参与者扔掉这些诱骗粒子，并分别将剩余粒子构成序列 $S_{A3}$，$S_{B3}$ 和 $S_{C3}$。接着，他们使用 Bell 基测量这些序列中的第 $(1,2)$、$(3,4)$、$(5,6)$ 粒子，并以公式(4-5)的方式将测量结果记录为经典比特。将 Alice、Bob、Charlie 的第 $i$ 个经典比特对记为 $RA_i$，$RB_i$ 和 $RC_i$。也就是说，对于任意的 $i$，有 $RA_i,RB_i,RC_i\in\{00,01,10,11\}$。

[S-5] 随后，Charlie 计算 $CS_i=RC_i\oplus S_i$ 并公布序列 $CS$。在收到 $CS$ 之后，Alice 和 Bob 协商由其中一方恢复序列 $S$。假设 Alice 恢复，那么 Bob 将 $RB$ 序列发给 Alice。Alice 计算 $S_i'=CS_i\oplus RA_i\oplus RB_i=S_i$。即 Alice 可以得到秘密 $S$。

图 4-1 给出了本章所提出协议的流程。

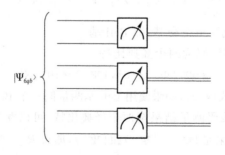

图 4-1 基于 $|\Psi_{6qb}\rangle$ 的新型量子秘密共享协议的线路图

# 4.3 协议分析

## 4.3.1 正确性

由于 $RA_i \oplus RB_i \oplus RC_i = 00$,容易验证, $S_i' = CS_i \oplus RA_i \oplus RB_i = RC_i \oplus S_i \oplus RA_i \oplus RB_i = S_i$,即 $S_i' = S_i$,因此 Alice 可以成功得到秘密。在表 4-1 中,列出了本章所提出协议的部分可能经典比特值。从表 4-1 中同样也可以推导得到 $S_i' = S_i$。

表 4-1    本章所提出协议中经典比特的部分可能值

| $RA_i$ | $RB_i$ | $RC_i$ | $S_i$ | $CS_i$ | $S_i'$ | $RA_i$ | $RB_i$ | $RC_i$ | $S_i$ | $CS_i$ | $S_i'$ |
|---|---|---|---|---|---|---|---|---|---|---|---|
| 01 | 11 | 10 | 00 | 10 | 00 | 10 | 10 | 00 | 00 | 00 | 00 |
| 01 | 11 | 10 | 01 | 11 | 01 | 10 | 10 | 00 | 01 | 01 | 01 |
| 01 | 11 | 10 | 10 | 00 | 10 | 10 | 10 | 00 | 10 | 10 | 10 |
| 01 | 11 | 10 | 11 | 01 | 11 | 10 | 10 | 00 | 11 | 11 | 11 |
| 01 | 10 | 11 | 00 | 11 | 00 | 10 | 11 | 01 | 00 | 01 | 00 |
| 01 | 10 | 11 | 01 | 10 | 01 | 10 | 11 | 01 | 01 | 00 | 01 |
| 01 | 10 | 11 | 10 | 01 | 10 | 10 | 11 | 01 | 10 | 11 | 10 |
| 01 | 10 | 11 | 11 | 00 | 11 | 10 | 11 | 01 | 11 | 10 | 11 |

假设 $S_i = 01$,与此同时 $RA_i = 10, RB_i = 00, RC_i = 10$。可以推得 $CS_i = RC_i \oplus S_i = 10 \oplus 01 = 11, S_i' = RA_i \oplus RB_i \oplus CS_i = 10 \oplus 00 \oplus 11 = 01$。所以, $S_i' = S_i$。验证了该协议的正确性。

## 4.3.2 安全性

下面通过外部攻击和内部攻击来分析本章所提出协议的安全性。

(1)外部攻击

在协议执行过程中,只有步骤[S-2]传输了量子态。而在这一步骤中,考虑到常见的外部攻击,发送者使用诱骗态以预防窃听。参与者们可以以非零的概率检测到多种攻击,如截获重发攻击、测量重发攻击、纠缠测量攻击,文献[7]中已证明了这一结论。考虑到 Eve 的关联引出攻击,诱骗态的使用同样可以保证安全性,文献[8]展示了这一事实。

对于一些其他的常见攻击,可以使用相应的设备抵抗。对于虚假态攻击[9,10]和时间移动攻击[11-12],可以用额外的检测装置来检测量子态到达接收者 Alice 和 Bob 的时间。至于检测器致盲攻击[13,14],光强度检测器可以发挥非常重要的作用。

除此之外,由于本章所提出协议中量子态只传输一次,这表明特洛伊木马攻击(如延迟光子特洛伊木马攻击和不可见光子窃听特洛伊木马攻击)对其是无效的。

总之,本章提出的协议对于多种外部攻击都是安全的。

(2)内部攻击

考虑到所有的参与者都是足够"聪明的",他们不会选择不能获得有效信息的攻击方式。举例来说,如果不能获得关于秘密的有效信息,他们将不会破坏协议的正常步骤。

由于 Alice 和 Bob 在协议中扮演着相同的角色,因此这里只讨论 Alice 试图在没有 Bob 帮助的情况下获得秘密的情形。

对约化密度矩阵的分析是一个常见的内部攻击方式。参与者可以根据自己手中的粒子来推断其他参与者手中的剩余粒子及所携带的经典信息。实际上,本章提出的协议中参与者不需要执行除了投影测量之外的任何操作。具体地,除了窃听检测之外,他们只需要在步骤[S-4]中执行 Bell 基测量。在参与者进行最终测量之前,传输的量子态只会处于态 $|\Psi_{6qb}\rangle$。

Alice 手中粒子的约化密度为

$$\rho_A = \mathrm{tr}_{1256}(|\Psi_{6qb}\rangle \otimes \langle \Psi_{6qb}|)$$

$$= \frac{1}{16}(|\Phi^+\rangle \otimes \langle \Phi^+| \, \mathrm{tr}(|\Phi^+\Phi^+\rangle \langle \Phi^+\Phi^+| + |\Phi^-\Phi^-\rangle \langle \Phi^-\Phi^-|$$

$$+ |\Psi^+\Psi^+\rangle \langle \Psi^+\Psi^+| + |\Psi^-\Psi^-\rangle \langle \Psi^-\Psi^-|)$$

$$+ |\Phi^-\rangle \otimes \langle \Phi^-| \, \mathrm{tr}(|\Phi^+\Phi^-\rangle \langle \Phi^+\Phi^-| + |\Phi^-\Phi^+\rangle \langle \Phi^-\Phi^+|$$

$$+ |\Psi^+\Psi^-\rangle \langle \Psi^+\Psi^-| + |\Psi^-\Psi^+\rangle \langle \Psi^-\Psi^+|)$$

$$+ |\Psi^+\rangle \otimes \langle \Psi^+| \, \mathrm{tr}(|\Phi^+\Psi^+\rangle \langle \Phi^+\Psi^+| + |\Phi^-\Psi^-\rangle \langle \Phi^-\Psi^-|$$

$$+ |\Psi^+\Phi^+\rangle \langle \Psi^+\Phi^+| + |\Psi^-\Phi^-\rangle \langle \Psi^-\Phi^-|)$$

$$+ |\Psi^-\rangle \otimes \langle \Psi^-| \, \mathrm{tr}(|\Phi^+\Psi^-\rangle \langle \Phi^+\Psi^-| + |\Phi^-\Psi^+\rangle \langle \Phi^-\Psi^+|$$

$$+ |\Psi^+\Phi^-\rangle \langle \Psi^+\Phi^-| + |\Psi^-\Phi^+\rangle \langle \Psi^-\Phi^+|)$$

$$= \frac{1}{4}(|\Phi^+\rangle \otimes \langle \Phi^+| + |\Phi^-\rangle \otimes \langle \Phi^-| + |\Psi^+\rangle \otimes \langle \Psi^+| + |\Psi^-\rangle \otimes \langle \Psi^-|)$$

$$= I_4/4 \tag{4-6}$$

其中,$I_4$ 是 4 维 Hilbert 空间的单位矩阵。因此可以推得 $\rho_A$ 是与参与者的经典信息 $RA_i$,$RB_i$ 和 $RC_i$ 无关的。

类似地,可以得到 $\rho_B = \rho_C = I_4/4$。由此可以推断,Alice 不能区分 Bob 的经典信息,Bob 也不能区分 Alice 的经典信息。

# 4.4 量子密码协议的普适性

本节将研究量子密码协议及本章提出的量子秘密共享协议的普适性。首先,本节独创性地给出了量子密码协议的模块划分、不同模块之间的耦合度及相关解释,然后提出了 BPB 类态和类 BPB 类态,并扩展本章提出的协议至一类量子秘密共享协议。这表明本章提出的协议对于模块"量子态"是普适的。在此之后,本节研究了提出的量子秘密共享协议与文献[6]中的量子私密比较协议的关系,结果说明本章提出的协议对于模块"目的"是普适的。最后,本节给出了关于普适性的讨论,以及一种定量描述普适性的方法。这些讨论使得本节的分析更加系统和全面。

## 4.4.1 量子密码协议的模块划分

正如一个机器或者一个软件,一个量子密码协议也可以被看成一个系统,并被分成多个模块,这些模块可以确定唯一的一个协议。如果所有的模块是确定的,协议将是唯一的。一个量子密码协议包括 7 个模块

① 目的:量子密码协议设计的目的。
② 参与者:执行协议的角色。
③ 量子态:协议中所传输信息的载体。
④ 量子操作:协议中所需的量子操作的有序集合,信息传输的主要途径。
⑤ 量子设备:量子信息处理中所需的设备。
⑥ 经典操作(如有需要):协议中所需的经典操作的有序集合、经典信息传输的途径。
⑦ 经典设备(如有需要):经典信息处理中所需的设备。

量子密码协议的模块划分在图 4-2 中给出。注意到,量子设备只与量子操作相关,故与"量子设备"模块存在箭头的模块只有"量子操作"模块,"经典设备"和"经典操作"模块也是如此。

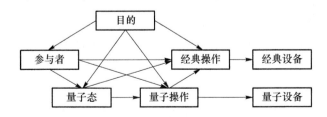

图 4-2 量子密码协议的模块划分

耦合度是不同模块之间关系的度量方式。如果关系紧密,可以说这些模块是高

度耦合的。在本节中,考虑量子密码协议中不同模块的耦合度。在此之前,首先将耦合度划分为 9 个层级,具体的层级及其含义在表 4-2 中给出。

表 4-2　耦合度的层级及其含义

| $-4$ | $-3$ | $-2$ | $-1$ | 0 | $+1$ | $+2$ | $+3$ | $+4$ |
|------|------|------|------|---|------|------|------|------|
| 受控 | 基本受控 | 部分受控 | 轻微受控 | 无关 | 轻微控制 | 部分控制 | 基本控制 | 控制 |

　　如果"参与者"→"目的"的层级为$-4$,从表 4-2 中可以知道,"参与者"是由"目的"控制的。进一步,可以说"目的"控制了"参与者",即"目的"→"参与者"的层级为$+4$。由于缺乏有效且客观的标准描述不同模块之间的耦合度,因此本节引入了打分机制,并在表 4-3 中利用打分机制描述了一般协议中不同模块之间的耦合度。

表 4-3　一般协议中不同模块之间耦合度的层级表

| | 目的 | 一参与者 | 量子态 | 量子操作 | 量子设备 | 经典操作 | 经典设备 |
|------|------|----------|--------|----------|----------|----------|----------|
| 目的 | — | $+4$ | $+2$ | $+3$ | 0 | $+3$ | 0 |
| 参与者 | $-4$ | — | $+2$ | $+3$ | 0 | $+3$ | 0 |
| 量子态 | $-2$ | $-2$ | — | $+1$ | 0 | $+1$ | 0 |
| 量子操作 | $-3$ | $-3$ | $-1$ | — | $+2$ | $+2$ | 0 |
| 量子设备 | 0 | 0 | 0 | $-2$ | — | 0 | 0 |
| 经典操作 | $-3$ | $-3$ | $-1$ | $-2$ | 0 | — | $+1$ |
| 经典设备 | 0 | 0 | 0 | 0 | 0 | $-1$ | — |

　　模块 $J \rightarrow K$ 和 $K \rightarrow J$ 的打分结果互为相反数,因此本节只解释一次。这里,$J$ 和 $K$ 代表不同的模块。下面具体给出表 4-3 的解释。截至目前已有大量的量子密码协议存在,因此以下解释将以例子的形式给出的。

　　(1)"目的"和其他模块之间的关系

　　"目的"→"参与者",$+4$。目的是一个协议的核心,其他模块是设计用来实现协议目的的。一旦确定了协议目的,参与者也基本确定,即"目的"和"参与者"是高度耦合的。为了展示这一点,此处给出了一个简单的例子。百万富翁 Alice 和 Bob 对于一个量子私密比较协议来说是必需的。除此之外,绝大多数量子私密比较协议中会设计一个 TP 以帮助参与者。这类协议中存在 3 种不同类型的 TP:可信的、半可信的[3,8,15,17] 和不可信的[16]。不同协议可能包括不同类别的 TP(研究者一般不在协议中使用可信的 TP,因为这种假设过强)。

　　"目的"→"量子态",$+2$。一方面,在协议中可以使用大量的量子态来完成相同的目的。举例来说,GHZ 态[8,15]、$|\chi\rangle$ 型态[3] 以及很多其他量子态[16-17],都能被用来执行量子私密比较协议。另一方面,在协议中可以使用 GHZ 态执行量子私密比较协议、量子秘密共享协议[18] 等多种协议[19]。

"目的"→"量子操作",＋3。对于一个确定的目的,协议所需的量子操作也基本确定。以远程态制备(Remote State Preparing,RSP)协议作为例子,共享纠缠态、测量量子态都是必需的操作[20-21]。

"目的"→"量子设备",0。量子设备只与相应的量子操作有关系,故此处关系层级为0。

"目的"→"经典操作",＋3。正如"目的"和"量子操作"类似,协议目的也基本确定了经典操作。对于 RSP 协议[20-21]来说,编码并传输测量结果是必需的(接收者需要使用这些经典比特来制备量子态)。

"目的"→"经典设备",0。由于经典设备只与相应的经典操作有关,此处关系层级为0。

(2)"参与者"和其他模块之间的关系

"参与者"→"量子态",−2。由于"参与者"和"目的"是高度耦合的,这里直接认定"参与者"→"量子态"的层级等于"目的"→"量子态"的层级。类似地,"参与者"→"量子操作"/"量子设备"/"经典操作"/"经典设备"的层级等于"目的"→"量子操作"/"量子设备"/"经典操作"/"经典设备"的层级。

(3)"量子态"和其他模块之间的关系

"量子态"→"量子操作",＋1。相同的量子态上可以执行多种不同的量子操作。对于 $|\chi\rangle$ 型态,可以对其执行 $X$ 基、$Z$ 基、Bell 基及其他基的测量。与此同时,Pauli 操作对于所有的二维量子态都是适用的。

"量子态"→"量子设备",0。与解释"目的"→"量子设备"时的原因相同,"量子态"→"量子设备"的层级也为0。

"量子态"→"经典操作",＋1。这两个模块之间的耦合关系很弱,这是因为几乎不能从量子态中推断出与经典操作相关的信息,反之亦然。

"量子态"→"经典设备",0。类似地,该层级为0。

(4)"量子操作"与其他模块之间的关系

"量子操作"→"量子设备",＋2。一旦确定了量子操作,量子设备的种类也可以确定,但是关于设备的具体细节依然是未知的。在很多情况下[22],协议的安全性证明中都假设参与者对态制备和测量设备是可控的,但是并不是所有协议都需要这样的假设。2012 年,Lo 等人[23]提出了一个无关测量设备的(Measurement-Device-Independent,MDI)量子密钥分发协议。在这个协议中,测量设备是独立的,参与者不需要知道与测量设备有关的具体细节,也不需要信任这些设备。这类协议比之前的量子密钥分发协议更安全,因为其安全性并不基于测量设备。可以将测量设备无关协议看成"量子操作"和"量子设备"之间并没有很强联系的协议。

"量子操作"→"经典操作",＋2。有时量子操作的执行需要经典信息的辅助。举例来说,在量子态共享协议中,恢复量子态的参与者需要来自其他参与者的经典信息。因此其他参与者需要将经典信息传输给恢复者。"量子操作"和"经典操作"之间的耦合度不低。

"量子操作"→"经典设备",0。两个模块之间没有关系,故层级为0。

(5)"量子设备"与其他模块之间的关系

正如前文已描述的,除了"量子操作"→"量子设备"之外,所有的层级均为0。

(6)"经典操作"与其他模块之间的关系

"经典操作"→"经典设备",+1。在量子密码协议中,存在两类经典操作:传输和存储。一方面,当讨论经典信息的传输时,在绝大多数情况下都假设这一过程是公开的,并不需要保证其安全性。另一方面,在不发送信息的情况下,利用现有技术条件对经典信息进行存储是足够安全的。基于如上的分析,"经典操作"与"经典设备"之间的联系是弱的。

## 4.4.2 一类基于 BPB 类态或类 BPB 类态的量子秘密共享协议

受 BPB 态的启发,可以构建一个集合来描述具有某些同样特征的量子态。将这个集合中的量子态描述为

$$|\Psi_{6qb}^{j}\rangle = \frac{1}{4}\big[\,|\Phi^{+}\rangle|\Phi^{+}\rangle|\Phi^{+}\rangle + a_1|\Phi^{+}\rangle|\Phi^{-}\rangle|\Phi^{-}\rangle + a_2|\Phi^{+}\rangle|\Psi^{+}\rangle|\Psi^{+}\rangle$$

$$+ a_3|\Phi^{+}\rangle|\Psi^{-}\rangle|\Psi^{-}\rangle + a_4|\Phi^{-}\rangle|\Phi^{+}\rangle|\Phi^{-}\rangle + a_5|\Phi^{-}\rangle|\Phi^{-}\rangle|\Phi^{+}\rangle$$

$$+ a_6|\Phi^{-}\rangle|\Psi^{+}\rangle|\Psi^{-}\rangle + a_7|\Phi^{-}\rangle|\Psi^{-}\rangle|\Psi^{+}\rangle + a_8|\Psi^{+}\rangle|\Phi^{+}\rangle|\Psi^{+}\rangle$$

$$+ a_9|\Psi^{+}\rangle|\Phi^{-}\rangle|\Psi^{-}\rangle + a_{10}|\Psi^{+}\rangle|\Psi^{+}\rangle|\Phi^{+}\rangle + a_{11}|\Psi^{+}\rangle|\Psi^{-}\rangle|\Phi^{-}\rangle$$

$$+ a_{12}|\Psi^{-}\rangle|\Phi^{+}\rangle|\Psi^{-}\rangle + a_{13}|\Psi^{-}\rangle|\Phi^{-}\rangle|\Psi^{+}\rangle + a_{14}|\Psi^{-}\rangle|\Psi^{+}\rangle|\Phi^{-}\rangle$$

$$+ a_{15}|\Psi^{-}\rangle|\Psi^{-}\rangle|\Phi^{+}\rangle\,\big]_{123456}$$

$$(4-7)$$

这里,对于 $0 \leqslant i \leqslant 15$,有 $a_i \in \{-1,1\}$。考虑到全局相位,假设 $a_0 = 1$。整个集合中一共有 $2^{15}$ 个可能的量子态,集合中所有的态都可以被用来执行本章提出的协议,即 $1 \leqslant j \leqslant 2^{15}$。表 4-4 给出了一些可能的 $|\Psi_{6qb}^{j}\rangle$ 及其系数。这里,$|\Psi_{6qb}^{5}\rangle$ 是 4.2 节中提出的量子秘密共享协议中的量子载体。

表 4-4 $|\Psi_{6qb}^{j}\rangle$ 中一些量子态的系数

| 量子态 | $a_1$ | $a_2$ | $a_3$ | $a_4$ | $a_5$ | $a_6$ | $a_7$ | $a_8$ | $a_9$ | $a_{10}$ | $a_{11}$ | $a_{12}$ | $a_{13}$ | $a_{14}$ | $a_{15}$ |
|---|---|---|---|---|---|---|---|---|---|---|---|---|---|---|---|
| $\begin{aligned}&|\Psi_{6qb}^{1}\rangle\\ =(&|000000\rangle + |000101\rangle\\ +&|010001\rangle + |010100\rangle\\ +&|101011\rangle + |101110\rangle\\ +&|111010\rangle + |111111\rangle)\\ /&(2\sqrt{2})\end{aligned}$ | 1 | 1 | 1 | 1 | 1 | 1 | 1 | 1 | 1 | 1 | 1 | 1 | 1 | 1 | 1 |

| 量子态 | $a_1$ | $a_2$ | $a_3$ | $a_4$ | $a_5$ | $a_6$ | $a_7$ | $a_8$ | $a_9$ | $a_{10}$ | $a_{11}$ | $a_{12}$ | $a_{13}$ | $a_{14}$ | $a_{15}$ |
|---|---|---|---|---|---|---|---|---|---|---|---|---|---|---|---|
| $\begin{aligned}&\left|\Psi_{6qb}^{2}\right\rangle\\&=(\left|001001\right\rangle+\left|001100\right\rangle\\&+\left|011000\right\rangle+\left|011101\right\rangle\\&+\left|100010\right\rangle+\left|100111\right\rangle\\&+\left|110011\right\rangle+\left|110110\right\rangle)\\&/(2\sqrt{2})\end{aligned}$ | $-1$ | $1$ | $-1$ | $1$ | $-1$ | $1$ | $-1$ | $1$ | $-1$ | $1$ | $-1$ | $1$ | $-1$ | $1$ | $-1$ |
| $\begin{aligned}&\left|\Psi_{6qb}^{3}\right\rangle\\&=(\left|001010\right\rangle+\left|001111\right\rangle\\&+\left|011011\right\rangle+\left|011110\right\rangle\\&+\left|100001\right\rangle+\left|100100\right\rangle\\&+\left|110000\right\rangle+\left|110101\right\rangle)\\&/(2\sqrt{2})\end{aligned}$ | $1$ | $1$ | $1$ | $-1$ | $-1$ | $-1$ | $-1$ | $1$ | $1$ | $1$ | $1$ | $-1$ | $-1$ | $-1$ | $-1$ |
| $\begin{aligned}&\left|\Psi_{6qb}^{4}\right\rangle\\&=(\left|000011\right\rangle+\left|000110\right\rangle\\&+\left|010010\right\rangle+\left|010111\right\rangle\\&+\left|101000\right\rangle+\left|101101\right\rangle\\&+\left|111001\right\rangle+\left|111100\right\rangle)\\&/(2\sqrt{2})\end{aligned}$ | $-1$ | $1$ | $-1$ | $-1$ | $1$ | $-1$ | $1$ | $1$ | $-1$ | $1$ | $-1$ | $-1$ | $1$ | $-1$ | $1$ |
| $\begin{aligned}&\left|\Psi_{6qb}^{5}\right\rangle\\&=[(\left|000000\right\rangle+\left|000011\right\rangle\\&-\left|001100\right\rangle+\left|001111\right\rangle\\&+\left|110000\right\rangle-\left|110011\right\rangle\\&+\left|111100\right\rangle+\left|111111\right\rangle)\\&+(\left|000101\right\rangle+\left|000110\right\rangle\\&+\left|001001\right\rangle-\left|001010\right\rangle\\&-\left|110101\right\rangle+\left|110110\right\rangle\\&+\left|111001\right\rangle+\left|111010\right\rangle)\\&+(\left|010001\right\rangle+\left|010010\right\rangle\\&+\left|011101\right\rangle-\left|011110\right\rangle\\&-\left|100001\right\rangle+\left|100010\right\rangle\\&+\left|101101\right\rangle+\left|101110\right\rangle)\\&+(-\left|010100\right\rangle-\left|010111\right\rangle\\&+\left|011000\right\rangle-\left|011011\right\rangle\\&-\left|100100\right\rangle+\left|100111\right\rangle\\&-\left|101000\right\rangle-\left|101011\right\rangle)]\\&/(4\sqrt{2})\end{aligned}$ | $1$ | $1$ | $-1$ | $-1$ | $1$ | $1$ | $1$ | $1$ | $-1$ | $-1$ | $-1$ | $1$ | $1$ | $1$ | $-1$ |

如果使用 Bell 基来测量 $|\Psi_{6qb}^j\rangle$，并将第 $(1,2)$、$(3,4)$、$(5,6)$ 粒子的结果分别编码为 $mc_{112}$，$mc_{134}$ 和 $mc_{156}$，可以得到

$$mc_{112} \oplus mc_{134} \oplus mc_{156} = 00 \tag{4-8}$$

随后，将其级联为 $mc_1$（$mc_1 = mc_{112} \| mc_{134} \| mc_{156}$）。所有不同的 $mc_1$ 构成集合 MC，其中

$$
\begin{aligned}
MC = \{ & 000000, 000101, 001010, 001111; 010001, 010100, 011011, 011110; \\
& 100010, 100111, 101000, 101101; 110011, 110110, 111001, 111100 \}
\end{aligned} \tag{4-9}
$$

类似地，还有 $2^{15}$ 个其他的量子态可以执行该协议。可以使用 $Z$ 基将这些量子态写为

$$
\begin{aligned}
|\Upsilon_{6qb}^j\rangle = \frac{1}{4} \big[ & |000000\rangle + f_1|000101\rangle + f_2|001010\rangle + f_3|001111\rangle \\
& + f_4|010001\rangle + f_5|010100\rangle + f_6|011011\rangle + f_7|011110\rangle \\
& + f_8|100010\rangle + f_9|100111\rangle + f_{10}|101000\rangle + f_{11}|101101\rangle \\
& + f_{12}|110011\rangle + f_{13}|110110\rangle + f_{14}|111001\rangle + f_{15}|111100\rangle \big]_{123456}
\end{aligned} \tag{4-10}
$$

对于 $0 \leq i \leq 15$，有 $f_i \in \{-1, 1\}$。考虑到全局相位，假设 $f_0 = 1$，即 $1 \leq j \leq 2^{15}$。

也可以将 $\langle |00\rangle, |01\rangle, |10\rangle, |11\rangle \rangle$ 编码为两个经典比特：

$$|00\rangle \rightarrow 00, |01\rangle \rightarrow 01, |10\rangle \rightarrow 10, |11\rangle \rightarrow 11 \tag{4-11}$$

如果使用 $Z$ 基测量 $|\Upsilon_{6qb}^j\rangle$，并按前述方式编码测量结果，可以将这些经典比特分别记为 $mc_{212}$，$mc_{234}$ 和 $mc_{256}$。类似地，也可以得到

$$mc_{212} \oplus mc_{234} \oplus mc_{256} = 00 \tag{4-12}$$

可以级联这些比特为 $mc_2$。明显地，也有 $mc_2 \in MC$。将 $|\Psi_{6qb}^j\rangle$ 称为 BPB 类态，将 $|\Upsilon_{6qb}^j\rangle$ 称为类 BPB 类态。

所有的 BPB 类态和类 BPB 类态都可以被用来执行本章提出的量子秘密共享协议。本章提出的协议对于量子态是普适的。这里将这些使用不同量子态的协议称为"一类量子秘密共享协议"。这些协议的步骤与前述的步骤[S-1]至[S-5]相同。唯一不同的地方在于，如果使用了类 BPB 类态，参与者需要使用 $Z$ 基测量 $S_{A3}/S_{B3}/S_{C3}$，而不是 Bell 基。值得一提的是，$Z$ 基下的测量比 Bell 基下的测量执行起来容易很多。

## 4.4.3　与 Zhang 等人提出的量子私密比较协议的对比

随着计算机科学及其应用的发展，数据的安全性引起了人们高度重视。安全多方计算是一类重要的多用户远程协作计算问题。安全多方计算问题的一个好的解决方案需要保证计算的正确性和参与者数据的安全性。换句话说，协议不只需要帮助

参与者得到正确的结果,还需要保证私密输入值不会被泄露给其他人。

Zhang 等人[6]提出的量子私密比较协议是基于 BPB 态的。利用该协议可以同时比较 3 个值 $M_1/M_2/M_3$。本小节将讨论对比该量子私密比较协议和本章提出的量子秘密共享协议。

首先,从表 4-5 中可以知道这两个协议是很相似的。为了便于分析,将两个协议中符号的对应关系在表 4-6 中给出。

表 4-5  文献[6]中的量子私密比较协议与本章提出的量子秘密共享协议之间的关系

| 模块 | 量子私密比较协议 | 量子秘密共享协议 |
|---|---|---|
| 目的 | 判断 $M_1 = M_2 = M_3$ 是否成立 | 共享并恢复 $S$ |
| 参与者 | $P_1$,$P_2$ 和 $P_3$ | 庄家(Charlie)、参与者 1(Alice)和参与者 2(Bob) |
| 量子态 | BPB 态以及辅助的诱骗态 | BPB 类态或者类 BPB 类态中的某一个特定态,以及辅助的诱骗态 |
| 量子操作 | ① $P_1$ 制备 $\|\Psi_{6qb}\rangle$ 态<br>② $P_1$ 制备诱骗态<br>③ $P_1$ 传输 $S_{34}^*$ 和 $S_{65}^*$<br>④ $P_2$ 和 $P_3$ 测量诱骗态<br>⑤ $P_1$ 测量 $\|\Psi_{6qb}\rangle$ 态中的部分样本<br>⑥ $P_2$ 和 $P_3$ 测量 $\|\Psi_{6qb}\rangle$ 态中的部分样本<br>⑦ 3 个参与者使用 Bell 基测量 $\|\Psi_{6qb}\rangle$ 态 | ① Charlie 制备 $\|\Psi_{6qb}^j\rangle$ 或者 $\|\Upsilon_{6qb}^j\rangle$<br>② Charlie 制备诱骗态<br>③ Charlie 传输 $S_{A2}$ 和 $S_{B2}$<br>④ Alice 和 Bob 测量诱骗态<br>⑤ 3 个参与者使用 Bell 基测量 $\|\Psi_{6qb}^j\rangle$ 或者 $\|\Upsilon_{6qb}^j\rangle$ 态 |
| 量子设备 | 每个参与者的量子存储及量子测量设备 | 每个参与者的量子存储及量子测量设备 |
| 经典操作 | ① $P_1$ 公布诱骗态的精确位置及相应的测量基<br>② $P_2$ 和 $P_3$ 公布诱骗态的测量结果<br>③ $P_1$ 分析外部攻击者是否存在<br>④ $P_2$ 和 $P_3$ 在所有的 $\|\Psi_{6qb}\rangle$ 态中选择一部分作为样本<br>⑤ $P_2$ 和 $P_3$ 公布样本所在的位置<br>⑥ $P_2$ 和 $P_3$ 分析 $\|\Psi_{6qb}\rangle$ 态的真伪性<br>⑦ $P_1/P_2/P_3$ 计算 $C_1/C_2/C_3$<br>⑧ $P_2$ 和 $P_3$ 分别传输 $C_2$ 和 $C_3$<br>⑨ $P_1$ 判断是否满足 $M_2 = M_3$<br>⑩ $P_1$ 宣布比较的结果,或者计算 $C_{12}$ 和 $C_{13}$<br>⑪ $P_1$ 传输 $C_{12}$ 和 $C_{13}$<br>⑫ $P_2(P_3)$ 判断是否满足 $M_1 = M_3(M_1 = M_2)$ | ① Charlie 公布诱骗态的精确位置及相应的测量基<br>② Alice 和 Bob 公布诱骗态的测量结果<br>③ Charlie 分析外部攻击者是否存在<br>④ Charlie 计算 CS<br>⑤ Charlie 传输 CS<br>⑥ Alice 计算 $S'$ |
| 经典设备 | 每个参与者的经典存储器和计算器 | 每个参与者的经典存储器和计算器 |

表 4-6 表 4-5 中符号之间的对应关系

| 类别 | 量子私密比较协议 | 量子秘密共享协议 |
|------|------------------|------------------|
| 3 个参与者 | $P_1$ | Charlie |
| | $P_2$ | Alice |
| | $P_3$ | Bob |
| 两个态序列 | $S_{34}^*$ | $S_{A2}$ |
| | $S_{65}^*$ | $S_{B2}$ |

对表 4-5 的分析如下。Zhang 等人[6]提出的量子私密比较协议中的量子操作①～④、⑦与本章提出的量子秘密共享协议中的量子操作①～⑤之间几乎存在着一一对应关系。同样地,Zhang 等人提出量子私密比较协议中的经典操作①～③和本章提出协议中的①～③也存在着一一对应的关系。

一方面,由于文献[6]中的量子私密比较协议是一个不需要第四方协助的三方协议,$P_1$ 不是一个普通的参与者,而是需要制备量子态的特殊参与者。因此可以将他看成一个需要比较自己私密数据的普通参与者和一个需要帮助普通参与者比较这些数据的辅助参与者的联合体。因为这个原因,他出于自己的利益考虑,同样有动机来窃取更多的信息。这也是文献[6]中协议量子操作⑤～⑥和经典操作④～⑥的设计初衷。具体地,这些步骤用来检测 $P_1$ 是否与 $P_2$ 和 $P_3$ 共享了真正的 $|\Psi_{6qb}\rangle$。由于在量子秘密共享协议中庄家 Charlie 没有动机进行欺骗,因此这些步骤是不必要的。在这种情况下,两个协议的量子操作是等价的。

另一方面,可以将秘密共享视为信息的分割过程(庄家将秘密分成两个或者更多份),而将私密比较视为信息的整合过程(辅助参与者将两个秘密输入整合为一个比特,即判断参与者们的输入是否相等)。因此可以说,在某种意义上私密比较是秘密共享的逆过程。

## 4.4.4 量子载体的简单讨论

BPB 类态(类 BPB 类态)的所有 Bell 基($Z$ 基)测量结果具有相同的统计分布。首先,每一个 BPB 类态(类 BPB 类态)的 Bell 基($Z$ 基)测量结果都是关联的,具体的关联关系已分别在公式(4-8)和公式(4-12)中给出。其次,测量结果之间的关联,对于不同量子态来说都是相同的。可以使用这个关联关系来实现不同的协议目的,如量子秘密共享和量子私密的比较。这些特性是设计一个对于量子载体和协议目的均普适的协议的核心。本章提出的协议还是首个对这两个模块均普适的协议。

在设计量子秘密共享[24]、量子保密求和[5]和量子私密比较[6]协议的设计中均研究过 BPB 态。这说明该六粒子态是研究中的一个小热点。由于所有的 BPB 类态和类 BPB 类态均具有相似的特性,因而这些态都能在量子密码协议中发挥重要的作用。从这种角度来看,这些量子态都非常有价值。

## 4.4.5 普适性的讨论

在一般的量子密码协议中,如果"参与者"、"量子操作"、"量子设备"、"经典操作"和"经典设备"模块均被确定,那么模块"目的"和"量子态"是否会被确定? 在一般情况下答案是肯定的。也就是说,对研究者来说,在一个确定的协议中,一般很难找到一个新的协议目的或者量子态以代替原有的。

在本章提出的协议中,量子态在前述的两个量子态类中是可选的。参与者将有很多选择可以考虑。第三个模块"量子态"与其他几个模块之间的联系很弱。这个性质在4.4.2节中进行了讨论。除此之外,协议目的可以是量子秘密共享或者量子私密比较。本章提出的量子秘密共享协议与文献[6]中的量子私密比较协议的区别很小。一个量子秘密共享协议可以在经过很小的修改之后用来执行量子私密比较协议。第一个模块"目的"与其他模块之间的联系并不像一般量子密码协议那么强,4.4.3节也讨论了这一特性。这一特性是绝大多数协议所不具有的。这也使得本章提出的协议更具有实用性。准确地说,提出的协议是多功能的。

总体来说,本章提出的协议设计巧妙,且定性分析表明该协议的不同模块间具有很低的耦合度,协议普适性较强。

除此之外,在表 4-3 中描述了一般量子密码协议的耦合度。实际上,对于任意特定协议都可以给出一个类似的表格。作为例子,在表 4-7 中分析了本章提出的量子秘密共享协议。

**表 4-7 本章的量子秘密共享协议中不同模块之间耦合度的层级表**

|  | 目的 | 参与者 | 量子态 | 量子操作 | 量子设备 | 经典操作 | 经典设备 |
|---|---|---|---|---|---|---|---|
| 目的 | — | +3 | +1 | +3 | 0 | +3 | 0 |
| 参与者 | −3 | — | +1 | +3 | 0 | +3 | 0 |
| 量子态 | −1 | −1 | — | +1 | 0 | +1 | 0 |
| 量子操作 | −3 | −3 | −1 | — | +2 | +2 | 0 |
| 量子设备 | 0 | 0 | 0 | −2 | — | 0 | 0 |
| 经典操作 | −3 | −3 | −1 | −2 | 0 | — | +1 |
| 经典设备 | 0 | 0 | 0 | 0 | 0 | −1 | — |

一个定量描述协议模块耦合度的方式,是将表 4-7 中所有值的绝对值相加,并除以表 4-3 中所有值的绝对值的求和:

$$DC = Sum_s / Sum_t \qquad (4\text{-}13)$$

其中,$Sum_s$ 表示一个特定协议中所有绝对值的求和,$Sum_t$ 表示表 4-3 中所有绝对值

的求和。由于 $Sum_t=54$，因此可以将公式(4-13)写为

$$DC=Sum_s/54 \qquad (4-14)$$

现在，可以计算表 4-7 中所有值的绝对值之和，结果是 48。故 $DC=48/54=0.89<1$。这表明本章提出的协议确实是设计良好的。

除此之外，$Sum_s$ 和 $Sum_t$ 同样也可以是绝对值的加权求和，而非直接求和。对于研究者来说，越有价值的项应该具有越大的权重。以此方法，可以得到更能满足需求、更合理的耦合度计算公式。进一步来说，对于任意的特定协议，如果 DC 的值越小，则协议的耦合度越低，意味着协议的设计更好。对于所有的协议来说，其 DC 的取值都是与 $Sum_s$ 成正比的。因此，如果想比较两个协议的耦合度，$Sum_t$ 的具体值是不重要的。

# 4.5　BPB 类态的纠缠度

本节将研究 BPB 类态的纠缠度。首先借鉴两粒子纠缠度的计算方法，部分计算了表 4-4 中 5 个量子态的纠缠度，并将这种纠缠度称为"伪纠缠度"。随后，使用 Wei 等人的方法[25]（几何测度）再次计算 BPB 类态的纠缠度。

## 4.5.1　BPB 类态的伪纠缠度

首先，分析表 4-4 中的态的每个粒子。对于态 $|\Psi_{6qb}^1\rangle$，可以推得

$$\rho_1^1=tr_{23456}(|\Psi_{6qb}^1\rangle\langle\Psi_{6qb}^1|)$$

$$=\frac{1}{8}(|0\rangle\langle0|tr(|00000\rangle\langle00000|+|00101\rangle\langle00101|+|10001\rangle\langle10001|$$

$$+|10100\rangle\langle10100|)+|1\rangle\langle1|tr(|01011\rangle\langle01011|+|01110\rangle\langle01110|$$

$$+|11010\rangle\langle11010|+|11111\rangle\langle11111|)$$

$$=\frac{1}{2}(|0\rangle\langle0|+|1\rangle\langle1|)=I_2/2$$

$$\rho_2^1=\rho_3^1=\rho_4^1=\rho_5^1=\rho_6^1=\rho_1^1=I_2/2$$

$$S(\rho_2^1)=S(\rho_3^1)=S(\rho_4^1)=S(\rho_5^1)=S(\rho_6^1)=S(\rho_1^1)=-tr(\rho_1^1\log_2\rho_1^1)=1 \qquad (4-15)$$

$$E_{p1}(|\Psi_{6qb}^1\rangle)=1$$

其中，$E_{p1}(*)$ 表示在只计算单粒子约化密度矩阵的情况下量子态的伪纠缠度。类似地，可以计算得到其他几个量子态的单粒子伪纠缠度：

$$E_{p1}(|\Psi_{6qb}^2\rangle)=E_{p1}(|\Psi_{6qb}^3\rangle)=E_{p1}(|\Psi_{6qb}^4\rangle)=E_{p1}(|\Psi_{6qb}^5\rangle)$$

$$=E_{p1}(|\Psi_{6qb}^1\rangle)=1 \qquad (4-16)$$

进一步，可以将 6 个粒子分成 3 对：第(1,2)、(3,4)、(5,6)粒子，并计算每对粒子的伪纠缠度。

$$\rho_{12}^{j} = \mathrm{tr}_{3456}(|\Psi_{6qb}^{j}\rangle\langle\Psi_{6qb}^{j}|)$$

$$= \frac{1}{16}(|\Phi^{+}\rangle\langle\Phi^{+}|\,\mathrm{tr}(|\Phi^{+}\Phi^{+}\rangle\langle\Phi^{+}\Phi^{+}| + |\Phi^{-}\Phi^{-}\rangle\langle\Phi^{-}\Phi^{-}| + |\Psi^{+}\Psi^{+}\rangle\langle\Psi^{+}\Psi^{+}|$$

$$+ |\Psi^{-}\Psi^{-}\rangle\langle\Psi^{-}\Psi^{-}|) + |\Phi^{-}\rangle\langle\Phi^{-}|\,\mathrm{tr}(|\Phi^{+}\Phi^{-}\rangle\langle\Phi^{+}\Phi^{-}| + |\Phi^{-}\Phi^{+}\rangle\langle\Phi^{-}\Phi^{+}|$$

$$+ |\Psi^{+}\Psi^{-}\rangle\langle\Psi^{+}\Psi^{-}| + |\Psi^{-}\Psi^{+}\rangle\langle\Psi^{-}\Psi^{+}|) + |\Psi^{+}\rangle\langle\Psi^{+}|\,\mathrm{tr}(|\Phi^{+}\Psi^{+}\rangle\langle\Phi^{+}\Psi^{+}|$$

$$+ |\Phi^{-}\Psi^{-}\rangle\langle\Phi^{-}\Psi^{-}| + |\Psi^{+}\Phi^{+}\rangle\langle\Psi^{+}\Phi^{+}| + |\Psi^{-}\Phi^{-}\rangle\langle\Psi^{-}\Phi^{-}|) + |\Psi^{-}\rangle\langle\Psi^{-}| \cdot$$

$$\mathrm{tr}(|\Phi^{+}\Psi^{-}\rangle\langle\Phi^{+}\Psi^{-}| + |\Phi^{-}\Psi^{+}\rangle\langle\Phi^{-}\Psi^{+}| + |\Psi^{+}\Phi^{-}\rangle\langle\Psi^{+}\Phi^{-}| + |\Psi^{-}\Phi^{+}\rangle\langle\Psi^{-}\Phi^{+}|))$$

$$= \frac{1}{4}(|\Phi^{+}\rangle\langle\Phi^{+}| + |\Phi^{-}\rangle\langle\Phi^{-}| + |\Psi^{+}\rangle\langle\Psi^{+}| + |\Psi^{-}\rangle\langle\Psi^{-}|) = I_{4}/4 \tag{4-17}$$

$$\begin{cases} \rho_{34}^{j} = \rho_{56}^{j} = \rho_{12}^{j} = I_{4}/4 \\ S(\rho_{34}^{j}) = S(\rho_{56}^{j}) = S(\rho_{12}^{j}) = -\mathrm{tr}(\rho_{12}^{j}\log_{2}\rho_{12}^{j}) = 1 \\ E_{p2}(|\Psi_{6qb}^{j}\rangle) = 1 \end{cases} \tag{4-18}$$

其中，$E_{p2}(*)$ 表示只计算量子态的一对粒子时的伪纠缠度。计算结果说明，对于这个类中的每一个态，都有 $E_{p2}(|\Psi_{6qb}^{j}\rangle)=1$。这是这些态的另一个共有性质。从这点来看，这些态的纠缠度很高。

此外，虽然量子态类里面不是所有态都是最大纠缠的，但是 Alice(Bob) 手中粒子的约化密度矩阵一直都是 $I_{4}/4$。根据 4.3.2 节的分析，Alice(Bob) 也不能推断出来任何有用的信息。因此，本章提出的协议是安全的。

## 4.5.2　BPB 类态的几何测度

**定义 4.1(几何测度[25])**　对于一个纯态 $|\psi\rangle$，找到一个可分态 $|\phi\rangle$ 使得内积 $\langle\phi|\psi\rangle$ 的值最大。$|\psi\rangle$ 的几何测度 $E_{\sin^2}$ 的定义如下：

$$\Lambda_{\max} = \max_{\phi}\|\langle\phi|\psi\rangle\|, E_{\sin^2} = 1 - \Lambda_{\max}^{2} \tag{4-19}$$

$E_{\sin^2}$ 越小，$\Lambda_{\max}$ 就越大。此时，$|\psi\rangle$ 越接近可分态 $|\phi\rangle$，$|\psi\rangle$ 的纠缠度越小。相反地，如果 $E_{\sin^2}$ 越接近 1，$|\psi\rangle$ 的纠缠度越高。

在公式(4-7)中，使用 Bell 基来表示这些量子态。为了便于计算，需要把这些态写成 $Z$ 基的形式。由于量子态的系数复杂，首先需要将公式(4-7)中的各项分成组（见表 4-8）。具体地，将 $Z$ 基下测量结果具有相同分布的项分在同一组内。

**表 4-8　Bell 基下 BPB 类态各项的分组**

| 第 1 组 | 第 2 组 | 第 3 组 | 第 4 组 |
|---|---|---|---|
| $\lvert\Phi^{+}\rangle\lvert\Phi^{+}\rangle\lvert\Phi^{+}\rangle$ | $a_{2}\lvert\Phi^{+}\rangle\lvert\Psi^{+}\rangle\lvert\Psi^{+}\rangle$ | $a_{8}\lvert\Psi^{+}\rangle\lvert\Phi^{+}\rangle\lvert\Psi^{+}\rangle$ | $a_{10}\lvert\Psi^{+}\rangle\lvert\Psi^{+}\rangle\lvert\Phi^{+}\rangle$ |
| $+a_{1}\lvert\Phi^{+}\rangle\lvert\Phi^{-}\rangle\lvert\Phi^{-}\rangle$ | $+a_{3}\lvert\Phi^{+}\rangle\lvert\Psi^{-}\rangle\lvert\Psi^{-}\rangle$ | $+a_{9}\lvert\Psi^{+}\rangle\lvert\Phi^{-}\rangle\lvert\Psi^{-}\rangle$ | $+a_{11}\lvert\Psi^{+}\rangle\lvert\Psi^{-}\rangle\lvert\Phi^{-}\rangle$ |
| $+a_{4}\lvert\Phi^{-}\rangle\lvert\Phi^{+}\rangle\lvert\Phi^{-}\rangle$ | $+a_{6}\lvert\Phi^{-}\rangle\lvert\Psi^{+}\rangle\lvert\Psi^{-}\rangle$ | $+a_{12}\lvert\Psi^{-}\rangle\lvert\Phi^{+}\rangle\lvert\Psi^{-}\rangle$ | $+a_{14}\lvert\Psi^{-}\rangle\lvert\Psi^{+}\rangle\lvert\Phi^{-}\rangle$ |
| $+a_{5}\lvert\Phi^{-}\rangle\lvert\Phi^{-}\rangle\lvert\Phi^{+}\rangle$ | $+a_{7}\lvert\Phi^{-}\rangle\lvert\Psi^{-}\rangle\lvert\Psi^{+}\rangle$ | $+a_{13}\lvert\Psi^{-}\rangle\lvert\Phi^{-}\rangle\lvert\Psi^{+}\rangle$ | $+a_{15}\lvert\Psi^{-}\rangle\lvert\Psi^{-}\rangle\lvert\Phi^{+}\rangle$ |

下面使用 $Z$ 基将第 1 组中的量子态分别重写为

$$\begin{cases} |\Phi^+\rangle|\Phi^+\rangle|\Phi^+\rangle = \dfrac{1}{2\sqrt{2}}(|000000\rangle+|111111\rangle+|000011\rangle+|111100\rangle \\ \qquad\qquad\qquad +|001100\rangle+|110011\rangle+|001111\rangle+|110000\rangle) \\[2mm] |\Phi^+\rangle|\Phi^-\rangle|\Phi^-\rangle = \dfrac{1}{2\sqrt{2}}(|000000\rangle+|111111\rangle-|000011\rangle-|111100\rangle \\ \qquad\qquad\qquad -|001100\rangle-|110011\rangle+|001111\rangle+|110000\rangle) \\[2mm] |\Phi^-\rangle|\Phi^+\rangle|\Phi^-\rangle = \dfrac{1}{2\sqrt{2}}(|000000\rangle+|111111\rangle-|000011\rangle-|111100\rangle \\ \qquad\qquad\qquad +|001100\rangle+|110011\rangle-|001111\rangle-|110000\rangle) \\[2mm] |\Phi^-\rangle|\Phi^-\rangle|\Phi^+\rangle = \dfrac{1}{2\sqrt{2}}(|000000\rangle+|111111\rangle+|000011\rangle+|111100\rangle \\ \qquad\qquad\qquad -|001100\rangle-|110011\rangle-|001111\rangle-|110000\rangle) \end{cases} \tag{4-20}$$

这样，可以将 4 个态的叠加写为

$$|\Phi^+\rangle|\Phi^+\rangle|\Phi^+\rangle+a_1|\Phi^+\rangle|\Phi^-\rangle|\Phi^-\rangle+a_4|\Phi^-\rangle|\Phi^+\rangle|\Phi^-\rangle+a_5|\Phi^-\rangle|\Phi^-\rangle|\Phi^+\rangle$$

$$\begin{aligned} =\dfrac{1}{C_a}[&(a_0+a_1+a_4+a_5)|000000\rangle+(a_0+a_1+a_4+a_5)|111111\rangle \\ &+(a_0-a_1-a_4+a_5)|000011\rangle+(a_0-a_1-a_4+a_5)|111100\rangle \\ &+(a_0-a_1+a_4-a_5)|001100\rangle+(a_0-a_1+a_4-a_5)|110011\rangle \\ &+(a_0+a_1-a_4-a_5)|001111\rangle+(a_0+a_1-a_4-a_5)|110000\rangle] \end{aligned} \tag{4-21}$$

其中，$C_a$ 表示归一化系数。令 $i_1i_2i_3i_4i_5i_6 \in \{000000,000011,001100,001111\}$，对于 $1\leqslant j\leqslant 6$，有 $\bar{i}_j=1\oplus i_j$。$|i_1i_2i_3i_4i_5i_6\rangle$ 和 $|\bar{i}_1\bar{i}_2\bar{i}_3\bar{i}_4\bar{i}_5\bar{i}_6\rangle$ 的系数是相同的。同样地，在其他组中，也可以得到类似的结果。总体来说，对于 $i_1i_2i_3i_4i_5i_6 \in \{000000,$ $000011,001100,001111,000101,000110,001001,001010,010001,010010,011101,$ $011110,010100,010111,011000,011011\}$，$|i_1i_2i_3i_4i_5i_6\rangle$ 和 $|\bar{i}_1\bar{i}_2\bar{i}_3\bar{i}_4\bar{i}_5\bar{i}_6\rangle$ 的系数都是相同的。

因此，可以使用 $Z$ 基将量子态 $|\Psi^j_{6qb}\rangle$ 写为

$$\begin{aligned} |\Psi_{6qb}\rangle=[&(e_1|000000\rangle+e_2|000011\rangle+e_3|001100\rangle+e_4|001111\rangle \\ &+e_4|110000\rangle+e_3|110011\rangle+e_2|111100\rangle+e_1|111111\rangle) \\ &+(b_1|000101\rangle+b_2|000110\rangle+b_3|001001\rangle+b_4|001010\rangle \\ &+b_4|110101\rangle+b_3|110110\rangle+b_2|111001\rangle+b_1|111010\rangle) \\ &+(c_1|010001\rangle+c_2|010010\rangle+c_3|011101\rangle+c_4|011110\rangle \\ &+c_4|100001\rangle+c_3|100010\rangle+c_2|101101\rangle+c_1|101110\rangle) \\ &+(d_1|010100\rangle+d_2|010111\rangle+d_3|011000\rangle+d_4|011011\rangle \\ &+d_4|100100\rangle+d_3|100111\rangle+d_2|101000\rangle+d_1|101011\rangle)]_{123456} \end{aligned} \tag{4-22}$$

其中，$e_1=(a_0+a_1+a_4+a_5)/(2C_a)$，$e_2=(a_0-a_1-a_4+a_5)/(2C_a)$，$e_3=(a_0-a_1+a_4-$

$a_5)/(2C_a),e_4=(a_0+a_1-a_4-a_5)/(2C_a)$。而 $b_i,c_i,d_i(i=1,2,3,4)$ 表示其他的系数。由于 $a_i\in\{-1,1\}$,不同的 $a_i$ 是相互独立的,故容易验证

$$\{b_1,b_2,b_3,b_4\},\{c_1,c_2,c_3,c_4\},\{d_1,d_2,d_3,d_4\}\in\{\{1/(2\sqrt2),0,0,0\},\{-1/(2\sqrt2),0,0,0\},\{1/(4\sqrt2),1/(4\sqrt2),1/(4\sqrt2),-1/(4\sqrt2)\},\{1/(4\sqrt2),-1/(4\sqrt2),-1/(4\sqrt2),-1/(4\sqrt2)\}\}$$

$$(4\text{-}23)$$

由于 $a_0=1$,故同样可以得到

$$\{e_1,e_2,e_3,e_4\}\in\{\{1/(2\sqrt2),0,0,0\},\{1/(4\sqrt2),1/(4\sqrt2),1/(4\sqrt2),-1/(4\sqrt2)\}\}$$

$$(4\text{-}24)$$

当 $\{e_1,e_2,e_3,e_4\}$ 有一个确定的取值,如 $\{1/(2\sqrt2),0,0,0\}$,此处指的是这两个集合相等,而非对应项元素的值相等。

现在,假设量子态 $|\phi\rangle=(\cos\theta_i|0\rangle+\sin\theta_i|1\rangle)^{\otimes6}(\theta_i\in(0,\pi])$。随后,可以计算两个向量(量子态)的内积,详见公式(4-25)。

$$|\psi\rangle=|\Psi_{6qb}^j\rangle$$
$$|\phi\rangle=(\cos\theta_i|0\rangle+\sin\theta_i|1\rangle)^{\otimes6}$$
$$\begin{aligned}
\langle\phi|\psi\rangle=&e_1\cos\theta_1\cos\theta_2\cos\theta_3\cos\theta_4\cos\theta_5\cos\theta_6+b_1\cos\theta_1\cos\theta_2\cos\theta_3\cos\theta_5\sin\theta_4\sin\theta_6\\
&+b_2\cos\theta_1\cos\theta_2\cos\theta_3\cos\theta_6\sin\theta_4\sin\theta_5+b_3\cos\theta_1\cos\theta_2\cos\theta_4\cos\theta_5\sin\theta_3\sin\theta_6\\
&+b_4\cos\theta_1\cos\theta_2\cos\theta_4\cos\theta_6\sin\theta_3\sin\theta_5+c_1\cos\theta_1\cos\theta_3\cos\theta_4\cos\theta_5\sin\theta_2\sin\theta_6\\
&+c_2\cos\theta_1\cos\theta_3\cos\theta_4\cos\theta_6\sin\theta_2\sin\theta_5+c_3\cos\theta_2\cos\theta_3\cos\theta_4\cos\theta_6\sin\theta_1\sin\theta_5\\
&+c_4\cos\theta_2\cos\theta_3\cos\theta_4\cos\theta_5\sin\theta_1\sin\theta_6+d_1\cos\theta_1\cos\theta_3\cos\theta_5\cos\theta_6\sin\theta_2\sin\theta_4\\
&+d_2\cos\theta_2\cos\theta_4\cos\theta_5\cos\theta_6\sin\theta_1\sin\theta_3+d_3\cos\theta_1\cos\theta_4\cos\theta_5\cos\theta_6\sin\theta_2\sin\theta_3\\
&+d_4\cos\theta_2\cos\theta_3\cos\theta_5\cos\theta_6\sin\theta_1\sin\theta_4+e_2\cos\theta_1\cos\theta_2\cos\theta_3\cos\theta_4\sin\theta_5\sin\theta_6\\
&+e_3\cos\theta_1\cos\theta_2\cos\theta_5\cos\theta_6\sin\theta_3\sin\theta_4+e_4\cos\theta_3\cos\theta_4\cos\theta_5\cos\theta_6\sin\theta_1\sin\theta_2\\
&+b_1\cos\theta_4\cos\theta_6\sin\theta_1\sin\theta_2\sin\theta_3\sin\theta_5+b_2\cos\theta_4\cos\theta_5\sin\theta_1\sin\theta_2\sin\theta_3\sin\theta_6\\
&+b_3\cos\theta_3\cos\theta_6\sin\theta_1\sin\theta_2\sin\theta_4\sin\theta_5+b_4\cos\theta_3\cos\theta_5\sin\theta_1\sin\theta_2\sin\theta_4\sin\theta_6\\
&+c_1\cos\theta_2\cos\theta_6\sin\theta_1\sin\theta_3\sin\theta_4\sin\theta_5+c_2\cos\theta_2\cos\theta_5\sin\theta_1\sin\theta_3\sin\theta_4\sin\theta_6\\
&+c_3\cos\theta_1\cos\theta_5\sin\theta_2\sin\theta_3\sin\theta_4\sin\theta_6+c_4\cos\theta_1\cos\theta_6\sin\theta_2\sin\theta_3\sin\theta_4\sin\theta_5\\
&+d_1\cos\theta_2\cos\theta_4\sin\theta_1\sin\theta_3\sin\theta_5\sin\theta_6+d_2\cos\theta_1\cos\theta_3\sin\theta_2\sin\theta_4\sin\theta_5\sin\theta_6\\
&+d_3\cos\theta_2\cos\theta_3\sin\theta_1\sin\theta_4\sin\theta_5\sin\theta_6+d_4\cos\theta_1\cos\theta_4\sin\theta_2\sin\theta_3\sin\theta_5\sin\theta_6\\
&+e_2\cos\theta_5\cos\theta_6\sin\theta_1\sin\theta_2\sin\theta_3\sin\theta_4+e_3\cos\theta_3\cos\theta_4\sin\theta_1\sin\theta_2\sin\theta_5\sin\theta_6\\
&+e_4\cos\theta_1\cos\theta_2\sin\theta_3\sin\theta_4\sin\theta_5\sin\theta_6+e_1\sin\theta_1\sin\theta_2\sin\theta_3\sin\theta_4\sin\theta_5\sin\theta_6
\end{aligned}$$

$$(4\text{-}25)$$

这里,使用了数学软件 Mathematica(10.1 版本)的内置函数 FindMaxmum 来计算所有的 $2^{15}$ 个 $\Lambda_{\max}=\max_\phi\|\langle\phi|\psi\rangle\|$。由于很难计算多变量函数的最大值,而且结果依赖搜索的初始猜测值,此处使用 8 组不同初始猜测值运行了 FindMaxmum 函数。随后,从求解得到的 8 个运行结果中选择了其中的最大值。这使得计算结果很接近

真实的 $\Lambda_{\max}$。表 4-9 给出了 FindMaxmum 函数的 8 组初始猜测值。

**表 4-9　FindMaxmum 函数的 8 组初始猜测值**

| 轮数 | $\theta_1$ | $\theta_2$ | $\theta_3$ | $\theta_4$ | $\theta_5$ | $\theta_6$ |
|---|---|---|---|---|---|---|
| 第 1 轮 | $\pi/2$ | 1.6 | 1.5 | 1.4 | 1.7 | 1.8 |
| 第 2 轮 | $\pi/2$ | 1 | 2 | 1.5 | 1.6 | 1.7 |
| 第 3 轮 | 0.5 | 1.1 | 1.6 | 1.7 | 2.5 | 2 |
| 第 4 轮 | 0.8 | 1.6 | 0.9 | 2.6 | 2 | 1.7 |
| 第 5 轮 | 2.4 | 1 | 2.2 | 1.2 | 1.6 | 1.7 |
| 第 6 轮 | 0.4 | 2.9 | 2.8 | 0.3 | 2 | 1.6 |
| 第 7 轮 | 1.7 | 0.4 | 2.9 | 2.8 | 1.5 | 0.3 |
| 第 8 轮 | 0.2 | 2.6 | 2.8 | 0.4 | 3 | 0.5 |

图 4-3 中给出了所有的 $2^{15}$ 个 $\Lambda_{\max}$ 的分布。

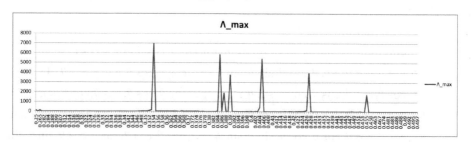

图 4-3　$\Lambda_{\max}$ 的分布

简单的统计表明，$\Lambda_{\max}$ 的平均值为 0.391，最小值为 0.250，众数为 0.354。一共有 6 949 个量子态计算得到的 $\Lambda_{\max}$ 为 0.354。除此之外，还可以从图 4-3 中发现 0.385～0.390 之间的值是非常多的，有超过 1/3 的量子态在这一区间中。

进一步地，计算了所有的 $E_{\sin^2}$，并在图 4-4 中给出了其分布。

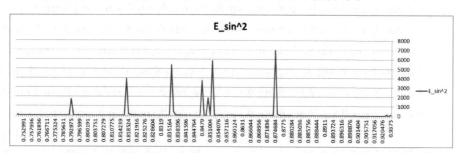

图 4-4　$E_{\sin^2}$ 的分布

类似地，$E_{\sin^2}$ 的最大值为 0.937 5。实际上，共有 128 个量子态计算得到这一值。这些高度纠缠的量子态应该值得更多关注。公式（4-26）中给出了它们中的一个例子。

$$
\begin{aligned}
|\Psi_{6qb}^6\rangle = \frac{1}{\sqrt{32}} & [(|000000\rangle + |000011\rangle + |001100\rangle - |001111\rangle - |110000\rangle \\
& + |110011\rangle + |111100\rangle + |111111\rangle) + (|000101\rangle + |000110\rangle \\
& + |001001\rangle - |001010\rangle - |110101\rangle + |110110\rangle + |111001\rangle \\
& + |111010\rangle) + (|010001\rangle + |010010\rangle - |011101\rangle + |011110\rangle \\
& + |100001\rangle - |100010\rangle + |101101\rangle + |101110\rangle) + (-|010100\rangle \\
& - |010111\rangle + |011000\rangle - |011011\rangle - |100100\rangle + |100111\rangle \\
& - |101000\rangle - |101011\rangle)]_{123456}
\end{aligned}
\tag{4-26}
$$

总体来说,如上的计算能帮助研究者进一步了解 BPB 类态,并选择高度纠缠的量子态以用于量子信息处理。

# 本 章 小 结

本章提出了一类普适性量子秘密共享协议。首先,本章通过 BPB 态设计了一个新型量子秘密共享协议,并给出了该协议的正确性和安全性分析。该协议中只需要制备和传输量子态,这表明该协议不只是安全的,也是灵活的。其次,本章通过对 BPB 态特性的研究,详细计算了这些态的纠缠度,并进一步将提出的协议扩展到一类基于 BPB 类态或类 BPB 类态的量子秘密共享协议。在这一类协议中,使用的量子态是可变的。再次,本章还讨论了文献[6]中的量子私密比较协议与本章提出的量子秘密共享协议的关系,并独创性地研究了量子密码协议的模块划分及各模块间的耦合度。最后,本章分析了一些已有的协议,并给出了一个定量描述耦合度的方式。总之,这些研究表明本章提出的协议是普适的,也将帮助研究者在当前技术条件下找到和设计更实用的普适性协议。

# 本 章 参 考 文 献

[1] Allen E B, Khoshgoftaar T M, Chen Y. Measuring coupling and cohesion of software modules: an information-theory approach [C] // Proceedings Seventh International Software Metrics Symposium. London: IEEE, 2001: 124-134.

[2] Offutt A J, Harrold M J, Kolte P. A software metric system for module coupling[J]. Journal of Systems and Software, 1993, 20(3): 295-308.

[3] Chen X B, Dou Z, Xu G, et al. A class of protocols for quantum private

comparison based on the symmetry of states[J]. Quantum Information Processing,2014,13(1):85-100.

[4] Borras A,Plastino A R,Batle J,et al. Multiqubit systems:highly entangled states and entanglement distribution[J]. Journal of Physics A:Mathematical and Theoretical,2007,40(44):13407.

[5] Zhang C,Sun Z W,Huang X,et al. Three-party quantum summation without a trusted third party[J]. International Journal of Quantum Information,2015,13(02):1550011.

[6] Zhang C,Sun Z,Huang X,et al. Three-party quantum private comparison of equality based on genuinely maximally entangled six-qubit states[J]. arXiv preprint arXiv:1503.04282,2015.

[7] Shor P W,Preskill J. Simple proof of security of the BB84 quantum key distribution protocol[J]. Physical Review Letters,2000,85(2):441.

[8] Chen X B,Xu G,Niu X X,et al. An efficient protocol for the private comparison of equal information based on the triplet entangled state and single-particle measurement[J]. Optics Communications, 2010, 283 (7): 1561-1565.

[9] Makarov V,Anisimov A,Skaar J. Effects of detector efficiency mismatch on security of quantum cryptosystems[J]. Physical Review A, 2006, 74(2):022313.

[10] Scarani V, Bechmann-Pasquinucci H, Cerf N J, et al. The security of practical quantum key distribution[J]. Reviews of Modern Physics,2009, 81(3):1301.

[11] Zhao Y, Fung C H F, Qi B, et al. Quantum hacking:Experimental demonstration of time-shift attack against practical quantum-key-distribution systems[J]. Physical Review A,2008,78(4):042333.

[12] Qi B,Fung C H F,Lo H K,et al. Time-shift attack in practical quantum cryptosystems[J]. arXiv preprint quant-ph/0512080,2005.

[13] Jain N,Stiller B,Khan I,et al. Attacks on practical quantum key distribution systems (and how to prevent them)[J]. Contemporary Physics, 2016, 57(3):366-387.

[14] Lydersen L, Wiechers C, Wittmann C, et al. Thermal blinding of gated detectors in quantum cryptography[J]. Optics Express, 2010, 18 (26): 27938-27954.

[15] Chang Y J, Tsai C W, Hwang T. Multi-user private comparison protocol using GHZ class states[J]. Quantum Information Processing,2013,12(2):

1077-1088.

[16] Yang Y G, Wen Q Y. An efficient two-party quantum private comparison protocol with decoy photons and two-photon entanglement[J]. Journal of Physics A: Mathematical and Theoretical, 2009, 42(5): 055305.

[17] Li Y B, Qin S J, Yuan Z, et al. Quantum private comparison against decoherence noise[J]. Quantum Information Processing, 2013, 12(6): 2191-2205.

[18] Xiao L, Long G L, Deng F G, et al. Efficient multiparty quantum-secret-sharing schemes[J]. Physical Review A, 2004, 69(5): 052307.

[19] Wang C, Deng F G, Long G L. Multi-step quantum secure direct communication using multi-particle Green-Horne-Zeilinger state[J]. Optics Communications, 2005, 253(1-3): 15-20.

[20] Bennett C H, DiVincenzo D P, Shor P W, et al. Remote state preparation[J]. Physical Review Letters, 2001, 87(7): 077902.

[21] Ye M Y, Zhang Y S, Guo G C. Faithful remote state preparation using finite classical bits and a nonmaximally entangled state[J]. Physical Review A, 2004, 69(2): 022310.

[22] Acín A, Brunner N, Gisin N, et al. Device-independent security of quantum cryptography against collective attacks[J]. Physical Review Letters, 2007, 98(23): 230501.

[23] Lo H K, Curty M, Qi B. Measurement-device-independent quantum key distribution[J]. Physical Review Letters, 2012, 108(13): 130503.

[24] Long Y, Qiu D, Long D. Quantum secret sharing of multi-bits by an entangled six-qubit state[J]. Journal of Physics A: Mathematical and Theoretical, 2012, 45(19): 195303.

[25] Wei T C, Goldbart P M. Geometric measure of entanglement and applications to bipartite and multipartite quantum states[J]. Physical Review A, 2003, 68(4): 042307.

# 第5章

# 庄家在线的理性非分层量子态共享协议

## 5.1 概　　述

在非分层量子态共享协议中,所有参与者都是等价的。具体来讲,他们具有相同的权限来恢复量子态,他们的测量结果也是同等重要的。1999 年,Cleve 等人[1]首次研究了量子态共享问题,并基于量子纠错码设计了一个量子态共享协议。

2015 年,Maitra 等人[2]首次将理性参与者的概念引入到量子秘密共享(准确地说是非分层量子态共享)中,并提出了一个在 $n$ 个参与者中共享已知量子态的理性非分层协议。由于量子态是已知的,所以庄家可以复制该量子态。进一步地,在协议执行完毕后所有的参与者都可以获得秘密态。然而,该协议也存在一些缺陷。一方面,该协议中共享的秘密是已知量子态。通常,已有量子秘密共享协议中共享的都是经典比特或者未知量子态,而少有共享已知量子态的协议。这是因为如果消息拥有者知道量子态的相关信息,就可以将信息直接共享给参与者们,无须共享量子态。由此可知,这类共享已知量子态的协议更像是远程态制备协议。另一方面,该协议中假设参与者们都是“错误-停止”的,即他们不会发送虚假的粒子或信息,只能选择忠实地执行协议或者退出。在实际应用中,这一假设同样是不够合理的,参与者们应当可以选择任何可以最大化自己利益的策略。

本章跟随 Li 等人[3]和 Maitra 等人[2]的工作,首先,本章设计了一个拜占庭假设下共享未知量子态的理性量子秘密共享协议。该协议中包括 $n+1$ 个参与者,他们将共同随机选择其中 1 方来恢复量子态,而其余 $n$ 方将协助恢复者。恢复量子态的参与者并不是预先确定的或者由庄家指定的。实际上,恢复者是由所有参与者随机选举得到的。其次,本章总结了非分层量子态共享协议的一般步骤,随后,基于这些步骤提出了一个理性协议。所有协议,只要其步骤可以被总结为上述一般步骤,都可以被修改为理性协议。最后,本章定义了理性非分层量子态共享协议的参与者效用、正确性、公平性,并具体地分析了提出的理性协议的安全性、参与者效用、正确性、公平性、纳什均衡和帕累托最优。

## 5.2 预 备 知 识

### 5.2.1 Li 等人提出的非分层量子态共享协议

在 2006 年,Li 等人[3]提出了一个多方的量子态共享协议。在这个协议中,共存 $n+1$ 个参与者 $Bob_i$($1 \leqslant i \leqslant n+1$)和一个庄家 Alice。假设他们想要共享一个任意的两粒子态:

$$|\Psi\rangle_{xy} = (a|00\rangle + b|01\rangle + c|10\rangle + d|11\rangle)_{xy} \tag{5-1}$$

其中,$a,b,c,d$ 为复数,且 $|a|^2 + |b|^2 + |c|^2 + |d|^2 = 1$。

该协议过程的简要描述如下。

[L-1] Alice 制备两个 $n+2$ 粒子 GHZ 态 $|\Phi\rangle_{s_1} = |\Phi\rangle_{s_2} = (\prod_{j=1}^{n+2}|0\rangle + \prod_{j=1}^{n+2}|1\rangle)/\sqrt{2}$,并且与 $n+1$ 个参与者共享它们。整个系统处于如下状态:

$$\begin{aligned} |\Upsilon\rangle_s &= |\Psi\rangle_{xy} \otimes |\Phi\rangle_{s_1} \otimes |\Phi\rangle_{s_2} \\ &= (a|00\rangle + b|01\rangle + c|10\rangle + d|11\rangle)_{xy} \\ &\otimes \frac{1}{\sqrt{2}}(\prod_{j=1}^{n+2}|0\rangle_{a_j} + \prod_{j=1}^{n+2}|1\rangle_{a_j}) \otimes \frac{1}{\sqrt{2}}(\prod_{j=1}^{n+2}|0\rangle_{b_j} + \prod_{j=1}^{n+2}|1\rangle_{b_j}) \end{aligned} \tag{5-2}$$

Alice 给参与者 $Bob_j$($1 \leqslant j \leqslant n+1$)分别发送粒子 $a_j$ 和 $b_j$。

[L-2] Alice 对自己手中的粒子 $x$ 和 $a_{n+2}$,以及 $y$ 和 $b_{n+2}$ 分别执行 Bell 基测量,则整个系统坍缩为

$$|\Upsilon\rangle_{sub} = \alpha \prod_{j=1}^{n+1}|00\rangle_{a_j b_j} + \beta \prod_{j=1}^{n+1}|01\rangle_{a_j b_j} + \gamma \prod_{j=1}^{n+1}|10\rangle_{a_j b_j} + \delta \prod_{j=1}^{n+1}|11\rangle_{a_j b_j} \tag{5-3}$$

参数集合 $\{\alpha,\beta,\gamma,\delta\}$ 是 $\{\pm a, \pm b, \pm c, \pm d\}$ 的置换,并且与测量结果 $V_{xa_{n+2}}$,$V_{yb_{n+2}}$,$P_{xa_{n+2}}$ 和 $P_{yb_{n+2}}$ 相关联。

[L-3] 假设 $Bob_1$ 将恢复量子态,那么 $Bob_j$($2 \leqslant j \leqslant n+1$)将执行 $X$ 基测量以帮助 $Bob_1$。可以将他们执行的测量标记为 $[(\langle+|)^{n-t}(\langle-|)^t]_a \otimes [(\langle+|)^{n-q}(\langle-|)^q]_b$。其中,$[(\langle+|)^{n-t}(\langle-|)^t]_a$ 表示与粒子 $a_j$ 相关的测量操作,而 $[(\langle+|)^{n-q}(\langle-|)^q]_b$ 则表示与粒子 $b_j$ 相关的测量操作,符号 $t$ 和 $q$ 分别表示测量得到结果 $\langle-|$ 的参与者的数量。

[L-4] 经过测量之后,量子态坍缩为

$$|\Upsilon\rangle_{a_1 b_1} = (a|00\rangle + (-1)^q \beta|01\rangle + (-1)^t \gamma|10\rangle + (-1)^{q+t}\delta|11\rangle)_{a_1 b_1} \tag{5-4}$$

$Bob_j$ 将根据公布的测量结果 $V_{xa_{n+2}}$,$V_{yb_{n+2}}$,$P_a$ 和 $P_b$ 来执行局域操作以恢复量子态

$|\Psi\rangle$。其中，$P_a = P_{xa_{n+2}} \otimes \prod\limits_{j=2}^{n+1} P_{a_j}$ 且 $P_b = P_{yb_{n+2}} \otimes \prod\limits_{j=2}^{n+1} P_{b_j}$。

## 5.2.2 一个简单的随机选举方法

对于 $n$ 个参与者 $P_j(1 \leqslant j \leqslant n)$，给出一个简单的随机选举代表的方法如下。

[E-1] 所有参与者 $P_j$ 同时随机地公布一个数字 $c_j(0 \leqslant c_j \leqslant n-1)$。

[E-2] 检查每个数字的公布时间。如果某个参与者未能按时公布某个数字，他将被取消资格；其他参与者将重新开始选举博弈。

[E-3] 如果所有数字的公布时间都相同，参与者们可以计算 $C = \sum\limits_n c_j$，其中 $\sum\limits_n$ 表示模 $n$ 加法。被选中的参与者为 $P_{C+1}$。

虽然这个随机选举方法并不是量子意义上真随机的[4]，但它是简单易行的。更重要的是，选举的结果是由所有参与者共同决定的。如果将这个方法视为一个博弈过程，那么这个博弈是公平的。具体分析过程详见 5.4.4 节。

# 5.3 提出的理性非分层量子态共享协议

本节先提出了一个新型理性量子态共享协议。该协议借鉴了 Li 等人的协议[3]，包括 $r$ 轮，而且同样带有一个庄家 Alice 和 $n+1$ 个参与者。随后，本节又提出了一个一般的理性非分层量子态共享协议。研究发现，可以将一个 $n+1$ 方的普通非分层量子态共享协议修改为一个 $n$ 方理性协议。由于在一般理性协议中不同参与者的步骤是分开描述的，因此本章提出的协议也按照这种方式来展示。

## 5.3.1 新型理性量子态共享协议

(1) 庄家的协议

[D-1] 庄家 Alice 制备一个包含有 $r$ 个比特的有序列表。具体地说，其中只有一个比特为 1，其他比特均为 0，例如：

$$\text{list} = \{\underbrace{0 \cdots 0 1}_{p} \underbrace{0 \cdots 0}_{r-1-p}\} \tag{5-5}$$

在第 $i$ 轮中，如果 $\text{list}_i = 1$，则她进入到 [D-2] 步；否则，进入到 [D-2'] 步。

[D-2] 庄家制备两个 $n+3$ 粒子（而不是 $n+2$ 粒子）GHZ 态。整个系统的状态为

$$|\Psi\rangle_S = |\Upsilon\rangle_{xy} \otimes |\Psi\rangle_{s_1} \otimes |\Psi\rangle_{s_2}$$

$$= (a|00\rangle + b|01\rangle + c|10\rangle + d|11\rangle)_{xy}$$

$$\otimes \frac{1}{\sqrt{2}}(\prod_{j=1}^{n+3}|0\rangle_{a_j} + \prod_{j=1}^{n+3}|1\rangle_{a_j}) \otimes \frac{1}{\sqrt{2}}(\prod_{j=1}^{n+3}|0\rangle_{b_j} + \prod_{j=1}^{n+3}|1\rangle_{b_j}) \quad (5\text{-}6)$$

Alice 将粒子 $a_j$ 和 $b_j (1 \leqslant j \leqslant n+1)$ 分别发送给参与者 $Bob_j$。

[D-3] 庄家在自己的粒子 $x$ 和 $a_{n+3}$，以及 $y$ 和 $b_{n+3}$ 上分别执行 Bell 基测量。则系统的状态坍缩为

$$|\Psi\rangle_{sub} = \alpha \prod_{j=1}^{n+2}|00\rangle_{a_j b_j} + \beta \prod_{j=1}^{n+2}|01\rangle_{a_j b_j} + \gamma \prod_{j=1}^{n+2}|10\rangle_{a_j b_j} + \delta \prod_{j=1}^{n+2}|11\rangle_{a_j b_j} \quad (5\text{-}7)$$

[D-4] 庄家要求 $n+1$ 个参与者 $Bob_j$ 执行 $X$ 基测量。测量将被表示为 $M', M' = [(\langle+|)^{n+1-\iota}(\langle-|)^{\iota}]_a \otimes [(\langle+|)^{n+1-q}(\langle-|)^q]_b$。坍缩后的量子态为

$$|\Psi\rangle_{a_{n+2} b_{n+2}} = (\alpha|00\rangle + (-1)^q \beta|01\rangle + (-1)^{\iota}\gamma|10\rangle + (-1)^{q+\iota}\delta|11\rangle)_{a_{n+2} b_{n+2}}$$

$$(5\text{-}8)$$

需要注意的是，此时庄家拥有粒子 $a_{n+2}$ 和 $b_{n+2}$。随后，她要求参与者们公布测量结果。

[D-5] 庄家通过量子隐形传态[5-6]将粒子 $|\Psi\rangle_{a_{n+2} b_{n+2}}$ 发给被选中的参与者 $Bob_k$ (Charlie)。庄家的博弈过程至此结束。

[D-2′] 庄家与每个参与者 $Bob_j$ 共享两个任意的 Bell 态。整个系统的状态为

$$|\Psi'\rangle_S \equiv \prod_{j=1}^{n+1} |\Phi^{V_{j1} P_{j1}}\rangle_{a_j c_j} |\Phi^{V_{j2} P_{j2}}\rangle_{b_j d_j} \quad (5\text{-}9)$$

其中，粒子 $c_j$ 和 $d_j$ 属于庄家，而 $a_j$ 和 $b_j$ 属于 $Bob_j$。

[D-3′] 类似于步骤[D-4]，庄家要求所有的参与者 $Bob_j$ 执行 $X$ 基测量并公布测量结果。

[D-4′] 庄家测量自己手中的粒子，并分析不同测量结果之间的关联性。她据此判断参与者们是否进行了欺骗，并公布欺骗者的身份信息。随后，她进入下一轮。

（2）参与者的协议

[B-1] 在每一轮中，每个参与者在自己收到的每个粒子上执行 $X$ 基测量，并按庄家的要求，公布所有的结果。如果 $list_i = 1$，则参与者们执行步骤[B-2]；否则执行 [B-2′]。

[B-2] 参与者们将随机选举其中一人来恢复量子态。假设被选中的参与者是 $Bob_k$，他也被记为 Charlie。

[B-3] Charlie 通过与所有测量结果相关的局域操作来恢复量子态 $|\Upsilon\rangle_{xy}$，协议完成。

[B-2′] 部分参与者可能会由于在测量结果上撒谎而被禁止参与接下来的 $\lambda(\lambda < r)$

轮;其他参与者将进入下一轮。

## 5.3.2 非分层量子态共享协议的一般步骤

本小节将回顾一些普通的非分层量子态共享协议[3,7-19],并总结得到 $n+1$ 方协议的一般步骤。这里,忽略了窃听检测和其他非核心的步骤。具体步骤描述如下。

[N-1] 假设 $|\Phi\rangle$ 是一个 $aN+a+b$ 粒子的量子态,秘密 $|\Psi\rangle$ 是一个 $a$ 粒子量子态。Alice 准备足够多的 $|\Phi\rangle$,并分别与参与者们共享。具体地,每个参与者都拥有一个 $|\Phi\rangle$ 中的 $a$ 个粒子,而 Alice 则拥有其中的 $b$ 个粒子。

[N-2] Alice 在 $B_1$ 基下测量 $|\Psi\rangle$ 和她手中的载体粒子。参与者 $\text{Bob}_j (j \neq k)$ 在 $B_2$ 基下测量自己手中的所有 $a$ 个载体粒子。

[N-3] 根据上述的测量结果,$\text{Bob}_k$ 对自己手中的粒子执行相应的操作以恢复 $|\Psi\rangle$。

## 5.3.3 一般的理性非分层量子态共享协议

(1) 庄家的协议

[D-1] 庄家制备一个长度为 $r$ 的比特列表 list,列表中只有一个比特为 1。在第 $i$ 轮中,如果 $\text{list}_i=1$,则庄家执行步骤[D-2],否则执行步骤[D-2′]。

[D-2] 庄家制备足够数量的 $aN+a+b$ 粒子态 $|\Phi\rangle$,并与所有参与者共享这些量子态。每个参与者持有每个量子态中的 $a$ 个粒子,而 Alice 则拥有剩下的 $a+b$ 个粒子。

[D-3] 庄家在 $B_1$ 基下测量 $|\Psi\rangle$ 和 $b$ 个粒子。

[D-4] 庄家要求所有的 $n$ 个参与者 $\text{Bob}_j$ 使用 $B_2$ 基测量粒子。随后,庄家要求参与者们来公布测量结果。

[D-5] 庄家将剩下的 $a$ 个粒子通过量子隐形传态[5-6]发送给被选中的 $\text{Bob}_k$。庄家的博弈过程结束。

[D-2′] 庄家与每个参与者共享 $a$ 个任意的 Bell 态。

[D-3′] 与步骤[D-4]一致,庄家要求所有的 $N$ 个参与者 $\text{Bob}_j$ 测量粒子并公布结果。

[D-4′] 庄家测量自己手中的相应粒子,并分析所有的结果。进一步地,她可以推断哪个参与者在进行欺骗,并公布欺骗者的身份信息。随后,她进入下一轮。

(2) 参与者的协议

[B-1] 在每一轮中,每个参与者分别对自己拥有的 $a$ 个粒子执行 $B_2$ 基测量,并按庄家的要求公布测量结果。如果 $\text{list}_i=1$,参与者们执行步骤[B-2];否则执行步骤[B-2′]。

[B-2]参与者们使用前述的随机选举方法选举一个代表。被选中的参与者,即
$Bob_k$,后续将恢复量子态。

[B-3]$Bob_k$执行一些局域操作来恢复$|\Psi\rangle$。这些操作是与其他参与者的测量结
果相关的;协议此时完成。

[B-2']有一些参与者由于进行了欺骗将被禁止参加接下来的$\lambda$轮博弈,其他参
与者将进入下一轮。

# 5.4　协 议 分 析

本节首先分别分析 5.3.1 节和 5.3.3 节两个协议的安全性,随后,将两个协议作
为整体,依次分析其参与者效用、正确性、公平性、纳什均衡和帕累托最优。

## 5.4.1　安全性

本小节首先将具体分析 5.3.1 节中提出的新型理性量子态共享协议的安全性,
随后概括性地分析 5.3.3 节中的一般理性量子态共享协议的安全性。

**1. 新型理性量子态共享协议的安全性**

在讨论量子态共享协议的安全性时,需要考虑两类攻击方式:外部攻击和内部攻
击。具体分析过程描述如下。

(1)外部攻击

首先,考虑虚假粒子攻击、时间移位攻击和检测器致盲攻击:额外的设备[20-22]可
以抵抗这些攻击。由于粒子的传递都是单向的,因此特洛伊木马攻击,如不可见光子
窃听特洛伊木马攻击和延迟光子特洛伊木马攻击,对协议都是无效的。

其次,对于截获重发攻击、测量重发攻击和纠缠测量攻击,利用诱骗粒子可以抵
御,并以非零的概率发现这些攻击的存在[23]。

最后,在所有参与者公布测量结果之后,恢复量子态所需的操作是显然的。因
此,接收到粒子$a_{n+2}$和$b_{n+2}$的参与者可以很容易地得到量子态。在这种情况下,所有
外部攻击者,甚至参与者们都有动机来窃取这些粒子。所幸这些粒子的传输过程是
通过隐形传态来进行的,因此只有 Charlie 可以得到它们。

(2)内部攻击

一般来讲,对约化密度矩阵和联合攻击的分析是内部攻击相关分析的两个重要
分支。

对于任意的参与者 $Bob_j$,约化密度矩阵是一个至关重要的窃取信息的工具。在
Alice 测量后系统所处状态为$|\Psi\rangle_{sub}$,$Bob_j$手中粒子的约化密度矩阵为

$$\rho_j = \mathrm{tr}_{-j}(|\Psi\rangle_{sub}\langle\Psi|_{sub})$$

$$= (|\alpha|^2|00\rangle\langle00| + |\beta|^2|01\rangle\langle01| + |\gamma|^2|10\rangle\langle10| + |\delta|^2|11\rangle\langle11|)_{a_j b_j}$$

$$(5\text{-}10)$$

由于集合 $\{\alpha,\beta,\gamma,\delta\}$ 是 $\{\pm a,\pm b,\pm c,\pm d\}$ 的置换，而且 $a,b,c,d$ 都是未知的，因此 $\mathrm{Bob}_j$ 不能获得关于它们的信息。

对于多方协议来说，另一个需要考虑的攻击是联合攻击。

首先，Charlie 作为恢复者有动机试图在不需要其他人帮助或者在只需要部分参与者的帮助下获得量子态，而且他比其他的参与者的能力和权力更大。

然而他需要执行的 Pauli 操作是与 $V_{xa_{n+2}}$，$V_{yb_{n+2}}$，$P_a$ 和 $P_b$ 相关的。这里，$P_a(P_b)$ 是 $P_{xa_{n+2}}(P_{yb_{n+2}})$ 和所有参与者的结果 $P_{a_i}(P_{b_i})$ 的乘积。Charlie 不可能在没有全部参与者协助的情况下来推断 $P_a$ 或者 $P_b$ 为＋还是－。而他的其他可能攻击将会被作为外部攻击发现。

其次，一些 $\mathrm{Bob}_j$ 可能同样想在不需要 Charlie 的情况下获得量子态。然而，这些内部攻击者的经典结果将在协议中被公布，而他们无法在没有粒子 $a_{n+2}$ 和 $b_{n+2}$ 的情况下进行其他操作。他们如果想窃取这些粒子，同样也会被当成外部攻击者而被发现。

最后，如果一些参与者想要分析约化密度矩阵，结果将与单参与者的情况类似。假设一共有 $m$ 个参与者进行联合，他们可以被记为 $G=\{i_1,i_2,\cdots,i_m\}$，$i_j \in \{1,2,\cdots,n+1\}$。

$$\rho_G = \mathrm{tr}_{-G}(|\Psi\rangle_{sub}\langle\Psi|_{sub})$$

$$= |\alpha|^2\prod_{j=1}^{m}|00\rangle\langle00|_{a_{i_j}b_{i_j}} + |\beta|^2\prod_{j=1}^{m}|01\rangle\langle01|_{a_{i_j}b_{i_j}}$$

$$+ |\gamma|^2\prod_{j=1}^{m}|10\rangle\langle10|_{a_{i_j}b_{i_j}} + |\delta|^2\prod_{j=1}^{m}|11\rangle\langle11|_{a_{i_j}b_{i_j}} \qquad (5\text{-}11)$$

类似地，可以推断集合 $G$ 中的参与者不可能获得更多的信息。因此这种攻击也是无效的。

总体来说，本章所提出的新型理性量子态共享协议对于上述的攻击都是安全的。

**2. 一般理性量子态共享协议的安全性**

一方面，5.3.3 节提出的协议是基于一些普通的非分层量子态共享协议的。任意安全的非分层量子态共享协议，只要可以被归约为 5.3.2 节的协议，就可以被修改为理性版本。另一方面，比较 5.3.3 节提出的新型理性量子态共享协议与普通协议，其唯一的核心变化就是在庄家和 $\mathrm{Bob}_k$ 之间执行了量子隐形传态。如果这一过程使用了一个安全的隐形传态协议，那么该过程也是安全的。

那么概括起来就不难得出如下结论：本章所提出协议的安全性与原始的普通协议等价。由此，如果原始协议是安全的，那么本章提出的协议也是安全的。

## 5.4.2 参与者效用

表 5-1 具体描述了各种情况下各个参与者的策略、结果及效用。众所周知的是，恢复量子态的参与者扮演着与其他参与者不同的角色，他的效用也与其他参与者的效用不同。因此，表中分别列出 $Bob_k$ 和 $Bob_j (j \neq k)$ 的效用。

表 5-1　本章提出的理性非分层量子态共享协议中的效用

| $list_i$ | 角色 | 策略 | 结果 | 解释 | 效用 |
|---|---|---|---|---|---|
| 0 | 任意参与者 | COO | 通过 | 该参与者通过检测 | $U_g$ |
| 0 | 任意参与者 | DEC | 失败 | 该参与者未通过检测 | $U_f$ |
| 1 | $Bob_k$ | REC | 真实态 | 该参与者成功地获得了真实量子态 | $U_s$ |
| 1 | $Bob_k$ | REC | 虚假态 | 该参与者获得了一个虚假态 | $U_e$ |
| 1 | $Bob_j (j \neq k)$ | DEC | 威胁 | 该参与者声称他的结果是错误的 | $U_t$ |
| 1 | $Bob_j (j \neq k)$ | COO | 成功帮助 | 该参与者帮助 $Bob_k$ 成功地获得了量子态 | $U_{ps}$ |
| 1 | $Bob_j (j \neq k)$ | COO | 非成功帮助 | 该参与者试图帮助 $Bob_k$，但由于其他参与者进行威胁，$Bob_k$ 得到了一个虚假态 | $U_{pe}$ |

注：COO 表示策略合作（Cooperating），即参与者选择与其他人进行合作，忠实执行协议。DEC 代表策略欺骗（Deceiving），表示参与者选择欺骗其他人，例如公布一个虚假的测量结果。REC 则表示策略恢复（Recovering），即 $Bob_k$ 将恢复量子态。

关于这些效用的讨论如下。

① 如果参与者未能通过检测的话将会受到惩罚，那么可以得到 $U_g > U_f$。进一步地，如果参与者在第 $i$ 轮没有通过检测，他将被禁止参加接下来的 $\lambda$ 轮协议，进而推得他不能参加恢复过程的概率为 $\lambda/(r-i)$。据此可以假设 $U_f = -k\lambda/(r-i)$ $(k>0)$。

② 由于得到真实量子态的效用大于得到虚假量子态的效用，因此容易得到 $U_s > U_e$。

③ 由于一个合作者不需要为欺骗者的行为负责，因此 $U_{ps} = U_{pe}$。本章的剩余部分将不再区分 $U_{ps}$ 和 $U_{pe}$。

④ 参与者选择欺骗的动机是因为选择欺骗时可能比选择帮助时获利更多，因此 $U_t > U_{ps}$。

总体来说，可以得到 $U_g > U_f = -k\lambda/(r-i)$，$U_s > U_e$ 以及 $U_t > U_{ps} = U_{pe}$。

另外，$U_e$ 被用来描述受到威胁的 $Bob_k$ 的效用。由于 $Bob_k$ 需要所有参与者的帮助，因此他的效用将受到所有欺骗者的影响。这里，用 $x$ 来表示除了他自己之外的欺骗者数量（如果他也是其中之一）。假设 $\Delta$ 是单个参与者选择欺骗时 $Bob_k$ 效用的减少量，进一步可以得到 $U_e = U_s - x\Delta$。

接下来，表 5-2 以三方非分层量子态共享博弈作为例子，描述本章提出的协议中参与者们的效用矩阵。

表 5-2　参与者们的效用矩阵

| Bob$_1$ | Bob$_2$ | Bob$_3$ | |
|---|---|---|---|
| | | DEC | COO |
| DEC | DEC | $U_A(2),U_A(2),U_A(2)$ | $U_A(1),U_A(1),U_B(2)$ |
| | COO | $U_A(1),U_B(2),U_A(1)$ | $U_A(0),U_B(1),U_B(1)$ |
| COO | DEC | $U_B(2),U_A(1),U_A(1)$ | $U_B(1),U_A(0),U_B(1)$ |
| | COO | $U_B(1),U_B(1),U_A(0)$ | $U_B(0),U_B(0),U_B(0)$ |

这里,使用 $U_A(x)$ 和 $U_B(x)$ 分别表示 Bob$_j(1\leqslant j\leqslant n)$ 在选择欺骗和合作时的效用。具体地,可以得到 $U_A(x)$ 和 $U_B(x)$ 关于 $x$ 的函数。

$$U_A(x)=\Pr[\text{list}_i=0] \cdot \{\Pr[\text{通过检测}] \cdot U_g+\Pr[\text{未通过检测}] \cdot U_f\}$$
$$+\Pr[\text{list}_i=1] \cdot \{\Pr[\text{未被选中作为 Bob}_k] \cdot U_t$$
$$+\Pr[\text{被选中作为 Bob}_k] \cdot U_e\}$$
$$=\frac{r-i}{r-i+1}U_f+\frac{1}{r-i+1}\left(\frac{n-1}{n}U_t+\frac{1}{n}U_e\right)$$
$$=\frac{r-i}{r-i+1}U_f+\frac{1}{r-i+1}\left[\frac{n-1}{n}U_t+\frac{1}{n}(U_s-x\Delta)\right] \tag{5-12}$$

$$U_B(x)=\Pr[\text{list}_i=0] \cdot \{\Pr[\text{通过检测}] \cdot U_g+\Pr[\text{未通过检测}] \cdot U_f\}$$
$$+\Pr[\text{list}_i=1] \cdot \{\Pr[\text{未被选中作为 Bob}_k] \cdot U_{pe}$$
$$+\Pr[\text{被选中作为 Bob}_k] \cdot U_e\}$$
$$=\frac{r-i}{r-i+1}U_g+\frac{1}{r-i+1}\left[\frac{n-1}{n}U_{pe}+\frac{1}{n}(U_s-x\Delta)\right] \tag{5-13}$$

如果不考虑噪声,决定欺骗的 Bob$_i$ 通过检测的概率为 0。相反地,选择合作的 Bob$_j$ 通过检测的概率为 1。另一点需要解释的是,在第 $i$ 轮开始之前,参与者们已经进行了 $i-1$ 轮博弈了,而且所有的 list$_p=0(1\leqslant p\leqslant i-1)$。因此,$\Pr[\text{list}_i=1]=1/(r-(i-1))=1/(r-i+1)$。$1/n$ 为任意参与者被选为 Bob$_k$ 的概率。

## 5.4.3　正确性

**定义 5.1(正确性)**　一个理性的非分层量子态共享博弈 $\Gamma$ 是正确的,如果对于每一个 Bob$_j$ 的任意策略 $a_j\in\{\text{DEV},\text{COO}\}$,满足下式:

$$\Pr[o_k(\Gamma,(a_j,a_{-j}))=\text{虚假态}]\leqslant\varepsilon \tag{5-14}$$

**定理 5.1**　如果所有参与者都是理性的,则本章提出的协议可以实现正确性。

**证明:**作为一个理性参与者,Bob$_j$ 想要最大化自己的利益。如果他被选中作为 Bob$_k$,他将忠实地恢复量子态。否则,他就将成为一个协助者。在第二种情况下,如

果他诚实地帮助 $Bob_k$，则协议的正确性可以得到满足。而他如果想要进行威胁，就会先误导 $Bob_k$。但是一旦他获得自己想要的利益，他将没有动机再进行欺骗，此时会将真实的测量结果告知 $Bob_k$。除此之外，$list_i$ 在大多数情况都为 0，因此 $Bob_j$ 更不倾向于欺骗，协议的正确性同样得到满足。

总体来说，本章提出的协议可以实现正确性。

## 5.4.4 公平性

一般地，协议的公平性意味着所有参与者都可以得到计算结果[24]。然而，在本章提出的协议中只有一个参与者可以得到量子态，但他将为其他参与者的协助付费。

在本小节的分析中，将博弈 $\Gamma$ 分为两个部分：随机选举博弈 $\Gamma_1$ 和共享博弈 $\Gamma_2$。在博弈 $\Gamma_1$ 中，参与者的策略将是随机公布一个数字。在博弈 $\Gamma_2$ 中参与者的策略如5.4.2节所述。整体协议的公平性被定义如下。

**定义 5.2(公平性)** 一个理性的非分层量子态共享博弈 $\Gamma$ 是公平的，如果对于任意的 $Bob_j$，都满足下列条件：

① 对于参与者 $Bob_j$ 选择的任意策略，都有

$$\Pr[o_j(\Gamma_1,(a_j,a_{-j}))=Bob_k]\leqslant\Pr[o_{-j}(\Gamma_1,(a_j,a_{-j}))=Bob_k] \quad (5-15)$$

② 对于任意的 $Bob_j$ 和他的任意策略，如果他被选为 Charlie，与其他 $Bob_p$（$p\neq j$）被选为 Charlie 的情况相比，都有

$$\Pr[o_j(\Gamma_2,(a_j,a_{-j}))=真实态]\leqslant\Pr[o_p(\Gamma_2,(a_j,a_{-j}))=真实态] \quad (5-16)$$

**定理 5.2** 存在 $\lambda$ 和 $r$ 的一些取值使得本章提出的协议实现公平性。

**证明：** 在博弈 $\Gamma_1$ 中，由于每个参与者都随机的选择一个数字，$c_j$ 的熵为 $H(c_j)=\log_2 n$。令除 $c_j$ 之外的其他数字的和为 $C_{-j}=\sum\limits_{k\neq j}^{n}c_k$，可以得到条件熵 $H(C|C_{-j})=\log_2 n$。同样得到 $H(C)=\log_2 n$，这意味着即使除了 $Bob_j$ 之外的 $n-1$ 个参与者进行合谋，$C$ 的值对于他们来说也是完全随机的。每一个人被选中作为 $Bob_k$ 的概率都是相同的。因此，博弈 $\Gamma_1$ 的公平性得到证明。

至于博弈 $\Gamma_2$，当其他参与者的策略都固定时，如果 DEC 的效用小于 COO，任意参与者都没有动机进行欺骗。换句话说，参与者没有动机进行欺骗的条件为不等式 $U_A(x)<U_B(x)$ 成立。

$$
\begin{aligned}
U_A(x)-U_B(x) &= \frac{r-i}{r-i+1}(U_f-U_g)+\frac{1}{r-i+1}\frac{n-1}{n}(U_t-U_{pe}) \\
&= \frac{1}{r-i+1}\left[(r-i)U_f-(r-i)U_g+\frac{n-1}{n}(U_t-U_{pe})\right] \\
&= \frac{1}{r-i+1}\left[-k\lambda-(r-i)U_g+\frac{n-1}{n}(U_t-U_{pe})\right]
\end{aligned}
\quad (5-17)
$$

由于 $U_f < U_g$ 且 $U_t > U_{pe}$，$U_A(x)$ 和 $U_B(x)$ 之间的大小关系是不确定的。但是如果 $\lambda$ 和 $r-i$ 足够大，那么就可以得到 $U_A(x) < U_B(x)$。由于 $i$ 是可变的，此时需要找到一个较大的 $r$ 来确保 $r-i$ 是足够大的。此时博弈 $\Gamma_2$ 的公平性同样得到满足。

总体来说，如果 $\lambda$ 和 $r$ 足够大，本章提出的协议可以实现公平性。

## 5.4.5　严格纳什均衡

**定理 5.3**　存在 $\lambda$ 和 $r$ 的一些取值使得本章提出的协议实现严格纳什均衡。

**证明：**一般来说，策略向量(COO,COO,COO)是期望的严格纳什均衡，此时的效用为 $(U_B(0), U_B(0), U_B(0))$。在这种情况下，对于其他参与者的任意给定策略，每个参与者都会选择合作。根据表 5-2，可以看出严格纳什均衡需要满足条件

$$U_A(x) < U_B(x) \tag{5-18}$$

类似地，可以找到一些 $\lambda$ 和 $r$ 的值来满足公式(5-18)，其条件与 5.4.4 节中的相同。本章提出的协议可以实现严格纳什均衡。

## 5.4.6　帕累托最优

**定理 5.4**　存在 $\lambda$ 和 $r$ 的一些取值使得本章提出的协议实现帕累托最优。

**证明：**策略向量(COO,COO,COO)对应的效用为 $(U_B(0), U_B(0), U_B(0))$。根据表 5-2，为了使得该策略向量成为帕累托最优，需要同时满足如下 3 个条件：

① $U_B(1)$ 和 $U_A(0)$ 之一小于 $U_B(0)$；

② $U_B(2)$ 和 $U_A(1)$ 之一小于 $U_B(0)$；

③ $U_A(2)$ 小于 $U_B(0)$。

一方面，在前述小节中已经展示了 $U_B(x) > U_A(x)$ 的条件；另一方面，从公式(5-12)和公式(5-13)很容易推导得到 $U_A(0) > U_A(1) > U_A(2)$ 以及 $U_B(0) > U_B(1) > U_B(2)$。因此，可以推得 $U_B(0) \geqslant U_B(x)$ 和 $U_B(0) > U_A(x)$，条件①～③自然也满足。

总结地说，对于 $r$ 和 $\lambda$ 的一些合适取值，策略向量(COO,COO,COO)是帕累托最优的。因此，本章提出的协议可以实现帕累托最优。

由于每一个参与者都会选择合作，而且 $U_B(0)$ 是所有效用中最大的，因此在这种情况下所有参与者都将获得最大效用。换句话说，他们可以实现共赢。

# 本 章 小 结

本章研究了理性非分层量子态共享协议。首先，本章基于文献[2]和[3]提出了

一个庄家在线的非分层理性量子态共享协议,协议中所有的参与者都处于拜占庭设定。其次,本章总结了普通非分层量子态共享协议的一般步骤。再次,借鉴这些协议的一般步骤,本章提出了一个新的理性非分层量子态共享协议。最后,本章对协议正确性和公平性做出定义,并根据欺骗者的数量定义了参与者的效用,给出了提出的协议的各项分析。

# 本章参考文献

[1] Cleve R，Gottesman D，Lo H K. How to share a quantum secret[J]. Physical Review Letters，1999，83(3)：648.

[2] Maitra A，De S J，Paul G，et al. Proposal for quantum rational secret sharing [J]. Physical Review A，2015，92(2)：022305.

[3] Li X H，Zhou P，Li C Y，et al. Efficient symmetric multiparty quantum state sharing of an arbitrary m-qubit state[J]. Journal of Physics B：Atomic，Molecular and Optical Physics，2006，39(8)：1975.

[4] Stefanov A，Gisin N，Guinnard O，et al. Optical quantum random number generator[J]. Journal of Modern Optics，2000，47(4)：595-598.

[5] Rigolin G. Quantum teleportation of an arbitrary two-qubit state and its relation to multipartite entanglement [J]. Physical Review A，2005，71(3)：032303.

[6] Zha X W，Song H Y. Non-Bell-pair quantum channel for teleporting an arbitrary two-qubit state[J]. Physics Letters A，2007，369(5-6)：377-379.

[7] Li Y，Zhang K，Peng K. Multiparty secret sharing of quantum information based on entanglement swapping[J]. Physics Letters A，2004，324(5-6)：420-424.

[8] Deng F G，Li C Y，Li Y S，et al. Symmetric multiparty-controlled teleportation of an arbitrary two-particle entanglement[J]. Physical Review A，2005，72(2)：022338.

[9] Muralidharan S，Panigrahi P K. Perfect teleportation，quantum-state sharing，and superdense coding through a genuinely entangled five-qubit state [J]. Physical Review A，2008，77(3)：032321.

[10] Li D，Wang R，Zhang F，et al. Quantum information splitting of arbitrary two-qubit state by using four-qubit cluster state and Bell-state[J]. Quantum Information Processing，2015，14(3)：1103-1116.

[11] Deng F G, Li X H, Li C Y, et al. Multiparty quantum-state sharing of an arbitrary two-particle state with Einstein-Podolsky-Rosen pairs[J]. Physical Review A, 2005, 72(4): 044301.

[12] Li X H, Deng F G, Zhou H Y. Controlled teleportation of an arbitrary multi-qudit state in a general form with d-dimensional Greenberger-Horne-Zeilinger states[J]. Chinese Physics Letters, 2007, 24(5): 1151.

[13] Liu J, Liu Y M, Zhang Z J. Generalized multiparty quantum single-qutrit-state sharing[J]. International Journal of Theoretical Physics, 2008, 47(9): 2353-2362.

[14] Xiu X M, Dong L, Gao Y J, et al. A theoretical scheme for multiparty multi-particle state sharing[J]. Communications in Theoretical Physics, 2008, 49(5): 1203.

[15] Shi R, Huang L, Yang W, et al. Efficient symmetric five-party quantum state sharing of an arbitrary m-qubit state[J]. International Journal of Theoretical Physics, 2011, 50(11): 3329.

[16] Kang S Y, Chen X B, Yang Y X. Multi-party quantum state sharing of an arbitrary multi-qubit state via χ-type entangled states [J]. Quantum Information Processing, 2014, 13(9): 2081-2098.

[17] Huang Z. Quantum state sharing of an arbitrary three-qubit state by using a seven-qubit entangled state[J]. International Journal of Theoretical Physics, 2015, 54(9): 3438-3441.

[18] Wang M M, Wang W, Chen J G, et al. Secret sharing of a known arbitrary quantum state with noisy environment [J]. Quantum Information Processing, 2015, 14(11): 4211-4224.

[19] Ramírez M D G, Falaye B J, Sun G H, et al. Quantum teleportation and information splitting via four-qubit cluster state and a Bell state [J]. Frontiers of Physics, 2017, 12(5): 120306.

[20] Makarov V, Anisimov A, Skaar J. Effects of detector efficiency mismatch on security of quantum cryptosystems[J]. Physical Review A, 2006, 74(2): 022313.

[21] Jain N, Stiller B, Khan I, et al. Attacks on practical quantum key distribution systems (and how to prevent them)[J]. Contemporary Physics, 2016, 57(3): 366-387.

[22] Qi B, Fung C H F, Lo H K, et al. Time-shift attack in practical quantum cryptosystems[J]. arXiv preprint quant-ph/0512080, 2005.

［23］ Shor P W，Preskill J. Simple proof of security of the BB84 quantum key distribution protocol［J］. Physical Review Letters，2000，85(2)：441.

［24］ Groce A，Katz J. Fair computation with rational players［C］// Annual International Conference on the Theory and Applications of Cryptographic Techniques. Berlin：Springer，2012：81-98.

# 第 6 章
# 庄家半离线的理性非分层量子态共享协议

## 6.1 概　　述

在第 5 章提出的理性非分层量子态共享协议中,庄家是在线的,这意味着庄家在协议的每一轮都需要和参与者交互,最终导致庄家与参与者之间的信息交换过多。基于此,本章提出一个庄家半离线的非分层理性量子态共享协议。

本章首先介绍 Deng 等人[1] 提出的量子态共享协议;其次详细描述本章提出的庄家半离线的理性非分层量子态共享协议;最后通过分析证明提出的协议具有安全性、公平性和正确性,并且实现了严格纳什均衡,同时通过比较本章提出的协议和其他量子态共享协议说明其优势。

## 6.2　Deng 等人提出的量子态共享协议

在 Deng 等人[1] 的协议中,有一个庄家 Alice 和 $(n+1)$ 个参与者 $Bob_i(1 \leqslant i \leqslant n+1)$。假设该协议中的任意两粒子态 $|\Phi\rangle_{xy}$ 是

$$|\Phi\rangle_{xy} = \alpha |00\rangle_{xy} + \beta |01\rangle_{xy} + \gamma |10\rangle_{xy} + \delta |11\rangle_{xy} \tag{6-1}$$

其中,$x$ 和 $y$ 是该量子态的两个粒子,$\alpha, \beta, \gamma, \delta$ 为复数,且 $|\alpha|^2 + |\beta|^2 + |\gamma|^2 + |\delta|^2 = 1$。该协议的基本过程如下。

[D-1] Alice 准备 $2(n+1)$ 个 EPR 对 $|\psi\rangle_{a_i b_i}$ 和 $|\psi\rangle_{c_i d_i}$,并把粒子 $b_i$ 和 $d_i$ 分别发送给 $Bob_i(1 \leqslant i \leqslant n+1)$。假设所有的 Bell 态都是 $|\phi^+\rangle = \frac{1}{\sqrt{2}}(|0\rangle|0\rangle + |1\rangle|1\rangle)$。

则整个复合量子系统的态是

$$
\begin{aligned}
|\Phi\rangle_S &= |\Phi\rangle_{xy} \otimes \prod_{i=1}^{n+1} |\phi^+\rangle_{a_i b_i} \otimes \prod_{i=1}^{n+1} |\phi^+\rangle_{c_i d_i} \\
&= (\alpha |00\rangle + \beta |01\rangle + \gamma |10\rangle + \delta |11\rangle)_{xy} \otimes \prod_{i=1}^{n+1} |\phi^+\rangle_{a_i b_i} \otimes \prod_{i=1}^{n+1} |\phi^+\rangle_{c_i d_i} \tag{6-2}
\end{aligned}
$$

由于 Alice 先后对粒子 $x,a_1,\cdots,a_{n+1},y,c_1,\cdots,c_{n+1}$ 进行 $(n+2)$ 粒子 GHZ 态联合测量,则 $|\Phi\rangle_S$ 可重写为

$$|\Phi\rangle_S = \Psi_{xa_1\cdots a_{n+1}} \otimes \Psi_{yc_1\cdots c_{n+1}} \otimes \left(\prod_{i=1}^{n+1}\Psi_{b_i}\right) \otimes \left(\prod_{i=1}^{n+1}\Psi_{d_i}\right) \qquad (6\text{-}3)$$

其中 $\Psi_{xa_1\cdots a_{n+1}}$, $\Psi_{yc_1\cdots c_{n+1}} \in \{|G_{\underset{n+1}{ij\cdots k}+}\rangle, |G_{\underset{n+1}{ij\cdots k}-}\rangle\}$ 是 Alice 联合测量的结果。

[D-2] Alice 完成测量后,子系统的态 $|\Phi\rangle_{bd}$ 可写为

$$|\Phi\rangle_{bd} = \alpha |ij\cdots k\rangle_{b_1 b_2\cdots b_{n+1}} |mn\cdots l\rangle_{d_1 d_2\cdots d_{n+1}} \pm \beta |ij\cdots k\rangle_{b_1 b_2\cdots b_{n+1}} |\bar{m}\bar{n}\cdots\bar{l}\rangle_{d_1 d_2\cdots d_{n+1}}$$

$$\pm \gamma |\bar{i}\bar{j}\cdots\bar{k}\rangle_{b_1 b_2\cdots b_{n+1}} |mn\cdots l\rangle_{d_1 d_2\cdots d_{n+1}} \pm \delta |\bar{i}\bar{j}\cdots\bar{k}\rangle_{b_1 b_2\cdots b_{n+1}} |\bar{m}\bar{n}\cdots\bar{l}\rangle_{d_1 d_2\cdots d_{n+1}}$$

$$(6\text{-}4)$$

由于 $|0\rangle = \frac{1}{\sqrt{2}}(|+\rangle + |-\rangle)$, $|1\rangle = \frac{1}{\sqrt{2}}(|+\rangle - |-\rangle)$,所以有 $|i\rangle = \frac{1}{\sqrt{2}}[|+\rangle + (-1)^i |-\rangle]$ $(i,j,\cdots,k,m,n,\cdots,l\in\{0,1\})$。

[D-3] 如果 $Bob_{n+1}$ 是重构 $|\Phi\rangle_{xy}$ 的参与者,即 Charlie,则 $n$ 个参与者 $Bob_i$ $(1\leqslant i\leqslant n)$ 进行 $X$ 基测量的表达式可写为

$$M = [(\langle+|)^{n-t}(\langle-|)^t]_b \otimes [(\langle+|)^{n-q}(\langle-|)^q]_d \qquad (6\text{-}5)$$

其中 $[(\langle+|)^{n-t}(\langle-|)^t]_b$ 和 $[(\langle+|)^{n-q}(\langle-|)^q]_d$ 分别是与粒子 $b_i$ 和 $d_i$ 相关的测量操作。$t$ 和 $q$ 是 $n$ 个参与者 $Bob_i$ 分别对 $b_i$ 和 $d_i$ 进行 $X$ 基测量后,获得的测量结果 $|-\rangle$ 的数量。

[D-4] $Bob_i$ 进行测量后,Charlie 的粒子 $b_{n+1}d_{n+1}$ 可写为

$$|\Phi\rangle_{b_{n+1}d_{n+1}} = M |\Phi\rangle_{bd}$$

$$= (\alpha |kl\rangle + (-1)^q \beta |k\bar{l}\rangle + (-1)^t \gamma |\bar{k}l\rangle + (-1)^{t+q}\delta |\bar{k}\bar{l}\rangle)_{b_{n+1}d_{n+1}}$$

$$(6\text{-}6)$$

Charlie 根据测量结果进行相应的酉操作 $U_i \otimes U_j$ $(i,j\{0,1,2,3\})$ 重构原始量子态,相关测量结果可表示为 $V_{xa_1\cdots a_{n+1}}$, $V_{yc_1\cdots c_{n+1}}$, $P_{xa_1\cdots a_{n+1}} \otimes (-1)^t$ 和 $P_{yc_1\cdots c_{n+1}} \otimes (-1)^q$,其中 $V_{xa_1\cdots a_{n+1}} = V_{|G_{ij\cdots k\pm}\rangle} = k$, $V_{yc_1\cdots c_{n+1}} = V_{|G_{mn\cdots l\pm}\rangle} = l$, $P_{xa_1\cdots a_{n+1}} = P_{|G_{ij\cdots k\pm}\rangle} = \pm$, $P_{yc_1\cdots c_{n+1}} = P_{|G_{mn\cdots l\pm}\rangle} = \pm$。

# 6.3　提出的庄家半离线的理性非分层量子态共享协议

在本章提出的庄家半离线的理性非分层量子态共享协议中,有一个庄家 Alice 和 $n+1$ 个参与者 $Bob_i$ $(1\leqslant i\leqslant n+1)$,Alice 共享的量子态 $|\Phi\rangle_{xy}$ 如公式(6-1)所示。

庄家 Alice 共享 $|\Phi\rangle_{xy}$ 的具体过程如下。

（1）庄家的协议

在本章提出的协议中，庄家是半离线的，所以 Alice 只需要和参与者进行两次交互。第一次是在协议开始执行时，第二次是在协议结束时。

[D-1] Alice 根据几何分布$G(\gamma)$确定协议的轮数$(r+w)$和秘密量子态所在的真实位置$r$，这对参与者 $Bob_i(1 \leqslant i \leqslant n+1)$是完全未知的。其中参数$\gamma$是根据参与者的效用决定的。接着 Alice 公布参与者需要进行$(r+w)$轮。

[D-2] Alice 收到最后一轮中 Charlie 发送的 sig=1 后，公布真正的揭示轮的位置$r$。如果在第$r$轮 Charlie 向发送正确测量结果的参与者〔即合作的参与者 $Bob_i$ $(1 \leqslant i \leqslant n+1, i \neq s')$〕支付了报酬，则 Alice 根据 Charlie 发送给自己的量子态，对粒子$x, a_1, \cdots, a_{n+1}, y, c_1, \cdots, c_{n+1}$进行$(n+2)$粒子的 GHZ 态联合测量，并公布测量结果。否则 Alice 终止协议。

（2）参与者的协议

每个参与者在第$j$轮$(1 \leqslant j \leqslant r+w)$所执行的过程如下。

[P-1] 每个参与者 $Bob_i$ 同时随机公布一个整数$p_i(1 \leqslant i \leqslant n+1)$，如果有参与者没有及时公布，则该参与者不能参与本轮和协议的剩余轮。

[P-2] 根据每个参与者公布的整数，计算$s = \sum_{i=1}^{n+1} p_i$。

[P-3] 对和$s$模$(n+1)$取余，计算得$s = s \bmod (n+1)$，$s' = s+1$，则 $Bob_{s'}$ 为 Charlie。由于庄家是半离线的，所以 Alice 不再需要给参与者们准备份额。份额产生的任务由 Charlie 完成。

[P-4] Charlie 准备 $2(n+1)$个 EPR 对——$|\phi^+\rangle_{a_i b_i}$ 和 $|\phi^+\rangle_{c_i d_i}$。其中 $|\phi^+\rangle_{a_i b_i} = \frac{1}{\sqrt{2}}(|00\rangle + |11\rangle)_{a_i b_i}$，$|\phi^+\rangle_{c_i d_i} = \frac{1}{\sqrt{2}}(|00\rangle + |11\rangle)_{c_i d_i}(1 \leqslant i \leqslant n+1)$。

[P-5] Charlie 把粒子 $b_i$ 和 $d_i$ 发送给 $Bob_i(i \neq s')$。

[P-6] 参与者 $Bob_i(i \neq s')$对粒子 $b_i$ 和 $d_i$ 进行 X 基测量，并公布测量结果。

[P-7] Charlie 根据 $Bob_i(i \neq s')$公布的测量结果，对剩余粒子 $a_i$ 和 $c_i$ 进行测量，确定该参与者是否作弊，并公布作弊参与者的编号，这些作弊的参与者无法继续参与协议。在确定 $Bob_i(i \neq s')$是否作弊后，Charlie 根据 $Bob_i(i \neq s')$公布的测量结果，制备与粒子 $a_i$ 和 $c_i$ 相同的粒子。

[P-8] 如果$j = r+w$，则 Charlie 发送 sig=1 给 Alice。否则，本轮结束，继续下一轮。

[P-9] 根据 Alice 公布的揭示轮位置，第$r$轮的 Charlie 给合作的参与者 $Bob_i$ 支付相应的报酬，其中支付给他们的总报酬并不会因为他们的人数而有所变化。Charlie 根据 Alice 和其余参与者的测量结果，对自己的粒子 $b_{s'}, d_{s'}$ 进行相应的酉操作，成功重构 $|\Phi\rangle_{xy}$。

# 6.4 协议分析

## 6.4.1 效用和优先级

在本章提出的协议中,最终只有揭示轮的 Charlie 能够重构原始量子态,所以 Charlie 和 $Bob_i(i \neq s')$ 的策略和效用会略有不同。

(1) 参与者的策略

① Charlie:

$c_1$:选择合作,即在 Alice 公布揭示轮时,Charlie 支付选择合作的 $Bob_i(i \neq s')$ 相应的报酬。

$c_2$:选择作弊,即在 Alice 公布揭示轮时,Charlie 拒绝支付选择合作的 $Bob_i(i \neq s')$ 相应的报酬。

② $Bob_i(i \neq s')$:

$b_1$:选择合作,即公布正确的测量结果。

$b_2$:选择作弊,即公布错误的测量结果或保持沉默。

(2) 参与者的效用

① Charlie:

$U_{c_1}^+$:选择合作并重构 $|\Phi\rangle_{xy}$ 成功。

$U_{c_2}^-$:因自己作弊而重构 $|\Phi\rangle_{xy}$ 失败。

$U_{c_1}$:选择合作但因其他参与者作弊而重构 $|\Phi\rangle_{xy}$ 失败。

② $Bob_i(i \neq s')$:

$U_{b_1}^+$:选择合作并成功帮助 Charlie 重构 $|\Phi\rangle_{xy}$。

$U_{b_1}$:选择合作,但是没能成功帮助 Charlie 重构 $|\Phi\rangle_{xy}$。

$U_{b_2}$:作弊成功。

$U_{b_2}^-$:作弊被 Charlie 发现。

对一个理性参与者来说,Charlie 有以下优先级:$U_{c_1}^+ > U_{c_1} > U_{c_2}^-$,$Bob_i(i \neq s')$ 有以下优先级:$U_{b_2} > U_{b_1}^+ = U_{b_1} > U_{b_2}^-$。

首先,参与者的目的是获得量子态。对于 Charlie 来说,他是唯一可以重构 $|\Phi\rangle_{xy}$ 的参与者。那么显然,他成功重构 $|\Phi\rangle_{xy}$ 得到的效用更高,因此有 $U_{c_1}^+ > U_{c_1}$。事实上 $U_{c_1}$ 是受其他作弊的参与者影响的,即 $U_{c_1} = U_{c_1}^+ - x\Delta$,其中 $x$ 是除了自己以外作弊的参与者个数,$\Delta$ 是一个参与者作弊成功时 Charlie 的损失。其次,对于 $Bob_i(i \neq s')$ 来说,他虽然不能重构 $|\Phi\rangle_{xy}$,但是可以通过帮助 Charlie 重构 $|\Phi\rangle_{xy}$ 而得到报酬,所以有 $U_{b_1}^+ \leqslant U_{c_1}^+ + \mu(k)$,其中 $\mu(k)$ 是一个参数为 $k$ 的可忽略函数。还有,如果 $Bob_i(i \neq s')$

选择合作,那么他的效用不应受其他参与者的影响,即 $U_{b_1}^+ = U_{b_1}$。最后,参与者中无论是 Charlie 还是 $\text{Bob}_i(i \neq s')$,如果选择作弊且失败了,其效用都是最低的,同时也应该是相同的,即 $U_{c_2}^- = U_{b_2}^-$。除此之外,如果 $\text{Bob}_i(i \neq s')$ 作弊成功,则其效用比选择合作的效用更高,即 $U_{b_2} > U_{b_1}^+ = U_{b_1}$。

## 6.4.2 安全性

一个量子态共享协议会受到来自外部攻击者和参与者的攻击,因此本小节将通过外部攻击和参与者内部攻击分析本章所提出协议的安全性。

(1) 外部攻击

在外部攻击中,外部攻击者会试图破坏或窃取协议通信的秘密消息。因此按照信息是否被破坏,外部攻击又分为主动攻击和被动攻击。

量子态共享协议受到的主动攻击有假信号攻击、纠缠附加粒子攻击、截获重发攻击和关联提取攻击等,因此需要建立一个安全的量子信道,确保庄家和参与者的整个通信不会受到威胁。简而言之,在协议开始之前,庄家 Alice 会进行安全检测,即将诱骗态插入发送给参与者的量子态中,并公布诱骗态的位置。然后,参与者对诱骗粒子执行 $X$ 基或 $Z$ 基测量。最后,Alice 将参与者发布的诱骗量子位的测量结果与诱骗量子位的初始状态进行比较。如果错误率低于设定的阈值,则量子通道是安全的;否则,Alice 将重新进行安全检测,直到她确定量子通道是安全的。

在纠缠附加粒子攻击中,外部攻击者 Eve 拦截 Charlie 发送给其他参与者的粒子,并对这些粒子进行酉操作。假设有 3 个参与者,分别是 $\text{Bob}_1$、$\text{Bob}_2$ 和 Charlie。Charlie 准备 6 个 EPR 对 $|\phi^+\rangle_{a_i b_i}$ 和 $|\phi^+\rangle_{c_i d_i}$ $(1 \leqslant i \leqslant 3)$,接着把粒子 $b_i$ 和 $d_i$ 发送给 $\text{Bob}_i (1 \leqslant i \leqslant 2)$。Alice 对粒子 $x, a_1, a_2 a_3$ 和 $y, c_1, c_2, c_3$ 分别进行联合测量。如果 Alice 的测量结果是 $|G_{000+}\rangle = \dfrac{1}{\sqrt{2}}(|0000\rangle + |1111\rangle)$,那么系统的量子态是

$$|\Phi\rangle_S^E = \frac{1}{\sqrt{2}}\big[\alpha \,|00\rangle_{b_1 d_1} |00\rangle_{b_2 d_2} |000\rangle_{b_3 d_3 E} + \alpha \,|00\rangle_{b_1 d_1} |00\rangle_{b_2 d_2} |001\rangle_{b_3 d_3 E}$$
$$+ \beta \,|01\rangle_{b_1 d_1} |01\rangle_{b_2 d_2} |010\rangle_{b_3 d_3 E} + \beta \,|01\rangle_{b_1 d_1} |01\rangle_{b_2 d_2} |011\rangle_{b_3 d_3 E}$$
$$+ \gamma \,|10\rangle_{b_1 d_1} |10\rangle_{b_2 d_2} |100\rangle_{b_3 d_3 E} + \gamma \,|10\rangle_{b_1 d_1} |10\rangle_{b_2 d_2} |101\rangle_{b_3 d_3 E}$$
$$+ \delta \,|11\rangle_{b_1 d_1} |11\rangle_{b_2 d_2} |110\rangle_{b_3 d_3 E} + \delta \,|11\rangle_{b_1 d_1} |11\rangle_{b_2 d_2} |111\rangle_{b_3 d_3 E}\big] \quad (6\text{-}7)$$

如果 $\text{Bob}_1$ 和 $\text{Bob}_2$ 的测量结果分别是 $|++\rangle$ 和 $|+-\rangle$,那么 Charlie 和 Eve 的组合态变为

$$|\Phi\rangle_{b_3 d_3}^E = (\alpha \,|00\rangle - \beta \,|01\rangle + \gamma \,|10\rangle - \delta \,|11\rangle)_{b_3 d_3} \frac{1}{\sqrt{2}}(|0\rangle + \beta \,|1\rangle)_E \quad (6\text{-}8)$$

根据公式(6-8),Eve 并不能窃取关于 $|\Phi\rangle_{xy}$ 的任何信息。

对于拦截重发攻击,外部攻击者 Eve 拦截通道中庄家发送给参与者的粒子。然

后 Eve 将他准备的粒子发送给参与者。为了不破坏参与者粒子之间的连贯性,Eve 向参与者发送 $2(n+1)$ 个自己准备的 EPR 对。但是,他不知道 Alice 发送的粒子中诱骗粒子的位置和量子态,因此错误率会超过阈值并被 Alice 检测到。

在被动攻击中,量子态共享协议面临的威胁是信息泄露。由于该协议有一个安全的量子信道,所以任何未经授权的用户都无法获得关于共享量子态的任何信息。对于外部攻击者 Eve 来说,他只知道 Alice 和 $\text{Bob}_i (i \neq s')$ 公布的测量结果,除此之外,由于量子不可克隆定理,外部攻击者也无法获取 Charlie 重构的 $|\Phi\rangle_{xy}$。

(2) 内部攻击

与外部攻击者相比,参与者可以通过内部攻击或外部攻击来破坏或窃取信息。而一个参与者发起的外部攻击将被视为外部攻击者发起的外部攻击。外部攻击的分析已经给出,因此本部分只说明关于参与者的内部攻击。

在本章提出的协议中,参与者分为重构 $|\Phi\rangle_{xy}$ 的参与者 Charlie 和帮助 Charlie 的参与者 $\text{Bob}_i (i \neq s')$。

由于量子不可克隆定理,最终只有 Charlie 可以获得 $|\Phi\rangle_{xy}$。因此对 Charlie 而言,Charlie 可能想要在不需要其他参与者 $\text{Bob}_i$ 的帮助下重构 $|\Phi\rangle_{xy}$。但是根据公式(6-6),在 Alice 和其他参与者完成测量后,Charlie 的密度矩阵为

$$\rho_{\text{Charlie}} = |\Phi\rangle_{b_{s'}d_{s'}}\langle\Phi|_{b_{s'}d_{s'}}$$
$$= \alpha^2 |kl\rangle\langle kl| + \beta^2 |k\bar{l}\rangle\langle k\bar{l}| + \gamma^2 |\bar{k}l\rangle\langle \bar{k}l| + \delta^2 |\bar{k}\bar{l}\rangle\langle \bar{k}\bar{l}| \qquad (6-9)$$

其中 $k, l \in \{0, 1\}$,$\bar{0} = 1, \bar{1} = 0$。根据公式(6-9),Charlie 并不知道关于 $|\Phi\rangle_{xy}$ 的任何信息,因此,如果 Charlie 并没有获得其他参与者的测量结果,那么 Charlie 就不能利用这些测量结果进行最终的酉操作,也就意味着 Charlie 将不能成功重构 $|\Phi\rangle_{xy}$。

对 $\text{Bob}_i (i \neq s')$ 而言,他们可能想要获取原始量子态。在该协议的每一轮,$\text{Bob}_i$ 需要先对自己的粒子进行 $X$ 基测量,并公布测量结果,而 Alice 在协议结束时,才对 $|\Phi\rangle_{xy}$ 和剩余量子态进行联合测量。因此在整个协议的执行过程中,$\text{Bob}_i (i \neq s')$ 不可能获得关于 $|\Phi\rangle_{xy}$ 的任何信息。同时,由于最终进行酉操作的粒子 $b_{s'}, d_{s'}$ 归 Charlie 所有,所以他们也不能重构 $|\Phi\rangle_{xy}$。

进一步地,如果 $\text{Bob}_i (i \neq s')$ 发送错误测量结果给 Charlie,Charlie 将通过与他们共享的 EPR 对发现他们的欺骗行为。因此,本章提出的协议是安全的。

## 6.4.3 公平性

由于庄家不知道共享量子态 $|\Phi\rangle_{xy}$ 和量子不可克隆定理,最终只有一个参与者 Charlie 可以重构 $|\Phi\rangle_{xy}$。但是由于本章提出的协议中每一轮的 Charlie 是通过参与者 $\text{Bob}_i (1 \leqslant i \leqslant n+1)$ 共同随机选举出来的而非由庄家指定的,因此该协议中 Charlie 的选举事件是公平的。

**定理 6.1** 如果一个参与者选择合作的效用高于作弊的效用,则本章提出的协

议实现了公平性。

**证明:** 在本章提出的协议中,如果有参与者执行偏离策略,协议并不会被终止,但是作弊的参与者不能继续参与协议。协议中第 $j$ 轮为揭示轮的概率是 $\Pr(j=r)$,用符号表示为 $\Pr(j=r)=\lambda$。

对于 Charlie 来说,如果 $j\neq r$,即本轮不是揭示轮,则 Charlie 不需要选择任何策略,也不需要支付费用,同时也没有效用,因此只需要考虑 $j=r$ 的情况。在揭示轮,即 $j=r$,当 Charlie 选择作弊时,效用是 $U_{c_2}^-$。当 Charlie 选择合作时,效用是 $U_{c_1}^+ - x\Delta$。因此 Charlie 选择作弊和选择合作的期望效用分别时是:

$$U_{\text{Cheating}}^C(x)=U_{c_2}^-$$

$$U_{\text{Cooperating}}^C(x)=U_{c_1}^+ - x\Delta$$

那么 $U_{\text{Cooperating}}^C(x)-U_{\text{Cheating}}^C(x)=U_{c_1}^+ - x\Delta - U_{c_2}^-$。根据 6.4.1 节中的效用和优先级可知 $U_{c_1}=U_{c_1}^+ - x\Delta > U_{c_2}^-$,因此对于 Charlie 来说,选择合作的效用大于选择作弊的效用。

对于 $\text{Bob}_i(i\neq s')$ 来说,当 $\text{Bob}_i(i\neq s')$ 选择作弊时,如果 $j=r$,则效用是 $U_{b_2}$;如果 $j\neq r$,则效用是 $U_{b_2}^-$。当 $\text{Bob}_i(i\neq s')$ 选择合作时,如果 $j=r$,则效用是 $U_{b_1}^+$;如果 $j\neq r$,则效用是 $U_{b_1}$。因此选择作弊和选择合作的期望效用分别是:

$$U_{\text{Cheating}}^B=\lambda U_{b_2}+(1-\lambda)U_{b_2}^-$$

$$U_{\text{Cooperating}}^B=\lambda U_{b_1}^+ +(1-\lambda)U_{b_1}$$

那么 $U_{\text{Cooperating}}^B - U_{\text{Cheating}}^B = U_{b_1}-U_{b_2}^- -\lambda(U_{b_2}-U_{b_2}^-)$。根据 6.4.1 节中的效用和优先级可知 $U_{b_2}>U_{b_1}^+ =U_{b_1}>U_{b_2}^-$。所以,当 $\lambda$ 满足条件 $\lambda < \dfrac{U_{b_1}-U_{b_2}^-}{U_{b_2}-U_{b_2}^-}$ 时,对于 $\text{Bob}_i(i\neq s')$ 来说,选择合作的效用就大于选择作弊的效用。

因此,当 $\lambda < \dfrac{U_{b_1}-U_{b_2}^-}{U_{b_2}-U_{b_2}^-}$ 时,本章提出的协议实现了公平性。

## 6.4.4 正确性

**定理 6.2** 在本章提出的协议中,如果所有参与者都是理性的,那么此协议实现了正确性。

**证明:** 在本章提出的协议中,参与者并不知道哪一轮是真正的揭示轮 $r$。一方面,如果有 $\text{Bob}_i(i\neq s')$ 在协议中某一轮发送错误的测量结果或者不发送测量结果,则该参与者无法参与协议的本轮和剩余轮的执行。另一方面,在揭示轮重构共享量子态的 Charlie 如果拒绝合作,则其效用也会大打折扣。由于在理性量子态协议中,参与者的目的是最大化自己的利益,所以没有参与者会有动力去作弊。最终 Charlie 会以 100% 的概率重构庄家 Alice 共享的量子态。因此,本章提出的协议实现了正确性。

## 6.4.5 纳什均衡

**定理 6.3** 如果本章提出的理性量子态共享协议中 $\lambda < \dfrac{U_{b_1} - U_{b_2}^-}{U_{b_2} - U_{b_2}^-}$，则此协议实现了严格纳什均衡。

**证明：** 在一个理性量子态共享协议中，要使协议实现严格纳什均衡，则无论其他参与者的执行策略是什么，每个参与者选择作弊的效用都应该低于选择合作的效用。

在该协议的第 $j$ 轮，当 Charlie 选择作弊，即执行偏离策略 $\sigma'_{s'}$ 时，他的效用是 $U_{\text{Cheating}}^C(x)$；当 Charlie 选择合作，即执行协议的建议策略 $\sigma_{s'}$ 时，他的效用是 $U_{\text{Cooperating}}^C(x)$，则 $u_{s'}(\sigma'_{s'}, \sigma_{-s'}) = U_{\text{Cheating}}^C(x)$，$u_{s'}(\sigma) = U_{\text{Cooperating}}^C(x)$。已知 $U_{c_1} = U_{c_1}^+ - x\Delta > U_{c_2}^-$，所以，Charlie 选择合作的效用高于选择作弊的效用，即 $u_{s'}(\sigma) > u_{s'}(\sigma'_{s'}, \sigma_{-s'})$。

当一个参与者 $\text{Bob}_i(i \neq s')$ 选择作弊，即执行偏离策略 $\sigma'_i$ 时，他的效用是 $U_{\text{Cheating}}^B$；当 $\text{Bob}_i(i \neq s')$ 选择合作，即执行协议的建议策略 $\sigma_i$ 时，他的效用是 $U_{\text{Cooperating}}^B$，则 $u_i(\sigma'_i, \sigma_{-i}) = U_{\text{Cheating}}^B$，$u_i(\sigma) = U_{\text{Cooperating}}^B$。已知 $U_{b_2} > U_{b_1}^+ = U_{b_1} > U_{b_2}^-$，所以当 $\lambda < \dfrac{U_{b_1} - U_{b_2}^-}{U_{b_2} - U_{b_2}^-}$ 时，$\text{Bob}_i(i \neq s')$ 选择合作的效用高于选择作弊的效用，即 $u_i(\sigma) > u_i(\sigma'_i, \sigma_{-i})$。

因此，当 $\lambda < \dfrac{U_{b_1} - U_{b_2}^-}{U_{b_2} - U_{b_2}^-}$ 时，本章提出的协议实现了严格纳什均衡。

## 6.4.6 协议比较

本章提出的协议与其他几个协议的比较结果如表 6-1 所示。

表 6-1　协议比较

| 协议 | 条件 1：参与者是否理性 | 条件 2：Alice 是否知道秘密 | 条件 3：Charlie 是否由 Alice 选择 | 条件 4：Alice 是否在线 |
|---|---|---|---|---|
| Deng 等人[1] 提出的协议 | 否 | 否 | — | — |
| Maitra 等人[2] 提出的协议 | 是 | 是 | — | 否 |
| Qin 等人[3] 提出的协议 | 是 | 是 | — | 是 |
| 第 5 章提出的协议 | 是 | 否 | 否 | 是 |
| 本章提出的协议 | 是 | 否 | 否 | 否 |

对于条件 1：参与者是否理性。在理性量子态共享协议中，一个理性参与者的目的是最大化自己的效益，因此会根据自己的效用选择诚实或不诚实地参与协议。在

非理性量子态共享协议中,一个参与者可能是诚实的也可能是不诚实的。因此,理性量子态共享协议更符合实际情况。在 Deng 等人[1] 提出的协议和其他量子态共享协议中,一个参与者要么是诚实的,要么是不诚实的。相反,在理性量子态共享协议(例如 Maitra 等人[2] 提出的、Qin 等人[3] 提出的、第 5 章和本章提出的协议)中,参与者从自己的角度出发,判断如何选择策略来最大化自己的效用。

对于条件 2:Alice 是否知道秘密。如果 Alice 知道共享的量子态,那么协议就与远程态制备相似,所以 Alice 可以克隆共享量子态的份额。最终,不止一个参与者可以获得共享量子态。一般来说,庄家对共享量子态应该是未知的,所以只有一个参与者可以重构共享量子态,这比较符合多人共享一个量子态的思想。在 Maitra 等人[2] 提出的和 Qin 等人[3] 提出的协议中,Alice 知道有关共享量子态的信息。而在第 5 章和本章提出的协议中,Alice 不知道关于共享量子态的信息。

对于条件 3:Charlie 是否由 Alice 选择。如果 Charlie 由 Alice 选择,这对其他参与者不公平,可能导致理性参与者放弃参与协议。在 Maitra 等人[2] 提出的协议中,$t$ 个参与者可以获得共享量子态。在 Qin 等人[3] 提出的协议,每个参与者都可以获得共享量子态,因为对庄家 Alice 来说,共享量子态是已知的。而在第 5 章提出的协议和本章提出的协议中,Charlie 是由所有参与者共同选举,这保证了每个参与者都有相同的机会成为 Charlie,并且使协议在 Charlie 的选举中是公平的。

对于条件 4:Alice 是否在线。在线庄家 Alice 必须在每一轮中与每个参与者交互,这导致庄家与参与者之间的信息交换次数过多。半离线庄家 Alice 只需要与参与者交互两次。离线庄家 Alice 只需要分配份额[2]。庄家半离线或离线的量子态共享协议减少了庄家与参与者之间的信息交换次数。在第 5 章和 Qin 等人[3] 提出的协议中,庄家是在线的。在文献[2]中,Maitra 等人分别提出了庄家半离线和庄家离线的理性量子态共享协议。在本章提出的协议中,庄家是半离线的。

# 6.5 本章小结

本章提出了一个庄家半离线的理性非分层量子态共享协议。在该协议中,庄家 Alice 通过 EPR 对、GHZ 态和参与者共享一个任意两粒子纠缠态。需要特别指出的是,EPR 对是由重构共享量子态的参与者 Charlie 制备的,相比于由庄家完成制备,由 Charlie 完成制备减少了庄家的工作量。同时,每个参与者有相同的机会重构共享量子态。也就是说,Charlie 是由所有参与者共同选举的,这保证了协议的公平性。除此之外,与庄家在线的理性非分层量子态共享协议相比,在本章提出的协议中,庄家只在协议中出现了两次,减少了庄家和参与者之间的信息交换次数。最后,本章通过分析证明了所提出协议是正确的,并且实现了严格纳什均衡。

# 本章参考文献

[1] Deng F G，Li X H，Li C Y，et al. Multiparty quantum-state sharing of an arbitrary two-particle state with Einstein-Podolsky-Rosen pairs[J]. Physical Review A，2005，72(4)：044301.

[2] Maitra A，De S J，Paul G，et al. Proposal for quantum rational secret sharing [J]. Physical Review A，2015，92(2)：022305.

[3] Qin H，Tso R，Dai Y. Multi-dimensional quantum state sharing based on quantum Fourier transform[J]. Quantum Information Processing，2018，17(3)：48.

第 7 章

# 理性分层量子态共享协议

## 7.1 概　　述

　　到目前为止,大多数被提出的理性量子态共享协议都是非分层的量子态共享协议,关于理性分层量子态共享协议的研究还很不足。在理性分层量子态共享协议中,参与者将被分为上级和下级,他们在重构共享量子态时享有不同的权力,如果是下级参与者重构共享量子态,那么采用理性分层量子态共享协议和采用理性非分层量子态共享协议并无区别,但如果是一个上级参与者重构共享量子态,那么理性非分层量子态共享协议则并不适用,因此就需要设计一个更合适的理性分层量子态共享协议,保证参与者的公平性。

　　本章提出一个理性分层量子态共享协议。本章首先介绍 Xu 等人[1]提出的分层量子态共享协议;其次具体描述本章提出的理性分层量子态共享协议,包括庄家的协议和参与者的协议;再次分别讨论非对称完全信息鲁宾斯坦讨价还价模型和非对称不完全信息鲁宾斯坦讨价还价模型;最后证明本章提出的理性分层量子态共享协议具有安全性、公平性和正确性,并且实现了严格纳什均衡。

## 7.2　Xu 等人提出的分层量子态共享协议

　　在 Xu 等人[1]提出的协议中,有一个庄家 Alice,$m$ 个上级参与者 $\text{Bob}_i(1 \leqslant i \leqslant m)$ 和 $n$ 个下级参与者 $\text{Charlie}_j(1 \leqslant j \leqslant n)$。Alice 要共享的两粒子纠缠态是 $|\Phi\rangle_{xy}$ 如公式(6-1)所示。

　　该协议的基本过程如下。

　　[X-1] Alice 准备两个相同的 $m+n+1$ 粒子态 $|\Psi\rangle_{a_0 a_1 a_2 \cdots a_m a_{m+1} \cdots a_{m+n}}$ 和 $|\Psi\rangle_{b_0 b_1 b_2 \cdots b_m b_{m+1} \cdots b_{m+n}}$,这里,$|\Psi\rangle = \dfrac{1}{2}(|0\rangle|\varphi\rangle^0 + |1\rangle|\varphi\rangle^1)$,其中 $|\varphi\rangle^0 = |\underbrace{0\cdots0}_{m}\ \underbrace{0\cdots0}_{n}\rangle$

$+|\underbrace{0\cdots0}_{m}\underbrace{1\cdots1}_{n}\rangle$，$|\varphi\rangle^1=|\underbrace{1\cdots1}_{m}\underbrace{0\cdots0}_{n}\rangle+|\underbrace{1\cdots1}_{m}\underbrace{1\cdots1}_{n}\rangle$，并分别把粒子 $a_i$ 和 $b_i$ 发送给上级参与者 $Bob_i(1\leqslant i\leqslant m)$，粒子 $a_{j+m}$ 和 $b_{j+m}$ 发送给下级参与者 $Charlie_j(1\leqslant j\leqslant n)$。整个量子系统的态 $|\Phi\rangle_s$ 可表示为

$$
\begin{aligned}
|\Phi\rangle_s &= |\Phi\rangle_{xy}\bigotimes|\Psi\rangle_{a_0a_1a_2\cdots a_m a_{m+1}\cdots a_{m+n}}\bigotimes|\Psi\rangle_{b_0b_1b_2\cdots b_m b_{m+1}\cdots b_{m+n}} \\
&= (\alpha|00\rangle+\beta|01\rangle+\gamma|10\rangle+\delta|11\rangle)_{xy} \\
&\quad\bigotimes(|0\rangle_{a_0}|\varphi\rangle^0_{a_1a_2\cdots a_m a_{m+1}\cdots a_{m+n}}+|1\rangle_{a_0}|\varphi\rangle^1_{a_1a_2\cdots a_m a_{m+1}\cdots a_{m+n}}) \\
&\quad\bigotimes(|0\rangle_{b_0}|\varphi\rangle^0_{b_1b_2\cdots b_m b_{m+1}\cdots b_{m+n}}+|1\rangle_{b_0}|\varphi\rangle^1_{b_1b_2\cdots b_m b_{m+1}\cdots b_{m+n}})
\end{aligned} \tag{7-1}
$$

因为 Alice 分别对粒子 $x$ 和 $a_0$、$y$ 和 $b_0$ 进行 Bell 态联合测量，所以 $|\Phi\rangle_s$ 可重写为

$$
\begin{aligned}
|\Phi\rangle_s &= \alpha|0p\rangle_{xa_0}|0q\rangle_{yb_0}|\varphi\rangle^p_{a_1a_2\cdots a_m a_{m+1}\cdots a_{m+n}}|\varphi\rangle^q_{b_1b_2\cdots b_m b_{m+1}\cdots b_{m+n}} \\
&\quad+\beta|0p\rangle_{xa_0}|1\bar{q}\rangle_{yb_0}|\varphi\rangle^p_{a_1a_2\cdots a_m a_{m+1}\cdots a_{m+n}}|\varphi\rangle^{\bar{q}}_{b_1b_2\cdots b_m b_{m+1}\cdots b_{m+n}} \\
&\quad+\gamma|1\bar{p}\rangle_{xa_0}|0q\rangle_{yb_0}|\varphi\rangle^{\bar{p}}_{a_1a_2\cdots a_m a_{m+1}\cdots a_{m+n}}|\varphi\rangle^q_{b_1b_2\cdots b_m b_{m+1}\cdots b_{m+n}} \\
&\quad+\delta|1\bar{p}\rangle_{xa_0}|1\bar{q}\rangle_{yb_0}|\varphi\rangle^{\bar{p}}_{a_1a_2\cdots a_m a_{m+1}\cdots a_{m+n}}|\varphi\rangle^{\bar{q}}_{b_1b_2\cdots b_m b_{m+1}\cdots b_{m+n}}
\end{aligned} \tag{7-2}
$$

其中 $p,q\in\{0,1\}$。

［X-2］Alice 完成测量后，子系统的量子态 $|\Phi\rangle_s$ 为

$$
\begin{aligned}
|\Phi\rangle_{ab} &= \frac{1}{2}(\alpha|\varphi\rangle^i|\varphi\rangle^j\pm\beta|\varphi\rangle^i|\varphi\rangle^{\bar{j}} \\
&\quad\pm\gamma|\varphi\rangle^{\bar{i}}|\varphi\rangle^j\pm\delta|\varphi\rangle^{\bar{i}}|\varphi\rangle^{\bar{j}})_{a_1a_2\cdots a_m a_{m+1}\cdots a_{m+n}b_1b_2\cdots b_m b_{m+1}\cdots b_{m+n}}
\end{aligned} \tag{7-3}
$$

其中 $i,j\in\{0,1\}$，$\bar{i}=1-i$，$\bar{j}=1-j$。

［X-3］假设重构 $|\Phi\rangle_{xy}$ 的参与者是 David，此时其他参与者需要对自己的粒子进行测量，并公布测量结果。由于参与者分为上级和下级，所以需要分别进行讨论。

当 David 是上级参与者 $Bob_k(1\leqslant k\leqslant m)$ 时，Alice 和其他参与者完成测量后，David 的粒子 $|\Phi\rangle_{a_k b_k}$ 可以写为

$$
|\Phi\rangle_{a_k b_k}=(\alpha|00\rangle+(-1)^{q_1+q_-}\beta|01\rangle+(-1)^{t_1+t_-}\gamma|10\rangle+(-1)^{q_1+t_1+q_-+t_-}\delta|11\rangle)_{a_k b_k} \tag{7-4}
$$

其中 $t_-$ 和 $q_-$ 分别表示其他上级参与者 $Bob_i(1\leqslant i\leqslant m,i\neq k)$ 对自己的粒子 $a_i$ 和 $b_i$ 进行 $X$ 基测量后，获得的测量结果中 $|-\rangle$ 的数量。因为所有下级参与者的测量结果是相同的，所以 $t_1$ 和 $q_1$ 分别表示任意一个下级参与者 $Charlie_j(1\leqslant j\leqslant n)$ 对自己的粒子 $a_{j+m}$ 和 $b_{j+m}$ 进行 $Z$ 基测量后，获得的测量结果中 $|1\rangle$ 的个数。

David 根据其他上级参与者的测量结果和其中一个下级参与者公布的测量结果，对自己的粒子 $|\Phi\rangle_{a_k b_k}$ 进行相应的酉操作 $U_i\otimes U_j(i=0,1,2,3)$ 来重构 $|\Phi\rangle_{xy}$。

当 David 是下级参与者 $Charlie_k(1\leqslant k\leqslant n)$ 时，Alice 和其他参与者完成测量后，David 的粒子 $|\Phi\rangle_{a_k b_k}$ 可以写为

$$
|\Phi\rangle_{a_k b_k}=(\alpha|kl\rangle+(-1)^{q_-}\beta|k\bar{l}\rangle+(-1)^{t_-}\gamma|\bar{k}l\rangle+(-1)^{q_-+t_-}\delta|\bar{k}\bar{l}\rangle)_{a_k b_k} \tag{7-5}
$$

其中 $k,l\in\{+,-\}$，$\overline{+}=-,\overline{-}=+$，$t_-$ 和 $q_-$ 分别表示所有上级参与者 $Bob_i(1\leqslant i\leqslant m)$ 对自己的粒子 $a_i$ 和 $b_i$ 进行 $X$ 基测量后，获得的测量结果中 $|-\rangle$ 的数量。用 $V_{a_i}$ 和 $V_{b_i}$ 分别表示其他下级参与者 $Charlie_j(1\leqslant j\leqslant n,j\neq n)$ 对自己的粒子 $a_{j+m}$ 和 $b_{j+m}$ 进行 $X$ 基测量后得到的测量结果，则 $k=V_{a_{m+1}}\oplus V_{a_{m+2}}\oplus\cdots\oplus V_{a_{m+n}}$，$l=V_{b_{m+1}}\oplus V_{b_{m+2}}\oplus\cdots\oplus V_{b_{m+n}}$。

David 根据其他参与者公布的测量结果，先对自己的粒子 $|\Phi\rangle_{a_kb_k}$ 进行 Hadamard 操作，再进行相应的酉操作 $U_i\otimes U_j(i,j\in\{0,1,2,3\})$ 来重构 $|\Phi\rangle_{xy}$。

# 7.3  提出的理性分层量子态共享协议

在提出的理性分层量子态共享协议中，有一个庄家 Alice 和 $(m+n)$ 个参与者，其中参与者分为 $m$ 个上级参与者 $Bob_i(1\leqslant i\leqslant m)$ 和 $n$ 个下级参与者 $Charlie_j(1\leqslant j\leqslant n)$。Alice 共享 $|\Phi\rangle_{xy}$ 的具体过程如下所述。

（1）庄家的协议

[D-1] Alice 根据几何分布$\mathcal{G}(\gamma)$确定协议的轮数 $(r+w)$，并将其公布给所有参与者，但是他们不知道关于秘密量子态所在的真实位置 $r$ 的任何信息。其中参数 $\gamma$ 是根据参与者的效用决定的。接着 Alice 公布协议执行的轮数是 $(r+w)$。

[D-2] 在协议的第 $l(1\leqslant l\leqslant r+w)$ 轮，当 $l\neq r$ 时，Alice 准备 $(m+n)$ 个四粒子纠缠态 $|\Omega\rangle_{A_jB_jC_jD_j}=\dfrac{1}{2}(|0000\rangle+|0110\rangle+|1001\rangle-|1111\rangle)(1\leqslant j\leqslant m+n)$，并把每个四粒子纠缠态中的粒子 $A_j$ 和 $B_j$ 发送给对应的参与者。如果 $1\leqslant j\leqslant m$，则发送给上级参与者 $Bob_j$；如果 $m+1\leqslant j\leqslant m+n$，则发送给下级参与者$Charlie_{j-m}$。当 $l=r$ 时，Alice 准备两个 $(m+n+1)$ 粒子态 $|\Psi\rangle_{a_0a_1a_2\cdots a_ma_{m+1}\cdots a_{m+n}}$ 和 $|\Psi\rangle_{b_0b_1b_2\cdots b_mb_{m+1}\cdots b_{m+n}}$，并分别把粒子 $a_j$ 和 $b_j$ 发送给上级参与者 $Bob_j(1\leqslant j\leqslant m)$，把粒子 $a_{j+m}$ 和 $b_{j+m}$ 发送给下级参与者$Charlie_j(1\leqslant j\leqslant n)$。

[D-3] Alice 公布本轮是不是揭示轮 $r$。当 $l\neq r$ 时，则 Alice 根据参与者公布的测量结果判断他们是否作弊，并公布作弊的参与者编号，这些参与者无法参与协议的剩余轮。本轮结束，继续下一轮。当 $l=r$ 时，如果 David 给其他参与者支付了相应的报酬，Alice 则对粒子 $x$ 和 $a_0$，$y$ 和 $b_0$ 进行 Bell 态测量，并公布测量结果；否则终止协议。

（2）参与者的协议

参与者在协议的第 $l(1\leqslant l\leqslant r+w)$ 轮所执行的步骤如下。

[P-1] 每个参与者同时随机公布一个整数 $p_j(0\leqslant p_j\leqslant m+n-1,1\leqslant j\leqslant m+n)$，如果参与者没有及时公布自己的数字，则该参与者不能继续参与协议。

[P-2] 根据每个参与者公布的整数，计算总和 $k'=\left(\displaystyle\sum_{j=1}^{m+n}p_j\right)\bmod(m+n)$。

[P-3] 令 $k=k'+1$，如果 $1 \leqslant k \leqslant m$，则重构 $|\Phi\rangle_{xy}$ 的参与者 David 是上级参与者 $Bob_k$，此时其他上级参与者需要对自己的粒子 $a_j$ 和 $b_j (1 \leqslant j \leqslant m, j \neq k)$ 分别进行 $X$ 基测量并公布测量结果；所有下级参与者需要对自己的粒子 $a_j$ 和 $b_j (m+1 \leqslant j \leqslant m+n)$ 分别进行 $Z$ 基测量并公布测量结果。如果 $m+1 \leqslant k \leqslant m+n$，则重构 $|\Phi\rangle_{xy}$ 的参与者 David 是下级参与者 $Charlie_{k-m}$，此时其他参与者需要对自己的粒子 $a_j$ 和 $b_j (1 \leqslant j \leqslant m+n, j \neq k)$ 分别进行 $X$ 基测量，并公布测量结果。

[P-4] 当 $l \neq r$ 时，诚实参与了协议的参与者可以继续参与协议。当 $l=r$ 时，如果 David 是上级参与者，则 David 需要给其他上级参与者支付报酬，同时随机选择部分下级参与者，并与他们进行讨价还价博弈。之后 David 根据博弈的结果给每个参与者支付相应的报酬。David 根据 Alice、其他上级参与者公布的测量结果和与之进行讨价还价的下级参与者公布的测量结果，对自己的粒子 $|\Phi\rangle_{a_k b_k}$ 进行相应的酉操作 $U_i \otimes U_j (i=0,1,2,3)$，成功重构 $|\Phi\rangle_{xy}$。如果 David 是下级参与者，David 需要给其他所有参与者支付报酬。David 根据 Alice 和其他所有参与者公布的测量结果对自己的粒子 $|\Phi\rangle_{a_k b_k}$ 先进行 Hadamard 操作，再进行相应的酉操作 $U_i \otimes U_j (i=0,1,2,3)$，成功重构 $|\Phi\rangle_{xy}$。

# 7.4　不完全信息讨价还价博弈模型

当重构 $|\Phi\rangle_{xy}$ 的参与者 David 是上级参与者时，他并不需要所有下级参与者的帮助，所以针对 David 应该支付给部分下级参与者的报酬，David 将与他们进行讨价还价[2]。

（1）模型假设

假设 1：上级参与者 David 用 $Bob_k$ 表示，任意一个被 David 选中的下级参与者用 $Charlie_j$ 表示。

假设 2：$Bob_k$ 和 $Charlie_j$ 的烦躁程度分别是 $\delta_B$ 和 $\delta_C (0 < \delta_B, \delta_C < 1)$。由于他们对重构共享量子态有不同的权力，所以有 $\delta_B > \delta_C$，其中 0 表示无比烦躁，1 表示无比耐心。

假设 3：$Bob_k$ 的出价区间是 $[B_{min}, B_{max}]$，$Charlie_j$ 的要价区间是 $[C_{min}, C_{max}]$。双方对 $B_{min}$ 和 $C_{min}$ 是有共识的，即 $B_{min} \leqslant C_{min}$。

假设 4：$Charlie_j$ 并不知道 $Bob_k$ 的最高保留价 $B_{max}$。他认为 $Bob_k$ 的最高保留价为 $B_{max}^C$，同时不知道 $B_{max}$ 和 $B_{max}^C$ 的大小关系。但是 $Bob_k$ 知道 $B_{max}$ 和 $B_{max}^C$ 的大小关系。

假设 5：令 $\Delta = B_{max} - C_{min}$，$\Delta^C = B_{max}^C - C_{min}$。根据海萨尼转换[3]，$Charlie_j$ 不清楚上级的最高保留价 $B_{max}$，但是知道 $Bob_k$ 的还价是在 $[0, \Delta^C]$ 上的均匀分布。可以将 $Bob_k$ 和 $Charlie_j$ 的谈判区间 $[C_{min}, B_{max}]$ 映射为 $[0, \Delta]$，相应地将 $[C_{min}, B_{max}^C]$ 映射

为 $[0, \Delta^C]$。

假设 6：现在考虑该过程只有 3 个回合，以第三回合为逆推点，向前推导，对模型进行求解。

假设 7：第一回合效用：Charlie$_j$——$x_1$；Bob$_k$——$y_1$；第二回合效用：Charlie$_j$——$\delta_C x_2$；Bob$_k$——$\delta_B y_2$；第三回合效用：Charlie$_j$——$\delta_C^2 x_3$；Bob$_k$——$\delta_B^2 y_3$。

（2）模型求解

在第三回合，Charlie 提出自己的要价为 $x_3$。虽然 Charlie$_j$ 不知道 $\Delta$ 与 $\Delta^C$ 的大小，但是他知道 Bob 会以 $\Delta \geqslant x_3$ 是否成立为标准选择接受还是拒绝，则 Charlie$_j$ 自己的期望效用最大为

$$\max_{x_3} \delta_C^2 (p_{3a} \cdot x_3 + 0 \cdot p_{3r}) \tag{7-6}$$

其中，$p_{3a}$ 和 $p_{3r}$ 分别表示 Bob$_k$ 接受和拒绝 $x_3$ 的概率。$p_{3a} = P(\Delta \geqslant x_3) = \dfrac{\Delta^C - x_3}{\Delta^C}$，$p_{3r} = P(\Delta < x_3) = \dfrac{x_3}{\Delta^C}$。则 $\max\limits_{x_3}(p_{3a} \cdot x_3 + 0 \cdot p_{3r}) = \max\limits_{x_3}\left(x_3 - \dfrac{1}{\Delta^C}x_3^2\right)$，令 $\dfrac{d \max\limits_{x_3} \delta_C^2 \left(x_3 - \dfrac{1}{\Delta^C}x_3^2\right)}{dx_3} = 0$，求得第三回合 Charlie$_j$ 的最优解为 $x_3^* = \dfrac{1}{2}\Delta^C$。那么该回合 Bob$_k$ 的效用是 $\delta_B^2 y_3^* = \delta_B^2\left(\Delta - \dfrac{1}{2}\Delta^C\right)$。此时，Charlie$_j$ 所能知道的是 $\Delta \geqslant \dfrac{1}{2}\Delta^C$。

在第二回合，Bob$_k$ 提出自己给 Charlie 的出价为 $x_2$。此阶段对 Charlie$_j$ 来说，他不知道 Bob$_k$ 提出的最高价是多少，所以在这一回合，他会直接拒绝 Bob$_k$ 的出价。则这一回合 Charlie 的效用是 $\delta_C x_2$。

在第一回合，Charlie$_j$ 提出自己的要价为 $x_1$。这一回合 Bob$_k$ 的效用是 $y_1 = \Delta - x_1$。对于 Charlie$_j$ 的要价，Bob$_k$ 可以接受的条件是自己在该回合的效用超过在第三回合的效用，即

$$\Delta - x_1 \geqslant \delta_B^2\left(\Delta - \dfrac{1}{2}\Delta^C\right) \tag{7-7}$$

将公式（7-7）整理得

$$\Delta \geqslant \dfrac{x_1 - \dfrac{1}{2}\delta_B^2\Delta^C}{1 - \delta_B^2} \tag{7-8}$$

由公式（7-8）可得，Bob$_k$ 愿意支付的最高保留价 $B_{\max}$，也就是对应的 $\Delta$ 满足该式的不等式时，他选择接受 $x_1^*$，否则拒绝 Charlie$_j$ 的要价。

对于 Charlie$_j$，他认为 Bob$_k$ 可以接受的条件是

$$\Delta^C - x_1 \geqslant \delta_B^2\left(\Delta^C - \dfrac{1}{2}\Delta^C\right) \tag{7-9}$$

将公式（7-9）整理得

$$\Delta^C \geqslant \frac{2x_1}{2-\delta_B^2} \tag{7-10}$$

因为每一回合中 Charlie$_j$ 要价的上限是随着回合数的增加而逐渐减少的。同时,随着回合数的增加,双方的效用都会因为烦躁程度 $\delta_B$ 和 $\delta_C$ 的存在而出现损失。所以 Charlie$_j$ 在第一回合的要价是最高的,由公式(7-10)可得,Charlie$_j$ 猜测的最高保留价 $B_{\max}^C$(也就是对应的 $\Delta^C$ 的最优解)是

$$(\Delta^C)^* = \frac{2x_1}{2-\delta_B^2} \tag{7-11}$$

Charlie$_j$ 在满足 Bob$_k$ 接受的条件同时,还需要最大化自己的效用,即

$$\max_{x_1}(x_1 \cdot P_{1a} + \delta_C^2 x_3 \cdot P_{ra}) = \max_{x_1} \frac{x_1(2-\delta_B^2)^2 + [\delta_C^2 - 2(2-\delta_B^2)]x_1^2}{(2-\delta_B^2)^2} \tag{7-12}$$

其中 $P_{1a}$ 表示 Bob$_k$ 在第一回合接受的概率,$P_{1a} = 1 - \Delta^C = \frac{2-\delta_B^2-2x_1}{2-\delta_B^2}$。$P_{ra}$ 表示 Bob$_k$ 在第一回合拒绝,在第三回合接受的概率。$P_{ra} = P_{1r} \cdot P_{3a} = \frac{2x_1}{2-\delta_B^2} \cdot \frac{\Delta^C - x_3}{\Delta^C} = \frac{x_1}{2-\delta_B^2}$。

解公式(7-12)得

$$x_1^* = \frac{(2-\delta_B^2)^2}{2(4-2\delta_B^2-\delta_C^2)} \tag{7-13}$$

则

$$(\Delta^C)^* = \frac{2x_1^*}{2-\delta_B^2} = \frac{2-\delta_B^2}{4-2\delta_B^2-\delta_C^2} \tag{7-14}$$

$$x_3^* = \frac{1}{2}\Delta^C = \frac{2-\delta_B^2}{2(4-2\delta_B^2-\delta_C^2)} = \frac{1}{2-\delta_B^2}x_1^* < x_1^* \tag{7-15}$$

从第三回合逆推,可以有如下策略组合。

① Charlie$_j$ 第一回合要价 $x_1^* = \frac{(2-\delta_B^2)^2}{2(4-2\delta_B^2-\delta_C^2)} > 0$;

② 由公式(7-8)和公式(7-10)可得,如果 Bob$_k$ 愿意支付的最高保留价 $B_{\max}$ 对应的 $\Delta$ 满足 $\Delta \geqslant \dfrac{x_1 - \frac{1}{2}\delta_B^2\Delta^C}{1-\delta_B^2} = \dfrac{x_1^* - \frac{1}{2}\delta_B^2(\Delta^C)^*}{1-\delta_B^2} = \dfrac{2-\delta_B^2}{4-2\delta_B^2-\delta_C^2}$,则 Bob$_k$ 接受 $x_1^*$,谈判结束;否 Bob$_k$ 则拒绝 Charlie$_j$ 的要价。当 Bob$_k$ 在第一回合接受时,非对称不完全信息讨价还价模型的博弈均衡就是

$$x_1^* = \frac{(2-\delta_B^2)^2}{2(4-2\delta_B^2-\delta_C^2)}$$

$$y_1^* = \Delta - x_1^* = \Delta - \frac{(2-\delta_B^2)^2}{2(4-2\delta_B^2-\delta_C^2)} \tag{7-16}$$

③ 如果第一回合 Charlie$_j$ 的出价 $x_1^*$ 被 Bob$_k$ 拒绝。则 Charlie 在第三回合的要价为 $x_3^* = \frac{1}{2-\delta_B^2}x_1^* < x_1^*$,如果 Bob$_k$ 愿意支付的最高保留价 $B_{\max}$ 对应的 $\Delta$ 满足 $0 <$

$x_3^* < \Delta$，则 $\mathrm{Bob}_k$ 接受，否则 $\mathrm{Bob}_k$ 仍然拒绝。

当双方的讨价还价可以无限期进行下去时，非对称不完全信息讨价还价协议模型的博弈均衡就是 $\mathrm{Charlie}_j$ 的要价 $x_i^*$ 满足 $0 < x_i^* < \Delta$。

# 7.5 协议分析

在本章提出的协议中，当重构 $|\Phi\rangle_{xy}$ 的参与者 David 是下级参与者时，其与非分层理性量子态共享协议相同，所以本节主要分析 David 是上级参与者时的情况。

## 7.5.1 效用和优先级

（1）参与者的策略

① David($\mathrm{Bob}_k$)：

$d_{11}$：选择合作。Alice 在宣布本轮是揭示轮时，给其他上级参与者和讨价还价的下级参与者支付相应的报酬。

$d_{21}$：选择作弊。Alice 在宣布本轮是揭示轮时，拒绝给其他上级参与者和讨价还价的下级参与者支付相应的报酬。

② $\mathrm{Bob}_i$($1 \leqslant i \leqslant m, i \neq k$)：

$b_{11}$：选择合作。公布正确的测量结果。

$b_{21}$：选择作弊。公布错误的测量结果或保持沉默。

③ $\mathrm{Charlie}_j$($1 \leqslant j \leqslant n$)：

$c_{12}$：选择合作。公布正确的测量结果。

$c_{22}$：选择作弊。公布错误的测量结果或保持沉默。

（2）参与者的效用

① David($\mathrm{Bob}_k$)：

$U_{d_{11}}^+$：成功重构 $|\Phi\rangle_{xy}$。

$U_{d_{11}}$：因其他参与者作弊而重构 $|\Phi\rangle_{xy}$ 失败。

$U_{d_{21}}^-$：因自己作弊而重构 $|\Phi\rangle_{xy}$ 失败。

② $\mathrm{Bob}_i$：

$U_{b_{11}}^+$：成功帮助 David 重构 $|\Phi\rangle_{xy}$。

$U_{b_{11}}$：没能成功帮助 David 重构 $|\Phi\rangle_{xy}$。

$U_{b_{21}}^-$：作弊失败，即被 Alice 发现。

$U_{b_{21}}$：作弊成功，即没有被 Alice 发现。

③ $\mathrm{Charlie}_j$：

$U_{c_{12}}^+$：成功帮助 David 重构 $|\Phi\rangle_{xy}$。

$U_{c_{12}}$：没能成功帮助 David 重构 $|\Phi\rangle_{xy}$。

$U_{c_{22}}^-$：作弊失败，即被 Alice 发现。

$U_{c_{22}}$：作弊成功，即没有被 Alice 发现。

对于一个理性参与者来说，David 有以下优先级：$U_{d_{11}}^+ > U_{d_{11}} > U_{d_{21}}^-$，Bob$_i$ 有以下优先级：$U_{b_{21}} > U_{b_{11}}^+ = U_{b_{11}} > U_{b_{21}}^-$，Charlie$_j$ 有以下优先级：$U_{c_{22}} > U_{c_{12}}^+ = U_{c_{12}} > U_{c_{22}}^-$。

首先由于上级参与者 David 重构 $|\Phi\rangle_{xy}$ 时只需要部分下级参与者的帮助，所以他会选择部分下级参与者进行讨价还价。对于 David 来说，由于 David 的实际效用受其他参与者影响，所以有 $U_{d_{11}}^{+'} = U_{d_{11}}^+ - mt_1 - xt_2$，其中 $m$ 和 $x(1 \leqslant x \leqslant n)$ 分别是上级参与者和 David 选择的下级参与者的个数，$t_1$ 和 $t_2$ 分别是 David 给他们的对应报酬。因为参与者们的目标是获得 $|\Phi\rangle_{xy}$，因此有 $U_{d_{11}}^+ > U_{b_{11}}^+$，$U_{d_{11}}^+ > U_{c_{12}}^+$。除此之外，David 将选择部分下级参与者并与他们讨价还价。下级参与者并不知道 David 选择的下级参与者的个数，以及选择的下级参与者是哪些。已知 David 成功重构 $|\Phi\rangle_{xy}$ 的效用是 $U_{d_{11}}^+$，没能重构 $|\Phi\rangle_{xy}$ 的效用是 $U_{d_{11}}$，David 可以支付给每个下级参与者的最高报酬是 $B_{\max}$。假设 David 选择 $x$ 个下级参与者进行讨价还价，则有不等式

$$U_{d_{11}}^+ - mt_1 - xB_{\max} \geqslant U_{d_{11}} \tag{7-17}$$

则 David 选择的讨价还价的下级参与者的人数应该满足 $x \leqslant \left\lfloor \dfrac{U_{d_{11}}^+ - mt_1 - U_{d_{11}}}{B_{\max}} \right\rfloor \leqslant n$。

对于其他上级参与者 Bob$_i$ 来说，由于量子不可克隆定理，他们无法像 David 一样达到重构共享量子态的目的，但是他们可以通过帮助 David 重构 $|\Phi\rangle_{xy}$ 来最大化自己的效用。当 Bob$_i$ 选择合作时，无论 David 是否成功重构共享量子态，他的效用都是不受影响的，所以有 $U_{b_{11}}^+ = U_{b_{11}}$。很显然，Bob$_i$ 作弊成功的效用是他可以获得的最高效用，即 $U_{b_{21}} > U_{b_{11}}^+ = U_{b_{11}}$。相应地，Charlie$_j$ 也是帮助 David 重构 $|\Phi\rangle_{xy}$ 的参与者，那么有 $U_{c_{22}} > U_{c_{12}}^+ = U_{c_{12}}$。同时，由于上级参与者和下级参与者重构 $|\Phi\rangle_{xy}$ 的权限不同，所以有 $U_{b_{11}}^+ > U_{c_{12}}^+$。对于所有参与者来说，他们作弊失败获得的效用是最低的，并且是相同的，即 $U_{d_{21}}^- = U_{b_{21}}^- = U_{c_{22}}^-$。

## 7.5.2 安全性

本章提出的协议采用和第 5 章提出的协议相同的方法来保证量子信道是安全的。本小节将从外部攻击和内部攻击来分析该协议的安全性。

（1）外部攻击

常见的外部攻击是纠缠附加粒子攻击和截获重发攻击。即使外部攻击者 Eve 会截获庄家发送给参与者的粒子，但是他并不能获得关于共享量子态的任何信息。在本章提出的协议中，Alice 会确保量子信道的安全性，Eve 如果试图通过截获重发攻击窃取秘密信息，那么会由于导致错误率高于阈值而被 Alice 发现。

（2）内部攻击

内部攻击是指协议受到的来自内部参与者的攻击。在本章提出的协议中，根据参与者是否可以重构共享量子态，参与者分为重构共享量子态的参与者 David 和帮助 David 的其他参与者。由于量子不可克隆定理，在该协议中只有一个参与者 David 可以重构共享量子态。而由于海森堡测不准原理，David 则需要根据 Alice 和其他参与者的测量结果来重构共享量子态。

对于唯一可以重构 $|\Phi\rangle_{xy}$ 的参与者 David 来说，他可能想要在不需要其他参与者帮助的情况下成功重构 $|\Phi\rangle_{xy}$。事实上，当 David 是上级参与者时，他只知道关于 $|\Phi\rangle_{xy}$ 的相位信息。当 David 是下级参与者时，他不知道关于 $|\Phi\rangle_{xy}$ 的任何信息。所以无论 David 是上级参与者还是下级参与者，在没有其他参与者帮助的情况下，他都不可能独自成功重构 $|\Phi\rangle_{xy}$。

对于帮助 David 重构 $|\Phi\rangle_{xy}$ 的参与者来说，他们试图重构 $|\Phi\rangle_{xy}$。虽然他们知道其他参与者的测量结果，但是由于量子不可克隆定理，他们并不能获得 Alice 和他们测量后 David 的量子态 $|\Phi\rangle_{a_k b_k}$，自然也就无法重构 $|\Phi\rangle_{xy}$。如果有不诚实的参与者发起了截获重发攻击，他将会被庄家 Alice 发现。

因此，本章提出的协议实现了安全性。

## 7.5.3　公平性

在本章提出的协议中，只有一个参与者 David 可以重构 $|\Phi\rangle_{xy}$，但是他是由所有参与者共同选举出来的，而不是由 Alice 指定的。也就是说，在该协议的每一轮，每个参与者都有相同的概率 $\dfrac{1}{m+n}$ 重构 $|\Phi\rangle_{xy}$。所以对每个参与者来说，协议中 David 的选举是公平的。

**定理 7.1**　在本章提出的协议中，如果一个参与者选择合作获得的效用高于他选择作弊获得的效用，则此协议实现了公平性。

**证明**：在本章提出的协议中，如果有参与者在协议执行过程中执行了偏离策略 $\sigma_i'$，则该协议并不会被终止，但是作弊的参与者不能继续参与协议。

在第 $l$ 轮协议中，该轮是揭示轮的概率是 $\Pr(l=r)$，用符号表示为 $\lambda$。

对于 David 来说，如果 $l\neq r$，即本轮不是揭示轮，则 David 不需要选择任何策略，也不需要支付费用，同时也不会有效用，因此只需要考虑 $l=r$ 的情况。如果 $l=r$，当 David 选择合作时，则效用是 $U_{d_{11}}^{+}-mt_1-xt_2$。当 David 选择作弊时，则效用是 $U_{d_{21}}^{-}$。因此 David 选择合作和选择作弊的期望效用分别是：

$$U_{\text{Cooperating}}^{D}(x)=U_{d_{11}}^{+}-mt_1-xt_2$$
$$U_{\text{Cheating}}^{D}=U_{d_{21}}^{-}$$

那么 $U_{\text{Cooperating}}^{D}(x)-U_{\text{Cheating}}^{D}=U_{d_{11}}^{+'}-U_{d_{21}}^{-}$。根据 4.4.1 节中的效用和优先级可知

$U_{d_{11}}^{+'} > U_{d_{21}}^{-}$，因此对于 David 来说，选择合作的效用 $U_{\text{Cooperating}}^{D}(x)$ 高于选择作弊的效用 $U_{\text{Cheating}}^{D}$。

对于 $\text{Bob}_i (i \neq k)$ 来说，当 $\text{Bob}_i (i \neq k)$ 选择合作时，如果 $l = r$，则效用是 $U_{b_{11}}^{+}$；如果 $l \neq r$，则效用是 $U_{b_{11}}$。当 $\text{Bob}_i (i \neq k)$ 选择作弊时，如果 $l = r$，则效用是 $U_{b_{21}}$；如果 $l \neq r$，则效用是 $U_{b_{21}}^{-}$。因此 $\text{Bob}_i (i \neq k)$ 选择合作和选择作弊的期望效用分别是：

$$U_{\text{Cooperating}}^{B} = \lambda U_{b_{11}}^{+} + (1 - \lambda) U_{b_{11}}$$
$$U_{\text{Cheating}}^{B} = \lambda U_{b_{21}} + (1 - \lambda) U_{b_{21}}^{-}$$

那么 $U_{\text{Cooperating}}^{B} - U_{\text{Cheating}}^{B} = U_{b_{11}} - U_{b_{21}}^{-} - \lambda (U_{b_{21}} - U_{b_{21}}^{-})$。根据 4.4.1 节中的效用和优先级可知 $U_{b_{21}} > U_{b_{11}}^{+} = U_{b_{11}} > U_{b_{21}}^{-}$，因此当 $\lambda$ 满足条件 $\lambda < \dfrac{U_{b_{11}} - U_{b_{21}}^{-}}{U_{b_{21}} - U_{b_{21}}^{-}}$ 时，选择合作的效用高于选择作弊的效用。

对于被上级参与者选择的下级参与者 $\text{Charlie}_j$ 来说，当 $\text{Charlie}_j$ 选择合作时，如果 $l = r$，则 $\text{Charlie}_j$ 的效用是 $U_{c_{12}}^{+}$；如果 $l \neq r$，则 $\text{Charlie}_j$ 的效用是 $U_{c_{12}}$。当 $\text{Charlie}_j$ 选择作弊时，如果 $l = r$，则 $\text{Charlie}_j$ 的效用是 $U_{c_{22}}$；如果 $l \neq r$，则 $\text{Charlie}_j$ 的效用是 $U_{c_{22}}^{-}$。因此 $\text{Charlie}_j$ 选择合作和选择作弊的期望效用分别是：

$$U_{\text{Cooperating}}^{C} = \lambda U_{c_{12}}^{+} + (1 - \lambda) U_{c_{12}}$$
$$U_{\text{Cheating}}^{C} = \lambda U_{c_{22}} + (1 - \lambda) U_{c_{22}}^{-}$$

那么 $U_{\text{Cooperating}}^{C} - U_{\text{Cheating}}^{C} = U_{c_{12}} - U_{c_{22}}^{-} - \lambda (U_{c_{22}} - U_{c_{22}}^{-})$。根据 4.4.1 节中的效用和优先级可知 $U_{c_{22}} > U_{c_{12}}^{+} = U_{c_{12}} > U_{c_{22}}^{-}$，因此当 $\lambda$ 满足条件 $\lambda < \dfrac{U_{c_{12}} - U_{c_{22}}^{-}}{U_{c_{22}} - U_{c_{22}}^{-}}$ 时，选择合作的效用高于选择作弊的效用。

因此，当 $\lambda < \dfrac{U_{b_{11}} - U_{b_{21}}^{-}}{U_{b_{21}} - U_{b_{21}}^{-}}$ 且 $\lambda < \dfrac{U_{c_{12}} - U_{c_{22}}^{-}}{U_{c_{22}} - U_{c_{22}}^{-}}$ 时，本章提出的协议实现了公平性。

## 7.5.4　正确性

**定理 7.2**　在本章提出的协议中，如果所有参与者都是理性的，则此协议实现了正确性。

**证明：** 在本章提出的协议中，参与者并不知道哪一轮是真正的揭示轮 $r$，所以如果有非重构 $|\Phi\rangle_{xy}$ 的参与者在协议中的某一轮发送错误的测量结果或者不发送测量结果，则该参与者无法继续参与协议。而如果在揭示轮重构 $|\Phi\rangle_{xy}$ 的 David 拒绝合作，则其效用是远远低于他选择合作时获得的效用的。

由于在理性量子态协议中，无论是重构 $|\Phi\rangle_{xy}$ 的参与者 David，还是帮助 David 的参与者，他们的目的都是最大化自己的利益，所以没有参与者会有动机去作弊，最终 David 会以 100% 的概率重构 $|\Phi\rangle_{xy}$。

因此，本章提出的协议实现了正确性。

## 7.5.5　纳什均衡

**定理 7.3**　如果本章提出的理性分层量子态共享协议中 $\lambda < \dfrac{U_{b_{11}} - U_{b_{21}}^-}{U_{b_{21}} - U_{b_{21}}^-}$ 且 $\lambda <$

$\dfrac{U_{c_{12}} - U_{c_{22}}^-}{U_{c_{22}} - U_{c_{22}}^-}$，则此协议实现了严格纳什均衡。

**证明**：在理性量子态共享协议中，要使协议实现严格纳什均衡，则无论其他参与者的执行的策略是什么，每个参与者选择作弊的收益应该小于选择合作的收益。

在本章提出协议的第 $l$ 轮，当 David 选择合作，即选择执行协议的建议策略 $\sigma_k$ 时，他的收益是 $u_k(\sigma) = U_{\text{Cooperating}}^D(x)$。当 David 选择作弊，即选择执行偏离策略 $\sigma_k'$ 时，他的收益是 $u_k(\sigma_k', \sigma_{-k}) = U_{\text{Cheating}}^D$。因为已知 $U_{d_{11}}^{+'} > U_{d_{21}}^-$，所以 David 选择合作的收益高于选择作弊的收益，即 $u_k(\sigma) > u_k(\sigma_k', \sigma_{-k})$。

当任意一个上级参与者 $\text{Bob}_i (i \neq k)$ 选择合作时，即选择执行协议的建议策略 $\sigma_i$ 时，他的收益是 $u_i(\sigma) = U_{\text{Cooperating}}^B$。当 $\text{Bob}_i$ 选择作弊，即选择执行偏离策略 $\sigma_i'$ 时，他的收益是 $u_i(\sigma_i', \sigma_{-i}) = U_{\text{Cheating}}^B$。已知 $U_{c_{22}} > U_{c_{12}}^+ = U_{c_{12}} > U_{c_{22}}^-$，所以当 $\lambda < \dfrac{U_{b_{11}} - U_{b_{21}}^-}{U_{b_{21}} - U_{b_{21}}^-}$ 时，$\text{Bob}_i (i \neq k)$ 选择合作的收益高于选择作弊的收益，即 $u_i(\sigma) > u_i(\sigma_i', \sigma_{-i})$。

当任意一个下级参与者 $\text{Charlie}_j$ 选择合作，即选择执行协议的建议策略 $\sigma_j$ 时，他的收益是 $u_j(\sigma) = U_{\text{Cooperating}}^C$。当 $\text{Charlie}_j$ 选择作弊，即选择执行偏离策略 $\sigma_j'$ 时，他的收益是 $u_j(\sigma_j', \sigma_{-j}) = U_{\text{Cheating}}^C$。已知 $U_{c_{22}} > U_{c_{12}}^+ = U_{c_{12}} > U_{c_{22}}^-$，可知当 $\lambda < \dfrac{U_{c_{12}} - U_{c_{22}}^-}{U_{c_{22}} - U_{c_{22}}^-}$ 时，$\text{Charlie}_j$ 选择合作的收益高于选择作弊的收益，即 $u_j(\sigma) > u_j(\sigma_j', \sigma_{-j})$。

因此，当 $\lambda < \dfrac{U_{b_{11}} - U_{b_{21}}^-}{U_{b_{21}} - U_{b_{21}}^-}$ 且 $\lambda < \dfrac{U_{c_{12}} - U_{c_{22}}^-}{U_{c_{22}} - U_{c_{22}}^-}$ 时，本章提出的协议实现了严格纳什均衡。

# 本 章 小 结

本章提出了一个理性分层量子态共享协议，在该协议中，庄家通过 $(m+n+1)$ 粒子簇态与参与者共享一个任意两粒子纠缠态 $|\Phi\rangle_{xy}$。但参与者被分为上级参与者和下级参与者，他们重构 $|\Phi\rangle_{xy}$ 的权力是不同的，所以，在该协议中上级参与者和下级参与者重构 $|\Phi\rangle_{xy}$ 所使用的博弈模型也是不同的。因此与理性非分层量子态共享协议相比，该协议的通用性更好。为了保证每个参与者都以相同的概率 $\dfrac{1}{m+n}$ 重构

$|\Phi\rangle_{xy}$,David 不是由庄家指定的,而是由所有参与者共同选举出来的,保证了协议的公平性。当 David 是上级参与者时,他并不需要所有下级参与者的帮助。因此,上级参与者将会选择几个下级参与者并与其讨价还价决定各自的效用。考虑到参与者是理性的,该协议基于非对称不完全信息讨价博弈模型讨论了参与者的行为。因此与其他分层量子态共享协议相比,该协议更符合实际需求。最后,本章通过分析证明该协议实现了安全性、公平性、正确性和严格纳什均衡。

# 本章参考文献

[1]  Xu G,Wang C,Yang Y X. Hierarchical quantum information splitting of an arbitrary two-qubit state via the cluster state[J]. Quantum Information Processing,2014,13(1):43-57.

[2]  Rubinstein A. Perfect equilibrium in a bargaining model[J]. Econometrica:Journal of the Econometric Society,1982:97-109.

[3]  Harsanyi J C. Games with incomplete information played by "Bayesian" players,I-III part I. The basic model[J]. Management Science,1967,14(3):159-182.

# 第 8 章
# 基于量子态对称性的一类量子私密比较协议

## 8.1 概　述

　　量子私密比较协议是量子安全多方计算的一个重要分支,越来越引起人们的重视。量子私密比较协议的目的是比较两方或多方的私密信息是否相等,且每一方的私密信息都不能被泄露。

　　无论在经典通信还是在量子通信领域,普适性一直是通信协议设计的考虑要点之一。而在研究中发现,目前已有的量子私密比较协议所使用的量子态和酉操作都是特定的,而没有充分考虑到普适性这一问题。这在大规模实际应用中是非常不利的,因此,研究量子私密比较协议的普适性是很有必要的。

　　本章首先说明了量子态的对称性;其次提出了一个基于 χ 型态的新型量子私密比较协议;再次讨论了私密比较协议的普适性问题,并提出一类基于量子态对称性的量子私密比较协议;最后分析了协议的安全性、可交换性和正确性。

## 8.2 量子态的对称性

　　如果量子态 $|\gamma\rangle_0$ 和 $|\gamma\rangle_1$ 满足如下 8 个等式,则称这两个量子态是对称的。

$$\begin{cases} \sigma_p^a \sigma_q^a \, |\gamma\rangle_0 = |\gamma\rangle_0 \\ \sigma_p^a \sigma_q^b \, |\gamma\rangle_0 = |\gamma\rangle_1 \\ \sigma_p^b \sigma_q^a \, |\gamma\rangle_0 = |\gamma\rangle_1 \\ \sigma_p^b \sigma_q^b \, |\gamma\rangle_0 = |\gamma\rangle_0 \\ \sigma_p^a \sigma_q^a \, |\gamma\rangle_1 = |\gamma\rangle_1 \\ \sigma_p^a \sigma_q^b \, |\gamma\rangle_1 = |\gamma\rangle_0 \\ \sigma_p^b \sigma_q^a \, |\gamma\rangle_1 = |\gamma\rangle_0 \\ \sigma_p^b \sigma_q^b \, |\gamma\rangle_1 = |\gamma\rangle_1 \end{cases} \tag{8-1}$$

其中, $|\gamma\rangle_0$ 和 $|\gamma\rangle_1$ 表示两个不同的纠缠态, $\sigma^a$ 和 $\sigma^b$ 表示不同的 Pauli 操作, $p$ 和 $q$ 表示纠缠态中不同的粒子。

已知,量子态中粒子的数量为 $t$。由于量子态是用来执行量子私密比较协议的,因此, $t$ 应当大于或等于 2。同时,考虑到协议的效率,粒子的数量不应该大于 4。这意味着 $t$ 应当满足条件 $2 \leqslant t \leqslant 4$。另外,量子态中粒子的个数只会影响协议的效率,而与其正确性和安全性无关。

为了更清楚地描述,表 8-1 给出了一些对称态的例子。在表 8-1 中,第 1 组到第 4 组中的量子态分别为 W 态、GHZ 态、 $\chi$ 型态和 Bell 态,这几个量子态是常见的。第 5 组和第 6 组中的量子态不像前 4 组一样常见,但同样满足对称性的要求。实际上,还存在许多其他对称态,上述 6 组对称态只是一些例子。所有满足对称态要求的量子态均能被用来成功执行量子私密比较协议。这在实际应用中有很大的优势。

表 8-1　一些对称态的例子

| 组号 | $\|\gamma\rangle_0$ | $\|\gamma\rangle_1$ | $\sigma^a$ | $\sigma^b$ | $p$ | $q$ |
|---|---|---|---|---|---|---|
| 1 | $[(\|001\rangle+\|010\rangle +\|100\rangle+\|111\rangle)/2]_{123}$ | $[(\|011\rangle+\|000\rangle +\|110\rangle+\|101\rangle)/2]_{123}$ | $I$ | $X$ | 任意 | 任意 |
| 2 | $[(\|000\rangle+\|111\rangle)/\sqrt{2}]_{123}$ | $[(\|000\rangle-\|111\rangle)/\sqrt{2}]_{123}$ | $I$ | $Z$ | 任意 | 任意 |
| 3 | $[(\|0000\rangle-\|0101\rangle+\|0011\rangle +\|0110\rangle+\|1001\rangle+\|1010\rangle +\|1100\rangle-\|1111\rangle)/2\sqrt{2}]_{1234}$ | $[(\|0010\rangle-\|0111\rangle+\|0001\rangle +\|0100\rangle+\|1011\rangle+\|1000\rangle +\|1110\rangle-\|1101\rangle)/2\sqrt{2}]_{1234}$ | $I$ | $X$ | 1 | 3 |
| 4 | $[(\|01\rangle+\|10\rangle)/\sqrt{2}]_{12}$ | $[(\|00\rangle-\|11\rangle)/\sqrt{2}]_{12}$ | $I$ | $Y$ | 1 | 2 |
| 5 | $[(\|000\rangle+\|001\rangle +\|110\rangle+\|111\rangle)/2]_{123}$ | $[(\|010\rangle+\|011\rangle +\|100\rangle+\|101\rangle)/2]_{123}$ | $I$ | $X$ | 1 | 2 |
| 6 | $[(\|000\rangle-\|011\rangle -\|110\rangle-\|101\rangle)/2]_{123}$ | $[(\|010\rangle+\|001\rangle +\|100\rangle-\|111\rangle)/2]_{123}$ | $I$ | $Y$ | 任意 | 任意 |
| ... | ... | ... | ... | ... | ... | ... |

# 8.3　提出的量子私密比较协议

## 8.3.1　基于 $\chi$ 型态的新型量子私密比较协议

两个 $\chi$ 型态为

$$|\chi\rangle_0 = \frac{1}{2\sqrt{2}}(|0000\rangle - |0011\rangle + |0101\rangle + |0110\rangle$$

$$+ |1001\rangle + |1100\rangle + |1010\rangle - |1111\rangle)_{1324}$$

$$= \frac{1}{2\sqrt{2}}(|+++-\rangle + |--+-\rangle + |++-+\rangle + |---+\rangle$$

$$+ |++++\rangle - |++--\rangle - |--++\rangle + |----\rangle)_{1324}$$

$$= \frac{1}{\sqrt{2}}(|\Phi(00)\rangle|\Phi(10)\rangle + |\Phi(01)\rangle|\Phi(01)\rangle)_{1324} \tag{8-2}$$

$$|\chi\rangle_1 = \frac{1}{2\sqrt{2}}(|1000\rangle - |1011\rangle + |1101\rangle + |1110\rangle$$

$$+ |0001\rangle + |0100\rangle + |0010\rangle - |0111\rangle)_{1324}$$

$$= \frac{1}{2\sqrt{2}}(|+++-\rangle - |--+-\rangle + |++-+\rangle - |---+\rangle$$

$$+ |++++\rangle - |++--\rangle + |--++\rangle - |----\rangle)_{1324}$$

$$= \frac{1}{\sqrt{2}}(|\Phi(01)\rangle|\Phi(10)\rangle + |\Phi(00)\rangle|\Phi(01)\rangle)_{1324} \tag{8-3}$$

其中，$|\Phi(00)\rangle = (|00\rangle + |11\rangle)/\sqrt{2}$，$|\Phi(01)\rangle = (|01\rangle + |10\rangle)/\sqrt{2}$，$|\Phi(10)\rangle = (|00\rangle - |11\rangle)/\sqrt{2}$，$|\Phi(11)\rangle = (|01\rangle - |10\rangle)/\sqrt{2}$。

通过在 $\chi$ 型态的粒子 1 和 2 上执行 Pauli 操作可以构造一组正交基，即

$$\text{FMB} = \{ |\chi^{ij}\rangle_{1234} = \sigma_1^i \sigma_2^j \otimes I_{34} |\chi\rangle_0 \,|\, i, j = 0, 1, 2, 3 \} \tag{8-4}$$

容易发现，$|\chi\rangle_1 = |\chi^{10}\rangle$，$|\chi\rangle_0 = |\chi^{00}\rangle$。已知 Pauli 操作 $\sigma^0 = |0\rangle\langle 0| + |1\rangle\langle 1|$，$\sigma^1 = |0\rangle\langle 1| + |1\rangle\langle 0|$，$\sigma^2 = |0\rangle\langle 1| - |1\rangle\langle 0|$，$\sigma^3 = |0\rangle\langle 0| - |1\rangle\langle 1|$。可以验证，公式 (8-5) 中 8 个等式成立：

$$\begin{cases} \sigma_1^0 \sigma_3^0 |\chi\rangle_0 = |\chi\rangle_0 \\ \sigma_1^0 \sigma_3^1 |\chi\rangle_0 = |\chi\rangle_1 \\ \sigma_1^1 \sigma_3^0 |\chi\rangle_0 = |\chi\rangle_1 \\ \sigma_1^1 \sigma_3^1 |\chi\rangle_0 = |\chi\rangle_0 \\ \sigma_1^0 \sigma_3^0 |\chi\rangle_1 = |\chi\rangle_1 \\ \sigma_1^0 \sigma_3^1 |\chi\rangle_1 = |\chi\rangle_0 \\ \sigma_1^1 \sigma_3^0 |\chi\rangle_1 = |\chi\rangle_0 \\ \sigma_1^1 \sigma_3^1 |\chi\rangle_1 = |\chi\rangle_1 \end{cases} \tag{8-5}$$

在本章中量子态 $|\chi\rangle_0$ 和 $|\chi\rangle_1$ 是对称的。

假设 Alice 和 Bob 分别拥有秘密信息 $X$ 和 $Y$。$X$ 和 $Y$ 在 $F_{2^N}$ 中可以分别表示为

$X=(x_0,x_1,\cdots,x_{N-1})$ 和 $Y=(y_0,y_1,\cdots,y_{N-1})$，并且可以被重写为 $X=\sum\limits_{i=0}^{N-1}x_i2^i$ 和

$Y=\sum\limits_{i=0}^{N-1}y_i2^i(2^{N-1}\leqslant \max\{X,Y\}<2^N)$。

基于 $\chi$ 型态的新型量子私密比较协议的过程如图 8-1 所示，具体步骤如下所示。

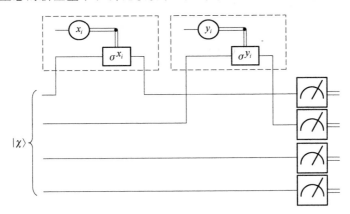

图 8-1  基于 $\chi$ 型态的新型量子私密比较协议的过程

[S1]  TP 制备 $N+M$ 个 $\chi$ 型态以构成如下序列 $S_1:\{(P_1^1,P_1^2,P_1^3,P_1^4),(P_2^1,P_2^2,P_2^3,P_2^4),\cdots,(P_{N+M}^1,P_{N+M}^2,P_{N+M}^3,P_{N+M}^4)\}$。这里，上标 $1,2,3,4$ 分别表示同一个 $\chi$ 型态中的 4 个不同粒子，下标 $1,2,\cdots,N+M$ 分别指出序列中每一个 $\chi$ 型态的顺序。序列 $S_1$ 中的每一个态都随机地处于 $|\chi\rangle_0$ 或 $|\chi\rangle_1$。只有 TP 知道具体的态。

[S2] 为了检测外部攻击者的存在，TP 准备两个长度为 $l$ 诱骗序列，将其分别标记为 $S_2$ 和 $S_3$，Alice 和 Bob 分别制备一个长度为 $l$ 的诱骗序列 $S_4$ 和 $S_5$。在这 4 个序列中，所有的诱骗粒子均随机处于如下 4 个态之一：$\{|0\rangle,|1\rangle,|+\rangle=(|0\rangle+|1\rangle)/\sqrt{2},|-\rangle=(|0\rangle-|1\rangle)/\sqrt{2}\}$。

[S3] TP 将 $S_1$ 中每一个 $\chi$ 型态的 1(3)粒子构成序列 $\{P_1^1,P_2^1,\cdots,P_{N+M}^1\}(\{P_1^3,P_2^3,\cdots,P_{N+M}^3\})$，将其记为 $S_1^1(S_1^3)$。类似地，剩余粒子 2 和 4 构成序列 $S_1^2$ 和 $S_1^4$。随后，TP 将 $S_2(S_3)$ 插入至 $S_1^1(S_1^3)$ 以构成 $S_{11}^1(S_{11}^3)$。此后，TP 将 $S_{11}^1(S_{11}^3)$ 发给 Alice (Bob)。

[S4] 在 Alice 和 Bob 收到序列 $S_{11}^1$ 和 $S_{11}^3$ 之后，3 个参与者检查是否存在外部攻击者。TP 公布 $S_{11}^1(S_{11}^3)$ 中诱骗粒子的位置，并告知 Alice(Bob)应该使用 $Z$ 基还是 $X$ 基测量。Alice 和 Bob 使用 TP 告知的基矢测量诱骗粒子。随后，TP 分析错误率。如果错误比率超过预设阈值，则他们抛弃本次通信，重新执行协议步骤。否则，他们进行下一步操作。

[S5] Alice 和 Bob 分别抛弃诱骗态，恢复 $S_1^1$ 和 $S_1^3$。经协商，他们从 $S_1^1(S_1^3)$ 中得到一个随机序列 $S_{12}^1(S_{12}^3)$。这里需要注意的是，$S_{12}^1$ 在 $S_1^1$ 中的位置与 $S_{12}^3$ 在 $S_1^3$ 中的位

置是相同的。随后,Alice 和 Bob 将 $S_1^2$ 和 $S_1^4$ 中相应粒子的位置告诉 TP,以帮助 TP 也类似得到序列 $S_{12}^2$ 和 $S_{12}^4$。为了检测 TP 是否与他们共享了真的 $\chi$ 型态,Alice 和 Bob 分别随机地选择 $Z$ 基或 $X$ 基测量 $S_{12}^1$ 和 $S_{12}^3$。之后,他们告知 TP 使用任意基测量 $S_{12}^2$ 和 $S_{12}^4$。随后,TP 公布对应 $\chi$ 型态的初始态和自己的测量结果。如果所有结果都满足相应的纠缠关系,则继续下一步。

[S6] 3 个参与者抛弃用来检测 TP 诚实性的 $S_{12}^1,S_{12}^2,S_{12}^3$ 和 $S_{12}^4$ 序列中的粒子。由此可以得到 4 个序列:$S_{13}^1(\{P_{C1}^1,P_{C2}^1,\cdots,P_{CN}^1\})$,$S_{13}^2(\{P_{C1}^2,P_{C2}^2,\cdots,P_{CN}^2\})$,$S_{13}^3(\{P_{C1}^3,P_{C2}^3,\cdots,P_{CN}^3\})$ 和 $S_{13}^4(\{P_{C1}^4,P_{C2}^4,\cdots,P_{CN}^4\})$。Alice(Bob)根据 $(x_0,x_1,\cdots,x_{N-1})((y_0,y_1,\cdots,y_{N-1}))$ 在 $\{P_{C1}^1,P_{C2}^1,\cdots,P_{CN}^1\}(\{P_{C1}^3,P_{C2}^3,\cdots,P_{CN}^3\})$ 上执行 Pauli 操作。如果 $x_i=1$ $(y_i=1)$,Alice(Bob)在 $P_{Ci}^1(P_{Ci}^3)$ 上执行 $\sigma^1$ 操作;如果 $x_i=0$ $(y_i=0)$,她(他)执行 $\sigma^0$。在此之后,她(他)将 $S_4(S_5)$ 插入至 $S_{13}^1(S_{13}^3)$ 以形成 $S_{14}^1(S_{14}^3)$,并将其发给 TP。

[S7] TP 确认已经收到两个序列后,Alice(Bob)公布 $S_4(S_5)$ 在 $S_{14}^1(S_{14}^3)$ 中的位置,以及相应的测量基。随后,根据 Alice 和 Bob 告知的信息,TP 测量 $S_4$ 和 $S_5$。如果通过检测,TP 抛弃这些粒子,重新得到 $S_{13}^1(S_{13}^3)$,并使用 $S_{13}^1,S_{13}^2,S_{13}^3$ 和 $S_{13}^4$ 重构 $S_6$。

TP 使用 $Z$ 基测量每个态。如果第 $i$ 个结果是 $\{|0000\rangle,|0011\rangle,|0101\rangle,|0110\rangle,|1001\rangle,|1100\rangle,|1010\rangle,|1111\rangle\}$,TP 将知道 $S_{6i}$ 粒子处于 $|\chi\rangle_0$ 态;否则,$S_{6i}$ 处于 $|\chi\rangle_1$ 态。在比较之后,如果 TP 发现 $S_6$ 序列中每一个态都与 $S_1$ 中对应位置的量子态相同,则 TP 宣布 Alice 和 Bob 的私密信息是相同的。否则,他宣布他们的信息不同。可以看出,TP 不能获得任何关于两个参与者的信息。

事实上,TP 也可以通过使用 FMB 基代替 $Z$ 基执行测量,来区分 $|\chi\rangle_0$ 和 $|\chi\rangle_1$ 态。但是,FMB 基测量非常复杂且不具有鲁棒性。因此,从实际角度出发,TP 应该选择 $Z$ 基而不是 FMB 基。

本小节提出协议的所有情况描述如下。对于 $i=1$ 至 $N$,假设第 $i$ 个初试态 $S_{1i}$ 处于 $|\chi\rangle_0(|\chi\rangle_1)$ 态。如果 Alice 的信息 $x_i$ 与 Bob 的信息 $y_i$ 相同,即 $(x_i,y_i)=(0,0)$ 或 $(x_i,y_i)=(1,1)$,则 Alice 在她的粒子上执行 $\sigma^0$ 或 $\sigma^1$ 操作,Bob 执行与 Alice 相同的操作。此时,编码后的态 $S_{6i}=S_{1i}=|\chi\rangle_0(S_{6i}=S_{1i}=|\chi\rangle_1)$;否则,如果 $(x_i,y_i)=(0,1)$ 或者 $(x_i,y_i)=(1,0)$,则 Alice 执行 $\sigma^0$ 或 $\sigma^1$ 操作,而 Bob 执行相应的另一个操作。此时,得到结果 $S_{6i}=|\chi\rangle_1(S_{6i}=|\chi\rangle_0)$。

除此之外,该协议中的操作是可以交换的。也就是,在步骤 [S6] 中,如果 $x_i=1(y_i=1)$,Alice(Bob)可以在 $P_{Ci}^1(P_{Ci}^3)$ 粒子上执行 $\sigma^0$;如果 $x_i=0(y_i=0)$,她(他)可以执行 $\sigma^1$。因此,该协议从这种角度来看具有可交换性。

## 8.3.2 基于量子态对称性的一类量子私密比较协议

基于量子态对称性的一类量子私密比较协议的详细步骤如下。

[T1] TP 制备 $N+M$ 个 $\gamma$ 态以构成如下序列 $S_1$：$\{(P_1^1,P_1^2,\cdots,P_1^t),(P_2^1,P_2^2,\cdots,P_2^t),\cdots,(P_{N+M}^1,P_{N+M}^2,\cdots,P_{N+M}^t)\}$。序列 $S_1$ 中的每一个态都随机地处于 $|\gamma\rangle_0$ 或 $|\gamma\rangle_1$。只有 TP 知道具体的量子态。其中 $|\gamma\rangle_0$ 和 $|\gamma\rangle_1$ 是对称态。

[T2] 为了检测外部攻击者的存在，TP 制备两个长度为 $l$ 的诱骗序列，标记为 $S_2$ 和 $S_3$，Alice 和 Bob 分别制备一个长度为 $l$ 的诱骗序列 $S_4$ 和 $S_5$。这步与第 8.3.1 节中的步骤[S2]相同。

[T3] TP 将 $S_1$ 中每一个 $\chi$ 型态的 $p(q)$ 粒子构成序列 $\{P_1^p,P_2^p,\cdots,P_{N+M}^p\}(\{P_1^q,P_2^q,\cdots,P_{N+M}^q\})$，将其记为 $S_1^p(S_1^q)$。类似地，剩余粒子 $1,\cdots,p-1,p+1,\cdots,q-1,q+1,\cdots,t$ 构成序列 $S_1^1,\cdots,S_1^{p-1},S_1^{p+1},\cdots,S_1^{q-1},S_1^{q+1},\cdots,S_1^t$（当 $t=2$ 时，没有粒子剩余）。随后，TP 将 $S_2(S_3)$ 插入至 $S_1^p(S_1^q)$ 以构成 $S_{11}^p(S_{11}^q)$。此后，TP 将 $S_{11}^p(S_{11}^q)$ 发给 Alice(Bob)。

[T4] 在 Alice 和 Bob 收到序列 $S_{11}^p$ 和 $S_{11}^q$ 之后，3 个参与者检查是否存在外部攻击者。这步与第 8.3.1 节中的步骤[S4]相同。

[T5] Alice 和 Bob 分别抛弃诱骗态，恢复 $S_{11}^p$ 和 $S_{11}^q$。通过协商，他们从 $S_{11}^p(S_{11}^q)$ 中得到一个随机序列 $S_{12}^p(S_{12}^q)$，并帮助 TP 也类似得到序列 $S_{12}^1,\cdots,S_{12}^{p-1},S_{12}^{p+1},\cdots,S_{12}^{q-1},S_{12}^{q+1},\cdots,S_{12}^t$。为了检测 TP 是否与他们共享了真正的 $\gamma$ 态，Alice 和 Bob 分别随机地选择 $Z$ 基或 $X$ 基以测量 $S_{12}^p$ 和 $S_{12}^q$。之后，他们告知 TP 使用任意基测量序列 $S_{12}^1,\cdots,S_{12}^{p-1},S_{12}^{p+1},\cdots,S_{12}^{q-1},S_{12}^{q+1},\cdots,S_{12}^t$。随后，TP 公布对应 $\gamma$ 态的初始态和他的测量结果。如果所有测量结果都满足相应的纠缠关系，则继续下一步。

[T6] 3 个参与者抛弃用来检测 TP 诚实性的 $S_{12}^1,\cdots,S_{12}^t$ 序列中的粒子。由此可以得到 $t$ 个新的序列 $S_{13}^1(\{P_{C1}^1,P_{C2}^1,\cdots,P_{CN}^1\}),\cdots,S_{13}^p(\{P_{C1}^p,P_{C2}^p,\cdots,P_{CN}^p\}),\cdots,S_{13}^q(\{P_{C1}^q,P_{C2}^q,\cdots,P_{CN}^q\}),\cdots,S_{13}^t(\{P_{C1}^t,P_{C2}^t,\cdots,P_{CN}^t\})$。Alice(Bob) 根据 $(x_0,x_1,\cdots,x_{N-1})((y_0,y_1,\cdots,y_{N-1}))$ 在 $\{P_{C1}^p,P_{C2}^p,\cdots,P_{CN}^p\}(\{P_{C1}^q,P_{C2}^q,\cdots,P_{CN}^q\})$ 上执行 Pauli 操作。如果 $x_i=1(y_i=1)$，Alice(Bob) 在 $P_{Ci}^p(P_{Ci}^q)$ 上执行 $\sigma^b$ 操作；如果 $x_i=0(y_i=0)$，她(他) 执行 $\sigma^a$。在此之后，她(他) 将 $S_4(S_5)$ 插入至 $S_{13}^p(S_{13}^q)$ 以形成 $S_{14}^p(S_{14}^q)$，并将其发给 TP。

[T7] 在 TP 确认他已经收到两个序列后，3 个参与者检测传输的安全性。如果通过了安全性检测，TP 将抛弃这些粒子，重新得到 $S_{13}^p(S_{13}^q)$，并使用 $S_{13}^1,\cdots,S_{13}^p,\cdots,S_{13}^q,\cdots,S_{13}^t$ 重构 $S_6$。

TP 使用可以区分 $|\gamma\rangle_0$ 和 $|\gamma\rangle_1$ 的适当基组测量每个态。TP 在比较之后发现如果 $S_6$ 序列中每一个态都与 $S_1$ 中对应位置的量子态相同，则宣布 Alice 和 Bob 的私密信息是相同的；否则，宣布他们的信息不同。

# 8.4 协议分析

## 8.4.1 安全性

在这一小节中,将对 8.3.1 节提出的基于 $\chi$ 型态的新型量子私密比较协议进行安全性分析。通过分析证明了对提出的协议发起的外部攻击、联合攻击和参与者攻击都是无效的。8.3.2 节提出协议的安全性与 8.3.1 节提出协议的安全性本质上是等价的。

(1) 外部攻击

在 8.3.1 节提出的协议中,步骤[S3]和[S6]中传输了量子态。在这两步中,考虑到一般的外部攻击,发送者使用了诱骗粒子以预防窃听。通过这些措施,能以非零概率检测到一些外部攻击,如截获重发攻击、测量重发攻击和纠缠重发攻击。

除此之外,关联诱导攻击也是无效的。外部攻击者 Eve 将引入额外的错误率,这将导致 Eve 在安全性检测步骤被发现。不失一般性,假设 Eve 在截获粒子态和附加态上采用一般操作 $U$,可以将该操作表示为

$$\begin{cases} U|0\rangle|E_j\rangle = a|0\rangle|\delta_{00}\rangle + b|1\rangle|\delta_{01}\rangle \\ U|1\rangle|E_j\rangle = c|0\rangle|\delta_{10}\rangle + d|1\rangle|\delta_{11}\rangle \end{cases} \tag{8-6}$$

其中,$\|a\|^2 + \|b\|^2 = 1$,$\|c\|^2 + \|d\|^2 = 1$。

诱骗粒子是如下 4 个量子态之一:$\{|0\rangle, |1\rangle, |+\rangle = (|0\rangle + |1\rangle)/\sqrt{2}, |-\rangle = (|0\rangle - |1\rangle)/\sqrt{2}\}$。因此,为了在安全性检测中不引入错误,操作 $U$ 必须满足如下 4 个等式:

$$U|0\rangle|E_j\rangle = a|0\rangle|\delta_{00}\rangle + b|1\rangle|\delta_{01}\rangle = a|0\rangle|\delta_{00}\rangle \tag{8-7}$$

$$U|1\rangle|E_j\rangle = c|0\rangle|\delta_{10}\rangle + d|1\rangle|\delta_{11}\rangle = d|1\rangle|\delta_{11}\rangle \tag{8-8}$$

$$\begin{aligned} U|+\rangle|E_j\rangle &= (a|0\rangle|\delta_{00}\rangle + b|1\rangle|\delta_{01}\rangle + c|0\rangle|\delta_{10}\rangle + d|1\rangle|\delta_{11}\rangle)/\sqrt{2} \\ &= (|+\rangle(a|\delta_{00}\rangle + b|\delta_{01}\rangle + c|\delta_{10}\rangle + d|\delta_{11}\rangle))/2 \\ &\quad + (|-\rangle(a|\delta_{00}\rangle - b|\delta_{01}\rangle + c|\delta_{10}\rangle - d|\delta_{11}\rangle))/2 \\ &= (|+\rangle(a|\delta_{00}\rangle + b|\delta_{01}\rangle + c|\delta_{10}\rangle + d|\delta_{11}\rangle))/2 \end{aligned} \tag{8-9}$$

$$\begin{aligned} U|-\rangle|E_j\rangle &= (a|0\rangle|\delta_{00}\rangle + b|1\rangle|\delta_{01}\rangle - c|0\rangle|\delta_{10}\rangle - d|1\rangle|\delta_{11}\rangle)/\sqrt{2} \\ &= (|+\rangle(a|\delta_{00}\rangle + b|\delta_{01}\rangle - c|\delta_{10}\rangle - d|\delta_{11}\rangle))/2 \\ &\quad + (|-\rangle(a|\delta_{00}\rangle - b|\delta_{01}\rangle - c|\delta_{10}\rangle + d|\delta_{11}\rangle))/2 \\ &= (|-\rangle(a|\delta_{00}\rangle - b|\delta_{01}\rangle - c|\delta_{10}\rangle + d|\delta_{11}\rangle))/2 \end{aligned} \tag{8-10}$$

根据公式(8-7)和公式(8-8)可以得到 $b = c = 0$。根据公式(8-9)和公式(8-10),可以得到

$$\begin{cases} a|\delta_{00}\rangle - b|\delta_{01}\rangle + c|\delta_{10}\rangle - d|\delta_{11}\rangle = 0 \\ a|\delta_{00}\rangle + b|\delta_{01}\rangle - c|\delta_{10}\rangle - d|\delta_{11}\rangle = 0 \end{cases} \tag{8-11}$$

因此,得到

$$a|\delta_{00}\rangle = d|\delta_{11}\rangle \tag{8-12}$$

可以推断,只有在附加粒子和截获粒子是直积态的情况下,才能在窃听过程中不引入错误,即该攻击对于该协议是无效的。

(2) 联合攻击

下面将给出 8.3.1 节提出的基于 $\chi$ 型态的新型量子私密比较协议抵抗联合攻击的安全性证明。证明分为两部分:第一部分给出在联合攻击下外部攻击者能获得的信息的上界;第二部分通过考虑外部攻击者探针的约束计算这一上界。

**第一部分**:给出外部攻击者能获得的信息上界。

假设外部攻击者 Eve 执行联合攻击,可以将 Eve 以一般策略模型化,具体步骤如下。首先,Eve 在 TP 每次分发第 1、3 量子比特时探针附着于其上。其次,在 Alice 和 Bob 将第 1、3 量子比特返回时,Eve 再次截获这些粒子,并将第 1、3 量子比特和自己的探针贮存在存储器中。最后,Eve 在协议结束后一起测量所有的量子比特。

如果 Eve 执行上述攻击,则在最好的情况下,Eve 的目标是获得 Alice 或者 Bob 的私密值的部分正确比特。这里,假设 Eve 试图获得 Bob 的比特 $b_1, b_2, \cdots, b_n$。但是,一个更一般的情形是攻击目标为 Bob 比特的一个混合,例如 $b_1 \oplus b_2 \oplus \cdots \oplus b_n$。事实上,Eve 如果不能获得混合值 $b_1 \oplus b_2 \oplus \cdots \oplus b_n$,则不能获得正确比特 $b_1, b_2, \cdots, b_n$。因此,接下来将分析 Eve 试图获得混合值 $b_1 \oplus b_2 \oplus \cdots \oplus b_n$ 的情形。

假设 Eve 在第 1、3 量子比特和她的探针上执行如下操作:

$$|E, \Phi(00)\rangle_{e13} \to |E_{0000}, \Phi(00)\rangle + |E_{0001}, \Phi(01)\rangle + |E_{0010}, \Phi(10)\rangle + |E_{0011}, \Phi(11)\rangle \tag{8-13}$$

$$|E, \Phi(01)\rangle_{e13} \to |E_{0100}, \Phi(00)\rangle + |E_{0101}, \Phi(01)\rangle + |E_{0110}, \Phi(10)\rangle + |E_{0111}, \Phi(11)\rangle \tag{8-14}$$

在攻击之后,整个系统变为

$$\begin{aligned} |\chi_{e0}\rangle = \frac{1}{\sqrt{2}} &[(|E_{0000}, \Phi(00)\rangle + |E_{0001}, \Phi(01)\rangle + |E_{0010}, \Phi(10)\rangle \\ &+ |E_{0011}, \Phi(11)\rangle)_{e13}|\Phi(10)\rangle_{24} + (|E_{0100}, \Phi(00)\rangle + |E_{0101}, \Phi(01)\rangle \\ &+ |E_{0110}, \Phi(10)\rangle + |E_{0111}, \Phi(11)\rangle)_{e13}|\Phi(01)\rangle_{24}] \end{aligned} \tag{8-15}$$

如果 Bob 的私密比特为 0,如上的量子态不发生变化。如果他的私密比特为 1,Bob 执行 $\sigma^1$ 操作,$|\chi_{e0}\rangle$ 变为

$$\begin{aligned} |\chi_{e1}\rangle = \frac{1}{\sqrt{2}} &[(|E_{0000}, \Phi(01)\rangle + |E_{0001}, \Phi(00)\rangle + |E_{0010}, \Phi(11)\rangle \\ &+ |E_{0011}, \Phi(10)\rangle)_{e13}|\Phi(10)\rangle_{24} + (|E_{0100}, \Phi(01)\rangle + |E_{0101}, \Phi(00)\rangle \\ &+ |E_{0110}, \Phi(11)\rangle + |E_{0111}, \Phi(10)\rangle)_{e13}|\Phi(01)\rangle_{24}] \end{aligned} \tag{8-16}$$

因此,对于外部攻击者 Eve 来说,在第 1、3 粒子和她的探针上的约化密度矩阵变为

$$\rho_{e0} = \frac{1}{2} \sum_{pqrst} |E_{0tpq}\rangle\langle E_{0trs}|_e \otimes |\Phi(pq)\rangle\langle\Phi(rs)|_{13} \qquad (8\text{-}17)$$

以及

$$\rho_{e1} = \frac{1}{2} \sum_{pqrst} |E_{0tpq}\rangle\langle E_{0trs}|_e \otimes |\Phi(pq \oplus 1)\rangle\langle\Phi(rs \oplus 1)|_{13} \qquad (8\text{-}18)$$

为了简化分析,对量子态 $\rho_{e0}$ 和 $\rho_{e1}$ 进行如下纯化:

$$|\psi_{e0}\rangle = \frac{1}{\sqrt{2}} \big[ (|E_{0000},\Phi(00)\rangle + |E_{0001},\Phi(01)\rangle + |E_{0010},\Phi(10)\rangle$$
$$+ |E_{0011},\Phi(11)\rangle)_{e13}|0\rangle_R + (|E_{0100},\Phi(00)\rangle + |E_{0101},\Phi(01)\rangle$$
$$+ |E_{0110},\Phi(10)\rangle + |E_{0111},\Phi(11)\rangle)_{e13}\,e^{-i\varphi}|1\rangle_R \big] \qquad (8\text{-}19)$$

$$|\psi_{e1}\rangle = \frac{1}{\sqrt{2}} e^{-i\theta} \big[ (|E_{0101},\Phi(00)\rangle + |E_{0100},\Phi(01)\rangle + |E_{0111},\Phi(10)\rangle$$
$$+ |E_{0110},\Phi(11)\rangle)_{e13}\,e^{-i\varphi}|0\rangle_R + (|E_{0001},\Phi(00)\rangle + |E_{0000},\Phi(01)\rangle$$
$$+ |E_{0011},\Phi(10)\rangle + |E_{0010},\Phi(11)\rangle)_{e13}|1\rangle_R \big] \qquad (8\text{-}20)$$

其中,$\theta$ 选择适当的值使得内积 $\langle\psi_{e0}|\psi_{e1}\rangle$ 为正实数,$\varphi$ 选择适当的值使得 $e^{-i\varphi}\langle E_{0000}|E_{0101}\rangle$ 为实数。

当协议结束时,Eve 收集她的存储器中的所有量子比特,并试图窃取 Bob 的私密信息的一些混合。可以使用香农可区分性描述 Eve 能获得的信息,其是由迹范数限定的。在文献[1]中,可以得到如下的结果:

$$\text{Eve's Information} \leqslant \prod_{i \in \{\text{ the eavesdropped bits }\}} \sin 2\alpha_i \qquad (8\text{-}21)$$

其中,$\cos 2\alpha_i = \langle\psi_{e0}|\psi_{e1}\rangle$,$\sin 2\alpha_i = \sqrt{1-\cos^2 2\alpha_i}$。最终结果揭示了如下结论:如果 Eve 试图窃取 Bob 的私密信息的混合,每个成分比特 $i$ 都在界的取值中贡献了一个因子 $\sin 2\alpha_i$。剩余的问题是明确的:在安全性检测是严格的情况下,如果每一个 $\sin 2\alpha_i$ 都接近 0,则 Eve 的信息也收敛至 0。

**第二部分**:对外部攻击者探针进 $U$ 约束。

现在,考虑对外部攻击者探针的约束以解决如上的问题。

**引理 8.1**(对外部攻击者探针的约束)　假设量子态 $|\chi\rangle_{1324}$ 的保真度得到很高保证,即被窃听系统非常接近直积态。更准确地说,$F(|\chi\rangle,\text{tr}_e(|\chi_{e0}\rangle\langle\chi_{e0}|)) \geqslant 1-\varepsilon$。此时,满足如下约束:(i) $\lim\limits_{\varepsilon\to 0}\langle E_{0000}|E_{0000}\rangle = \lim\limits_{\varepsilon\to 0}\langle E_{0101}|E_{0101}\rangle = \lim\limits_{\varepsilon\to 0}|\langle u|E_{0000}\rangle| = \lim\limits_{\varepsilon\to 0}|\langle u|E_{0101}\rangle| = 1$;(ii) $\lim\limits_{\varepsilon\to 0}\langle E_{0001}|E_{0001}\rangle = \lim\limits_{\varepsilon\to 0}\langle E_{0010}|E_{0010}\rangle = \lim\limits_{\varepsilon\to 0}\langle E_{0011}|E_{0011}\rangle = \lim\limits_{\varepsilon\to 0}\langle E_{0100}|E_{0100}\rangle = \lim\limits_{\varepsilon\to 0}\langle E_{0110}|E_{0110}\rangle = \lim\limits_{\varepsilon\to 0}\langle E_{0111}|E_{0111}\rangle = 0$;(iii) $\lim\limits_{\varepsilon\to 0}|\langle E_{0000}|E_{0101}\rangle| = 1$。

**证明**:此证明源自于条件 $F(|\chi\rangle,\text{tr}_e(|\chi_{e0}\rangle\langle\chi_{e0}|)) \geqslant 1-\varepsilon$。应用 Uhlmann 定理,通过适当的纯化以保证该保真度在一个更大的 Hilbert 空间中不变。记对 $|\chi\rangle$ 的纯化操作为 $|u\rangle_e \otimes |\chi\rangle$,其中对 $\rho_{e0}$ 的纯化显然是 $|\psi_{e0}\rangle$。因此有

$$F(|\chi\rangle,\text{tr}_e(|\chi_{e0}\rangle\langle\chi_{e0}|)) = F(|u\rangle_e \otimes |\chi\rangle, |\psi_{e0}\rangle)) \left|\frac{1}{2}\langle u|E_{0000}\rangle + \frac{1}{2}\langle u|E_{0101}\rangle\right|^2 \geqslant 1-\varepsilon$$

$$(8\text{-}22)$$

由此得到

$$\langle E_{0000} | E_{0000} \rangle \geqslant |\langle u | E_{0000} \rangle|^2 \geqslant (2\sqrt{1-\varepsilon} - |\langle u | E_{0101} \rangle|)^2 \geqslant (2\sqrt{1-\varepsilon} - 1)^2$$

$$(8\text{-}23)$$

在公式(8-23)中,第一个不等式是对于 Cauchy-Schwarz 定理的应用;第二个不等式利用了三角不等式;第三个不等式可以由在公式(8-13)和公式(8-14)中应用的勾股定理得到,其中一个结论是 $\| | E_{0000} \rangle \| \leqslant 1$, $\| | E_{0101} \rangle \| \leqslant 1$。因此,第三个不等式对于任意的 $\varepsilon \leqslant 3/4$ 均成立。令 $\varepsilon \rightarrow 0$,得到约束(i)。

为了证明约束(ii),首先从公式(8-13)和公式(8-14)入手。再次使用勾股定理,得到

$$1 = \| | E \rangle \|^2 = \| | E_{0000} \rangle \|^2 + \| | E_{0001} \rangle \|^2 + \| | E_{0010} \rangle \|^2 + \| | E_{0011} \rangle \|^2$$
$$1 = \| | E \rangle \|^2 = \| | E_{0100} \rangle \|^2 + \| | E_{0101} \rangle \|^2 + \| | E_{0110} \rangle \|^2 + \| | E_{0111} \rangle \|^2$$

通过在两边同时加上限制 $\varepsilon \rightarrow 0$,证明了约束(ii)。

最后,为了证明约束(iii),对 $| E_{0000} \rangle$ 和 $| E_{0101} \rangle$ 沿着 $|u\rangle$ 及其正交补进行正交分解:

$$| E_{0000} \rangle = \langle u | E_{0000} \rangle | u \rangle + \beta | u^{\perp} \rangle \tag{8-24}$$

$$| E_{0101} \rangle = \langle u | E_{0101} \rangle | u \rangle + \gamma | \bar{u}^{\perp} \rangle \tag{8-25}$$

现在计算

$$|\langle E_{0000} | E_{0101} \rangle| = |\langle E_{0000} | u \rangle \langle u | E_{0101} \rangle + \beta^* \gamma \langle u^{\perp} | \bar{u}^{\perp} \rangle|$$
$$\geqslant |\langle E_{0000} | u \rangle| |\langle u | E_{0101} \rangle| - |\beta^* \gamma| \tag{8-26}$$

在公式(8-26)中,第一个等式来自单代数;第一个不等式是对三角不等式的应用。通过对等式(8-24)和公式(8-25)应用勾股定理,得到结论 $\|\beta\| \leqslant \sqrt{1 - |\langle u | E_{0000} \rangle|^2}$, $\|\gamma\| \leqslant \sqrt{1 - |\langle u | E_{0101} \rangle|^2}$。

现在可以通过在两边同时加上限制以证明约束(iii)。

使用引理 8.1,可以给出 $\cos 2\alpha_i$ 的一个下界:

$$\cos 2\alpha_i = \langle \psi_{e0} | \psi_{e1} \rangle$$

$$= \frac{1}{2} | \langle E_{0000} | E_{0101} \rangle e^{-i\varphi} + \langle E_{0001} | E_{0100} \rangle e^{-i\varphi} + \langle E_{0010} | E_{0111} \rangle e^{-i\varphi} + \langle E_{0011} | E_{0110} \rangle e^{-i\varphi}$$

$$+ \langle E_{0100} | E_{0001} \rangle e^{i\varphi} + \langle E_{0101} | E_{0000} \rangle e^{i\varphi} + \langle E_{0110} | E_{0011} \rangle e^{i\varphi} + \langle E_{0111} | E_{0010} \rangle e^{i\varphi} |$$

$$\geqslant \frac{1}{2} | \langle E_{0000} | E_{0101} \rangle e^{-i\varphi} + \langle E_{0101} | E_{0000} \rangle e^{i\varphi} | - \frac{1}{2} |\langle E_{0001} | E_{0100} \rangle| - \frac{1}{2} |\langle E_{0010} | E_{0111} \rangle|$$

$$- \frac{1}{2} |\langle E_{0011} | E_{0110} \rangle| - \frac{1}{2} |\langle E_{0100} | E_{0001} \rangle| - \frac{1}{2} |\langle E_{0110} | E_{0011} \rangle| - \frac{1}{2} |\langle E_{0111} | E_{0010} \rangle|$$

$$\geqslant |\langle E_{0000} | E_{0101} \rangle| - \frac{1}{2} \sqrt{\langle E_{0001} | E_{0001} \rangle \langle E_{0100} | E_{0100} \rangle} - \frac{1}{2} \sqrt{\langle E_{0010} | E_{0010} \rangle \langle E_{0111} | E_{0111} \rangle}$$

$$- \frac{1}{2} \sqrt{\langle E_{0011} | E_{0011} \rangle \langle E_{0110} | E_{0110} \rangle} - \frac{1}{2} \sqrt{\langle E_{0100} | E_{0100} \rangle \langle E_{0001} | E_{0001} \rangle}$$

$$- \frac{1}{2} \sqrt{\langle E_{0110} | E_{0110} \rangle \langle E_{0011} | E_{0011} \rangle} - \frac{1}{2} \sqrt{\langle E_{0111} | E_{0111} \rangle \langle E_{0010} | E_{0010} \rangle} \tag{8-27}$$

在公式(8-27)中,第一个等式是 $\cos 2\alpha_i$ 的定义;第二个等式可由 $\langle \psi_{e0} | \psi_{e1} \rangle$ 是正

实数推导出。且通过应用三角不等式,可以得到第一个不等式。通过使用 Cauchy-Schwarz 不等式和 $e^{-i\varphi}\langle E_{0000}|E_{0101}\rangle$ 是实数可以得到第二个不等式。现在,给两边同时加上限制,使用引理 8.1,得到结论 $\lim_{\epsilon\to 0}\cos 2\alpha_i = 1$ 以及 $\lim_{\epsilon\to 0}\sin 2\alpha_i = 0$。

总体来说,该协议为外部攻击者获得的信息制定了一个界,并通过考虑对外部攻击者探针的限制计算了该界。已经表明,如果 $|\chi\rangle_{1324}$ 的保真度能得到保证,则窃听信息是有界的。因此,8.3.1 节提出的量子私密比较协议对于联合攻击是安全的。

(3) 参与者攻击

一般来讲,由于不诚实的参与者可以合法地获得并使用一些信息,因此他们在攻击协议时具有更强的能力。在本部分,将考虑如下两种情形。

**情形 1:**Alice 试图推断 Bob 的私密信息 $Y$。

由于 Alice 和 Bob 在协议中承担同样的角色,因此只讨论 Alice 试图窃取 Bob 的信息的情形。如果 Alice 试图截获 TP 和 Bob 之间传输的粒子,她将如本小节描述的外部攻击者一样被发现。因此,Alice 唯一可能使用的方法是使用自己合法拥有的资源。

一方面,Alice 根据 $x_i$ 在粒子 $P_{\tilde{G}}^1$ 上执行 $I$ 或 $X$ 操作,Bob 根据 $y_i$ 在粒子 $P_{\tilde{G}}^3$ 上执行 $I$ 或 $X$ 操作。已知 $P_{\tilde{G}}^1$ 与 $P_{\tilde{G}}^3$ 无关,Alice 不能根据 $P_{\tilde{G}}^1$ 和 $x_i$ 获得任何有关 $P_{\tilde{G}}^3$ 或 $y_i$ 的信息。

另一方面,已知 $S_6$ 序列中的态将处于 $|\chi\rangle_0$ 或 $|\chi\rangle_1$ 之一。$S_6$ 所处的态取决于 $S_1, x_i, y_i$ 的取值。本章已经描述过它们之间的关系。

如果 Alice 能够区分序列 $S_1$ 和 $S_6$ 中的量子态 $|\chi\rangle_0$ 和 $|\chi\rangle_1$,她将获得 Bob 的信息。此时,所有量子态中的第一个粒子都在 Alice 的手里。当量子态是 $|\chi\rangle_0$ 时,Alice 粒子的约化密度矩阵为

$$\rho_0^A = \text{tr}_{324}\left(\frac{|0000\rangle - |0011\rangle + |0101\rangle + |0110\rangle + |1001\rangle + |1100\rangle + |1010\rangle - |1111\rangle}{2\sqrt{2}}\right.$$
$$\left.\otimes\frac{\langle 0000| - \langle 0011| + \langle 0101| + \langle 0110| + \langle 1001| + \langle 1100| + \langle 1010| - \langle 1111|}{2\sqrt{2}}\right)$$
$$= \frac{I}{2} \tag{8-28}$$

由于 $\rho_0^A = \rho_1^A$,Alice 不能通过测量第 $i$ 个编码态的第 1 个粒子来区分 Bob 的私密比特是 0 或 1。

因此,Alice 不能推断得到任何有关 Bob 的秘密 $Y$ 的信息。相似地,Bob 不能推断得到任何有关 Alice 的秘密 $X$ 的信息。

**情形 2:**TP 试图推断私密信息 $X$ 或 $Y$。

作为一个半可信的第三方,TP 不得不帮助 Alice 和 Bob 完成协议,而且不能与敌手合谋。这意味着,TP 在协议可以获得正确结果的情况下有可能与 Alice 和 Bob 共享假的量子态来代替 $\chi$ 型态,例如 $|\delta\rangle = |0000\rangle$。幸运的是,Alice 和 Bob 可以在

步骤[S5]中执行检测过程以确认 TP 是否与他们共享了真的 χ 型态。

因此,TP 唯一可能使用的方法是使用自己合法拥有的资源,即序列 $S_1$ 和 $S_6$。TP 知道 $S_6$ 和 $S_1$ 是否相同,但他不能由此推断得到任何有关 Alice 和 Bob 的私密信息。举例来说,如果 $S_6$ 与 $S_1$ 不同,则他知道 $y_i$ 不等于 $x_i$,但由公式(8-5)可知,他不知道 $x_i$ 和 $y_i$ 的具体取值,即他不能区分 $(x_i,y_i)=(0,1)$ 或 $(x_i,y_i)=(1,0)$。

综上可知,TP 不能获得私密信息 $X$ 或 $Y$。

## 8.4.2 可交换性与正确性

本小节将分析在 8.3.2 节提出的基于量子态对称性的一类量子私密比较协议的可交换性和正确性。

首先,该协议具有可交换性。即同一对对称态中两个不同的量子态 $|\gamma\rangle_0$ 和 $|\gamma\rangle_1$ 可以任意交换,两个不同的 Pauli 操作 $\sigma^a$ 和 $\sigma^b$ 亦可。也就是说,在步骤[T6]中,如果 $x_i=1(y_i=1)$,Alice(Bob)可以在 $P_G^p(P_G^q)$ 上执行 $\sigma^a$;如果 $x_i=0(y_i=0)$,她(他)可以执行 $\sigma^b$。经过这些交换之后,该协议的安全性和正确性同样可以得到保证。

随后,将展示协议的正确性。Alice 拥有秘密 $x_i$,Bob 拥有 $y_i$。将 Alice 和 Bob 的操作分别记为 $\sigma_i^x$ 和 $\sigma_i^y$。第 $i$ 个编码态为 $S_{6i}$,其对应的初始态为 $S_{1i}$。表 8-2 展示了它们之间的对应关系。

表 8-2  参与者信息、操作和量子态的对应关系

| $x_i$ | $y_i$ | $\sigma_i^x$ | $\sigma_i^y$ | $S_{1i}$ | $S_{6i}$ | $x_i$ | $y_i$ | $\sigma_i^x$ | $\sigma_i^y$ | $S_{1i}$ | $S_{6i}$ |
|---|---|---|---|---|---|---|---|---|---|---|---|
| 0 | 0 | $\sigma^a$ | $\sigma^a$ | $|\gamma\rangle_0$ | $|\gamma\rangle_0$ | 0 | 0 | $\sigma^a$ | $\sigma^a$ | $|\gamma\rangle_1$ | $|\gamma\rangle_1$ |
| 0 | 1 | $\sigma^a$ | $\sigma^b$ | $|\gamma\rangle_0$ | $|\gamma\rangle_1$ | 0 | 1 | $\sigma^a$ | $\sigma^b$ | $|\gamma\rangle_1$ | $|\gamma\rangle_0$ |
| 1 | 0 | $\sigma^b$ | $\sigma^a$ | $|\gamma\rangle_0$ | $|\gamma\rangle_1$ | 1 | 0 | $\sigma^b$ | $\sigma^a$ | $|\gamma\rangle_1$ | $|\gamma\rangle_0$ |
| 1 | 1 | $\sigma^b$ | $\sigma^b$ | $|\gamma\rangle_0$ | $|\gamma\rangle_0$ | 1 | 1 | $\sigma^b$ | $\sigma^b$ | $|\gamma\rangle_1$ | $|\gamma\rangle_1$ |

# 8.5 讨 论

在本小节中,将对 8.3.2 节提出的基于量子态对称性的一类量子私密协议进行讨论。下面先介绍稳定子体系。

稳定子体系是一种用于理解量子力学中运算类的强有力方法,是一个通过在操作下不变的紧密形式来描述和表征量子态与多量子比特的子空间的框架。

稳定子体系的中心思路可以使用如下例子来说明。对于两量子比特的 Bell 态,即

$$|\varphi\rangle = \frac{|00\rangle + |11\rangle}{\sqrt{2}} \tag{8-29}$$

可以看到,这个量子态满足恒等式 $X_1 X_2 |\varphi\rangle = |\varphi\rangle$ 和 $Z_1 Z_2 |\varphi\rangle = |\varphi\rangle$,这里下标 1 和 2 分别表示 Bell 态中两个不同的粒子,则称该量子态被算子 $X_1 X_2$ 和 $Z_1 Z_2$ 稳定。

再举一个简单的例子,3 量子比特和算子集合 $S = \{I, Z_1 Z_2, Z_2 Z_3, Z_1 Z_3\}$ 的情况。算子 $Z_1 Z_2$ 所稳定的子空间是由 $|000\rangle$,$|001\rangle$,$|110\rangle$ 和 $|111\rangle$ 所张成的;而 $Z_2 Z_3$ 所稳定的子空间由 $|000\rangle$,$|100\rangle$,$|011\rangle$ 和 $|111\rangle$ 所张成;同理,$Z_1 Z_3$ 稳定的子空间由 $|000\rangle$,$|010\rangle$,$|101\rangle$ 和 $|111\rangle$ 所张成。可以看到,在这 3 个子空间中,$|000\rangle$ 和 $|111\rangle$ 是共同的。也就是说,由算子集合 $S$ 所稳定的子空间 $V_S$ 是由 $|000\rangle$ 和 $|111\rangle$ 张成的。

这个例子中,看到只利用 $S$ 中两个算子所得到的稳定子空间同样也是 $V_S$。这显示了一个重要现象——可通过生成元来描述相应的群。如果 $G$ 的每个元素都可以写成序列 $g_1, \cdots, g_l$ 的元素的乘积,称群 $G$ 中的一组元 $g_1, \cdots, g_l$ 生成群 $G$,写成 $G = \langle g_1, \cdots, g_l \rangle$。在本例中,由于 $Z_1 Z_3 = (Z_1 Z_2)(Z_2 Z_3)$ 和 $I = (Z_1 Z_2)^2$,所以 $S = \langle Z_1 Z_2, Z_2 Z_3 \rangle$。

容易看到,这个例子中 $S$ 所稳定的子空间是 $V_S$,这与在表 8-1 中得到的第 2 组纠缠态的情况是一致的。或者说,表 8-1 中列举的情况是该结论的一种特例。

进一步,可以使用量子码中稳定子体系来描述在本章中所讨论的量子态的对称性。稳定子体系的相关描述详见第 9.2.2 节。

依然使用刚才的例子,设算子集合 $S$ 所稳定的子空间上的一个量子态为 $|\gamma\rangle_0 = \alpha|000\rangle + \beta|111\rangle$,这里 $|\alpha|^2 + |\beta|^2 = 1$。根据公式 (8-1) 容易得到,$|\gamma\rangle_1 = \alpha|000\rangle - \beta|111\rangle$。可以看出,$|\gamma\rangle_1$ 也是算子集合 $S$ 所稳定的子空间上的一个量子态。

# 本 章 小 结

无论是在经典通信还是在量子通信领域,普适性一直是通信协议设计的考虑要点之一。而在研究过程中发现,目前已有的量子私密比较协议所使用的量子态和西操作都是特定的,不够普适。这不利于协议大规模实际应用。鉴于这种情况,本章在提出的基于 $\chi$ 型态的新型量子私密比较协议的基础上加以改进,设计了一类量子私密比较协议。

# 本 章 参 考 文 献

[1] Biham E, Boyer M, Brassard G, et al. Security of quantum key distribution against all collective attacks[J]. Algorithmica, 2002, 34(4): 372-388.

# 第9章

# 基于图态的普适量子安全多方计算协议

## 9.1 概　　述

普适性的一个特点是,只需稍加修改,一个协议就可以用来解决另一个问题。到目前为止,对不同量子安全多方计算问题的研究大多是相互独立的,这些问题与量子安全多方计算协议的普适性之间的关系尚不明确。

本章尝试利用图态和稳定子体系来寻找量子安全多方计算问题的通用解。本章首先说明了图态和稳定子体系的相关知识;其次提出了一个量子安全多方计算协议;再次介绍了所提出的量子安全多方计算协议的普适性例子,包括一个量子百万富翁协议、一个量子私密比较协议和一个量子多方求和协议;最后分析了所提出协议的普适性、正确性和安全性。

## 9.2 预 备 知 识

### 9.2.1 图态

一个无向图 $G=(V,E)$ 由 $n$ 个顶点组成。其中,$V=\{v_j\}$ 是顶点集,而 $E=\{e_{jk}=(v_j,v_k)\}$ 是边集。纯图态是一种可以用图表示的态。

一个二维图态由 $n$ 粒子均匀叠加态生成:

$$|+\rangle^{\otimes n}=\frac{1}{2^{n/2}}(|0\rangle+|1\rangle)^{\otimes n} \tag{9-1}$$

两粒子受控相位算符 $CZ_2|ab\rangle=(-1)^{ab}|ab\rangle$ 在粒子中执行,这些粒子在图上的对应顶点由边连接[1]。该量子态将表示为

$$|G_2\rangle=\prod_{e\in E}(CZ_2)_e|+\rangle^{\otimes n} \tag{9-2}$$

类似地,在 dim 维情况下,图态由 $n$ 粒子均匀叠加态[2]生成

$$|\bar{0}\rangle^{\otimes n}=\frac{1}{\dim^{n/2}}(|0\rangle+|1\rangle+\cdots+|\dim-1\rangle)^{\otimes n} \tag{9-3}$$

其中 $|\bar{j}\rangle=F_{\dim}|j\rangle=\frac{1}{\dim^{n/2}}\sum_{k}\omega^{jk}|k\rangle,\omega=e^{2\pi i/\dim}$。两粒子受控相位算符表示为 $CZ_{\dim}|jk\rangle=\omega^{jk}|jk\rangle$。因此,一个 dim 维图态将表示为

$$|G_{\dim}\rangle=\prod_{e\in E}(CZ_{\dim})_e|\bar{0}\rangle^{\otimes n} \tag{9-4}$$

## 9.2.2 稳定子体系

稳定子体系是一种描述量子态的工具。许多量子态可以通过使用使它们稳定的算符来图形化描述。

二维图态可以由稳定子定义[2]:

$$K_{2,j}=X_{2,j}\bigotimes_{e_{j,k}\in E}Z_{2,k} \tag{9-5}$$

也就是说 $K_{2,j}|G_2\rangle=|G_2\rangle$。其中 $X_2=|0\rangle\langle1|+|1\rangle\langle0|,Z_2=|0\rangle\langle0|-|1\rangle\langle1|$。对 dim 维图态来说,稳定子是

$$K_{\dim,j}=X_{\dim,j}\bigotimes_{e_{j,k}\in E}Z_{\dim,j} \tag{9-6}$$

量子态 $|G_{\dim}\rangle$ 由算符 $K_{\dim,j}$ 稳定。也有 $K_{\dim,j}|G_{\dim}\rangle=|G_{\dim}\rangle$, $X_{\dim}=\sum_{l}|l+1\rangle\langle l|$ 和 $Z_{\dim}=\sum_{l}\omega^{l}|l\rangle\langle l|$。

# 9.3 提出的量子安全多方计算协议

假设一组 dim 维正交类 GHZ 态可以表示为 $|\varphi^{(0)}\rangle,|\varphi^{(1)}\rangle,\cdots,|\varphi^{(\dim-1)}\rangle$,每个态都是操作 $X_{\dim}^a\bigotimes X_{\dim}^b\bigotimes\cdots\bigotimes X_{\dim}^z((a+b+\cdots+z)\bmod\dim=0)$ 的本征态,即 $X_{\dim}^a\bigotimes X_{\dim}^b\bigotimes\cdots\bigotimes X_{\dim}^z|\varphi^{(j)}\rangle=|\varphi^{(j)}\rangle$。已知 $X_{\dim}^{\dim}=I_{\dim}$,那么可以进一步推断出 $X_{\dim}^x\bigotimes X_{\dim}^{\dim-y}\bigotimes\cdots\bigotimes I_{\dim}|\varphi^{(0)}\rangle=|\varphi^{(x-y)}\rangle$。通过测量最终状态,参与者可以获得 $(x-y)\bmod\dim$ 的值。因此,可以利用类 GHZ 态和稳定子体系来解决任何可以简化为方程 $(x-y)\bmod\dim$ 的计算问题。在此基础上,本章提出了一种新的近似普适的协议来解决这些量子安全多方计算问题。该协议的步骤如下:

[U-1] 首先,参与者 A 准备了一个序列 $|\phi_{\dim}\rangle$,然后他将 $|\phi_{\dim}\rangle$ 的粒子与一系列诱骗态混合,并将混合序列发送给其他参与者 $(B,C,\cdots,Z)$。

[U-2] 在接收到粒子后,其他参与者 $(B、C、\cdots、Z)$ 和参与者 A 通过测量诱骗态来检查窃听的存在。

[U-3] 如果状态 $|\phi_{\dim}\rangle$ 是真实的,则其他参与者 $(B、C、\cdots、Z)$ 将执行操作 $X_{\dim}$。

［U-4］接下来，其他参与者（$B,C,\cdots,Z$）将带有诱骗态的粒子发送给参与者 $A$，并再次检查窃听情况。

［U-5］最后，参与者 $A$ 用 $Z_d$ 基测量接收到的粒子，可以得到参与者输入之间的差异。

显然，本章提出的量子安全多方计算协议的步骤是简单和有效的。本章对普适性研究的深入解释如图 9-1 所示。只要这些量子安全多方计算问题可以推导为模减法，就可以通过使用类 GHZ 态和稳定子体系来解决。量子百万富翁协议、量子私密比较协议和量子多方求和协议是该协议的 3 个例子。

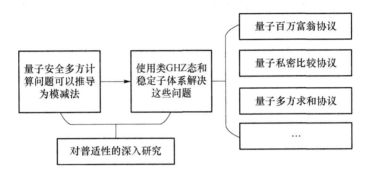

图 9-1　对普适性研究的深入解释

表 9-1 列出了 3 种量子安全多方计算协议的类 GHZ 态的维度和需要执行的计算。状态将只以 $Z_{\text{dim}}$ 基测量，操作简单有效。并且这些协议的步骤基本相同。

**表 9-1　3 个量子安全多方计算协议及其系数**

| 协议 | 维度 | 计算 |
| --- | --- | --- |
| 量子百万富翁协议 | $\dim = 2d$ | $(x-y) \bmod 2d$ |
| 量子私密比较协议 | $\dim = 2$ | $(x-y) \bmod 2$ |
| 量子多方求和协议 | $\dim = d$ | $\left(\sum y\right) \bmod d, x = 0$ |

# 9.4　提出的量子安全多方计算协议的普适性例子

## 9.4.1　一个新的量子百万富翁协议

一个两粒子 $2d$ 维图态可以表示为

$$|\phi_{2d}\rangle = (CZ_{2d})_{12}|\overline{00}\rangle = \frac{1}{\sqrt{2d}}(|\overline{00}\rangle + |\overline{11}\rangle + \cdots + |\overline{2d-1,2d-1}\rangle) \quad (9\text{-}7)$$

它是具有本征值 $(1,1)$ 的公式 $(9-8)$ 的本征态：

$$K_{2d,1} = X_{2d,1} \bigotimes Z_{2d,2}; K_{2d,2} = Z_{2d,1} \bigotimes X_{2d,2} \qquad (9-8)$$

同时，假设两个参与者想要在半诚实 TP 的帮助下比较 $XM$ 和 $YM$。其中，$XM$ 和 $YM$ 是两个长度为 $n$ 的序列 $(xm_{n-1}, xm_{n-2}, \cdots, xm_0)$ 和 $(ym_{n-1}, ym_{n-2}, \cdots, ym_0)$，$0 \leqslant xm_j, ym_j \leqslant d-1, 0 \leqslant j \leqslant n-1$。

本小节提出的量子百万富翁协议的具体步骤如下。

[M-1] TP 准备一个序列 $|\phi_{2d}\rangle$ 和两个诱骗态序列 $\{|0\rangle, |1\rangle, \cdots, |2d-1\rangle\}$，$\{|\bar{0}\rangle, |\bar{1}\rangle, \cdots, |\overline{2d-1}\rangle\}$。然后，他将所有 $|\phi_{2d}\rangle$ 的第一个（第二个）粒子与第一个（第二个）诱骗态序列混合，并将新序列发送给 Alice(Bob)。

[M-2] 在收到粒子后，两个参与者让 TP 公布每一个诱骗态的位置和测量基。如果诱骗态是 $\{|0\rangle, |1\rangle, \cdots, |2d-1\rangle\}$ 中的一个，则测量基是 $Z_{2d}$ 基 $\{|0\rangle, |1\rangle, \cdots, |2d-1\rangle\}$。否则，测量基是 $F_{2d}$ 基 $\{|\bar{0}\rangle, |\bar{1}\rangle, \cdots, |\overline{2d-1}\rangle\}$。接着，两个参与者测量所有的诱骗态，并告诉 TP 自己的测量结果。TP 通过分析测量的误码率判断是否存在外部攻击者。如果通过了检查，两个参与者将在两个序列中测量一些 $|\phi_{2d}\rangle$ 粒子，以验证量子态是否真实。如果两个参与者的测量结果不是相关的，则可以表示量子态 $|\phi_{2d}\rangle$ 不是真实的。参与者将重新开始协议。否则，他们将进入步骤[M-3]。

[M-3] 如果量子态是真实的，Alice(Bob) 将在第 $j$ 个粒子上进行 $X_{2d}^{xm_j}$($Z_{2d}^{ym_j}$) 操作。这意味着操作 $X_{2d}(Z_{2d})$ 将被执行 $xm_j(ym_j)$ 次。

[M-4] 两个参与者将带有诱骗态的粒子发送给 TP。在进行窃听检查后，TP 用 $B_{2d}$ 基测量量子态，其中该测量基 $B_{2d}$ 是

$$\{(|0\bar{0}\rangle + |1\bar{1}\rangle + \cdots + |2d-1, \overline{2d-1}\rangle)/\sqrt{2d},$$

$$(|0\bar{1}\rangle + |1\bar{2}\rangle + \cdots + |2d-1, \bar{0}\rangle)/\sqrt{2d}, \cdots,$$

$$(|0, \overline{2d-1}\rangle + |1\bar{0}\rangle + \cdots + |2d-1, \overline{2d-2}\rangle)/\sqrt{2d}, \cdots,$$

$$(|0\bar{0}\rangle + \omega^{2d-1}|1\bar{1}\rangle + \cdots + \omega^{(2d-1)^2}|2d-1, \overline{2d-1}\rangle)/\sqrt{2d},$$

$$(|0\bar{1}\rangle + \omega^{2d-1}|1\bar{2}\rangle + \cdots + \omega^{(2d-1)^2}|2d-1, \bar{0}\rangle)/\sqrt{2d}, \cdots,$$

$$(|0, \overline{2d-1}\rangle + \omega^{2d-1}|1\bar{0}\rangle + \cdots + \omega^{(2d-1)^2}|2d-1, \overline{2d-2}\rangle)/\sqrt{2d}\} \qquad (9-9)$$

$B_{2d}$ 基可以通过 $I_{2d} \bigotimes F_{2d}$ 和 $2d$ 维 Bell 态构造。测量结果可以分别表示为 $m_j = 0, 1, 2, \cdots, 4d^2 - 1$。

[M-5] 如果测量结果是 $m_j = 0$，TP 将知道 $xm_j = ym_j$。如果 $1 \leqslant m_j \leqslant d-1$，他将获知 $xm_j < ym_j$；如果 $d+1 \leqslant m_j \leqslant 2d-1$，他将获知 $xm_j > ym_j$；如果出现任何其他测量结果，一定是发生了一些错误。同理，TP 会进一步知道 $XM = YM$，如果全部 $m_j = 0$；如果 $1 \leqslant m_{n-1} \leqslant d-1$ 或者当全部 $m_j = 0(j > k > 0)$ 时，有 $1 \leqslant m_k \leqslant d-1$，则

$XM<YM$；如果 $d+1 \leqslant m_{n-1} \leqslant 2d-1$ 或者当全部 $m_j = 0(j>k>0)$ 时，有 $d+1 \leqslant m_k \leqslant 2d-1$，则 $XM>YM$。

具体地，以 $d=3$ 为实例说明。一个两粒子六维图态可以表示为

$$|\phi_6\rangle = (CZ_6)_{12}|\overline{00}\rangle = \frac{1}{\sqrt{6}}(|0\overline{0}\rangle + |1\overline{1}\rangle + \cdots + |5\overline{5}\rangle) \tag{9-10}$$

它是有本征值为 $(1,1)$ 的公式 (9-11) 的本征态

$$K_{6,1} = X_{6,1} \otimes Z_{6,2}; K_{6,2} = Z_{6,1} \otimes X_{6,2} \tag{9-11}$$

$XM$ 和 $YM$ 是两个长度为 $n$ 的序列 $(xm_{n-1}, xm_{n-2}, \cdots, xm_0)$ 和 $(ym_{n-1}, ym_{n-2}, \cdots, ym_0)$，其中 $0 \leqslant xm_j, ym_j \leqslant 2, 0 \leqslant j \leqslant n-1$。协议的简要步骤如下。

[M-1] TP 准备一个序列，并把所有 $|\phi_6\rangle$ 的第一个（第二个）粒子及诱骗态发送给 Alice(Bob)。

[M-2] 在收到粒子后，两个参与者和 TP 检查是否存在外部攻击者。如果传输是安全的，两个参与者将验证量子态 $|\phi_6\rangle$ 是不是真实的。

[M-3] 如果量子态 $|\phi_6\rangle$ 是真实的，Alice(Bob) 将在第 $j$ 个粒子上进行 $X_6^{xm_j}(Z_6^{ym_j})$ 操作。这意味着 $X_6 = \sum\limits_{l=0}^{5}|l+1\rangle\langle l|$ $(Z_6 = \sum\limits_{l=0}^{5}\omega^l|l\rangle\langle l|)$ 操作将被执行 $xm_j(ym_j)$ 次。

[M-4] 接着，两个参与者把这些粒子发送给 TP。在进行窃听检查后，TP 用 $B_6$ 基对量子态进行测量。

$$\{(|0\overline{0}\rangle + |1\overline{1}\rangle + \cdots + |5\overline{5}\rangle)/\sqrt{6},$$

$$(|0\overline{1}\rangle + |1\overline{2}\rangle + \cdots + |5\overline{0}\rangle)/\sqrt{6}, \cdots,$$

$$(|0\overline{5}\rangle + |1\overline{0}\rangle + \cdots + |5\overline{4}\rangle)/\sqrt{6}, \cdots,$$

$$(|0\overline{0}\rangle + \omega^5|1\overline{1}\rangle + \cdots + \omega^{25}|5\overline{5}\rangle)/\sqrt{6},$$

$$(|0\overline{1}\rangle + \omega^5|1\overline{2}\rangle + \cdots + \omega^{25}|5\overline{0}\rangle)/\sqrt{6}, \cdots,$$

$$(|0\overline{5}\rangle + \omega^5|1\overline{0}\rangle + \cdots + \omega^{25}|5\overline{4}\rangle)/\sqrt{6}\} \tag{9-12}$$

同理，$B_6$ 基可以通过 $I_d \otimes F_6$ 和 6 维 Bell 态构造。测量结果分别用 $m_j = 0,1,2,\cdots,35$ 表示。

[M-5] 如果测量结果是 $m_j = 0$，TP 将知道 $xm_j = ym_j$。如果 $1 \leqslant m_j \leqslant 2$，他将获知 $xm_j < ym_j$；如果 $4 \leqslant m_j \leqslant 5$，他将获知 $xm_j > ym_j$；如果出现任何其他测量结果，一定是发生了一些错误。同理，TP 将进一步知道 $XM = YM$，如果所有的 $m_j = 0$。如果 $1 \leqslant m_{n-1} \leqslant 2$ 或者当所有 $m_j = 0(j>k>0)$ 时有 $1 \leqslant m_k \leqslant 2$，则 $XM < YM$；如果 $4 \leqslant m_{n-1} \leqslant 5$ 或者当所有 $m_j = 0(j>k>0)$ 时有 $4 \leqslant m_k \leqslant 5$，则 $XM > YM$。

## 9.4.2 一个新的量子私密比较协议

一个两粒子二维图态可以写为

$$|\phi_2\rangle = (CZ_2)_{12}|++\rangle = \frac{1}{\sqrt{2}}(|0+\rangle + |1-\rangle) \tag{9-13}$$

它是有本征值为$(1,1)$的公式$(9-14)$的本征态：

$$K_{2,1} = X_{2,1} \otimes Z_{2,2}; K_{2,2} = Z_{2,1} \otimes X_{2,2} \tag{9-14}$$

假设参与者 Alice 和 Bob 分别有秘密 $XC$ 和 $YC$。其中 $XC$ 和 $YC$ 分别由 $n$ 位字符串 $(xc_{n-1}, xc_{n-2}, \cdots, xc_0)$ 和 $(yc_{n-1}, yc_{n-2}, \cdots, yc_0)$ 表示。参与者们将在半诚实 TP 的帮助下判断 $XC = YC$ 是否成立。

本小节提出的量子私密比较协议执行过程如下。

[C-1] TP 准备一个序列 $|\phi_2\rangle$。接着，他用一系列诱骗态$\{|0\rangle, |1\rangle, |+\rangle, |-\rangle\}$与量子态的第一个(第二个)粒子混合，并把混合序列发给 Alice(Bob)。

[C-2] 在收到 TP 发送的粒子后，参与者和 TP 检查是否存在窃听。TP 告诉每个参与者每个诱骗粒子在混合序列中的确切位置以及测量基。如果诱骗态是 $|0\rangle$ 或 $|1\rangle$，那么参与者需要以 $Z_2$ 基$\{|0\rangle, |1\rangle\}$对其进行测量。否则以 $X_2$ 基$\{|+\rangle, |-\rangle\}$对其进行测量。接着，TP 分析测量结果的误码率。如果误码率超过了设定的阈值，参与者和 TP 将推断出外部攻击者干扰了混合序列的传输。参与者和 TP 将丢弃所有序列并重新开始步骤[C-1]。否则，两个参与者合作对二维图态 $|\phi_2\rangle$ 进行验证。具体来说，他们分别用预先安排的测量基($Z_2$ 基或 $X_2$ 基)来测量他们自己量子态 $|\phi_2\rangle$ 的一部分。之后，他们比较他们的 $|\phi_2\rangle$ 测量结果的关系。如果两个参与者的结果是相关的，则量子态验证通过，参与者将进入步骤[C-3]。否则，载体量子态 $|\phi_2\rangle$ 是假的，参与者将重新开始步骤[C-1]。

[C-3] Alice(Bob)将对她(他)自己的粒子进行 Pauli 操作。对 Alice 来说，如果 $xc_i = 0$，她将进行 $I_2$ 操作，否则进行 $X_2$ 操作。对 Bob 来说，如果 $yc_i = 0$，他将进行 $I_2$ 操作，否则进行 $Z_2$ 操作。

[C-4] 两个参与者将粒子与新的诱骗态混合并发送序列，并再次与 TP 检查窃听情况。之后，TP 测量收到的粒子。测量基是由 $I_2 \otimes H_2$ 和 Bell 态构成的 $B_2 = \{(|0+\rangle + |1-\rangle)/\sqrt{2}, (|0-\rangle + |1+\rangle)/\sqrt{2}, (|0+\rangle - |1-\rangle)/\sqrt{2}, (|0-\rangle - |1+\rangle)/\sqrt{2}\}$。

$$\begin{pmatrix} (|0+\rangle + |1-\rangle)/\sqrt{2} \\ (|0-\rangle + |1+\rangle)/\sqrt{2} \\ (|0+\rangle - |1-\rangle)/\sqrt{2} \\ (|0-\rangle - |1+\rangle)/\sqrt{2} \end{pmatrix} = \begin{pmatrix} I_2 \otimes H_2 & & & \\ & I_2 \otimes H_2 & & \\ & & I_2 \otimes H_2 & \\ & & & I_2 \otimes H_2 \end{pmatrix} \times \begin{pmatrix} (|00\rangle + |11\rangle)/\sqrt{2} \\ (|01\rangle + |10\rangle)/\sqrt{2} \\ (|00\rangle - |11\rangle)/\sqrt{2} \\ (|01\rangle - |10\rangle)/\sqrt{2} \end{pmatrix}$$

$$\tag{9-15}$$

对应的测量结果分别表示为 $c_j=0,1,2,3$。

[C-5] 如果 $c_j=0,xc_i$ 和 $yc_i$ 将是相等的。如果 $c_j=1,xc_i$ 和 $yc_i$ 将是不相等的。但是,如果 $c_j=2$ 或 $3$,则发生了一些意想不到的错误。也就是说,如果所有的 $c_j=0$,秘密 $XC$ 和 $YC$ 将是相等的;如果有任意 $c_j=1$,秘密 $XC$ 和 $YC$ 将是不相等的;如果有任意 $c_j=2$ 或 $3$,则是发生了一些错误,参与者和 TP 将重新开始此协议。

## 9.4.3 一个新的量子多方求和协议

在本小节中,设计了一个基于图态的量子多方求和协议。该协议使用的两粒子 $d$ 维图态可以表示为

$$|\phi_{2d}\rangle=(CZ_d)_{12}|\bar{0}\bar{0}\rangle$$
$$=\frac{1}{\sqrt{d}}(|0\bar{0}\rangle+|1\bar{1}\rangle+\cdots+|d-1,\overline{d-1}\rangle) \tag{9-16}$$

它是具有本征值 $(1,1)$ 的公式(9-17)的本征态:

$$K_{d,1}=X_{d,1}\bigotimes Z_{d,2};K_{d,2}=Z_{d,1}\bigotimes X_{d,2} \tag{9-17}$$

在该协议中,有 $n$ 个想计算他们的私密输入 $x_j(1\leqslant j\leqslant n)$ 总和的参与者 $P_j(1\leqslant j\leqslant n)$。

本小节提出的量子多方求和协议的具体步骤如下。

[S-1] 假设参与者 $P_1$ 准备了一些量子态 $|\phi_d\rangle$。接着他把每个量子态的第二个粒子与一些诱骗态 $\{|0\rangle,|1\rangle,\cdots,|d-1\rangle,|\bar{0}\rangle,|\bar{1}\rangle,\cdots,|\overline{d-1}\rangle\}$ 混合,并把混合序列发送给 $P_2$。

[S-2] 当 $P_2$ 收到粒子时,$P_2$ 和 $P_1$ 检查是否存在窃听。$P_1$ 公布诱骗态的位置和测量基,因此 $P_2$ 可以使用正确的测量基测量这些量子态。具体来说,如果诱骗态是 $\{|0\rangle,|1\rangle,\cdots,|d-1\rangle\}$ 中的一个,那么测量基是 $Z_d$ 基 $\{|0\rangle,|1\rangle,\cdots,|d-1\rangle\}$;否则是 $F_d$ 基 $\{|\bar{0}\rangle,|\bar{1}\rangle,\cdots,|\overline{d-1}\rangle\}$。接着,$P_1$ 分析诱骗态测量的误码率。如果误码率高于预计,那么表明混合序列的传输受到外部攻击者的干扰,参与者们将重新开始协议。否则,$P_2$ 和 $P_1$ 进一步分析 $|\phi_d\rangle$ 是不是真实的。具体来说,$P_2$ 让 $P_1$ 用指定的测量基($Z_d$ 基或 $F_d$ 基)测量一些 $|\phi_d\rangle$ 的第一个粒子。然后,$P_2$ 用相同的测量基测量这些量子态的第二个粒子,并分析误码率。如果误码率在可接受范围内,则参与者们进行到下一步。否则,量子态 $|\phi_d\rangle$ 是假的,他们重新开始协议。

[S-3] 如果量子态 $|\phi_d\rangle$ 是真实的,$P_2$ 将选择一个随机数 $r_2(0\leqslant r_2\leqslant d-1)$,并在所有 $|\phi_d\rangle$ 的剩余粒子上进行 $Z_d^{r_2}$ 操作(例如进行 $r_2$ 次 $Z_d$ 操作)。之后,$P_2$ 将把粒子发送给 $P_3$。

[S-4] 当 $P_j(3\leqslant j\leqslant n)$ 获得粒子时,像 $P_2$ 和 $P_1$ 一样,$P_j$ 和 $P_{j-1}$ 将检查是否存

在窃听。之后，$P_j$ 和 $P_1$ 也会像 $P_2$ 和 $P_1$ 一样，分析量子态 $|\phi_d\rangle$ 的真实性。如果量子态是真实的，$P_j$ 将选择一个随机数 $r_j (0 \leqslant r_j \leqslant d-1)$，在剩余粒子上进行 $Z_d^{r_j}$ 操作。接着，$P_j$ 将所有粒子及诱骗态发送给 $P_{j+1}$。

[S-5] $P_n$ 将带有诱骗态的剩余粒子发送给 $P_1$。他们首先检查是否存在窃听。接着，$P_1$ 用 $B_d$ 基测量量子态。

$$\{(|0\bar{0}\rangle + |1\bar{1}\rangle + \cdots + |d-1, \overline{d-1}\rangle)/\sqrt{d},$$

$$(|0\bar{1}\rangle + |1\bar{2}\rangle + \cdots + |d-1, \bar{0}\rangle)/\sqrt{d}, \cdots,$$

$$(|0, \overline{d-1}\rangle + |1\bar{0}\rangle + \cdots + |d-1, \overline{d-2}\rangle)/\sqrt{d}, \cdots,$$

$$(|0\bar{0}\rangle + \omega^{d-1}|1\bar{1}\rangle + \cdots + \omega^{(d-1)^2}|d-1, \overline{d-1}\rangle)/\sqrt{d},$$

$$(|0\bar{1}\rangle + \omega^{d-1}|1\bar{2}\rangle + \cdots + \omega^{(d-1)^2}|d-1, \bar{0}\rangle)/\sqrt{d}, \cdots,$$

$$(|0, \overline{d-1}\rangle + \omega^{d-1}|1\bar{0}\rangle + \cdots + \omega^{(d-1)^2}|d-1, \overline{d-2}\rangle)/\sqrt{d}\} \tag{9-18}$$

$B_d$ 基可以通过 $I_d \otimes F_d$ 和 $d$ 维 Bell 态构造。接着，$P_1$ 将结果分别标记为 $s = 0, 1, \cdots, d^2-1$。

[S-6] 如果结果为 $0 \leqslant s \leqslant d-1$，$P_1$ 将要求每个其他参与者 $P_j (2 \leqslant j \leqslant n)$ 公布结果 $x_j - r_j$。接着，计算 $\left[\sum_j (x_j - r_j) + s + x_1\right] \bmod d$，并公布结果。否则，如果结果为 $d \leqslant s \leqslant d^2-1$，则意味着发生了一些错误。所有参与者将重新开始协议。

具体地，以 $d=3$ 为实例说明上述协议。此时协议所使用的二粒子三维图态为

$$|\phi_3\rangle = (CZ_3)_{12}|\bar{0}\bar{0}\rangle = \frac{1}{\sqrt{3}}(|0\bar{0}\rangle + |1\bar{1}\rangle + |2\bar{2}\rangle) \tag{9-19}$$

类似地，它是具有本征值 $(1,1)$ 的公式 (9-20) 的本征态：

$$K_{3,1} = X_{3,1} \otimes Z_{3,2}; K_{3,2} = Z_{3,1} \otimes X_{3,2} \tag{9-20}$$

该协议的简要步骤如下。

[S-1] 假设参与者 $P_1$ 准备了一些量子态 $|\phi_3\rangle$。并把所有 $|\phi_3\rangle$ 的第二个粒子及诱骗态发送给 $P_2$。

[S-2] 当 $P_2$ 收到粒子时，$P_2$ 和 $P_1$ 检查是否存在窃听。接着，$P_2$ 和 $P_1$ 分析 $|\phi_3\rangle$ 是不是真实的。

[S-3] 如果量子态 $|\phi_3\rangle$ 是真实的，$P_2$ 将选择一个随机数 $r_2 (0 \leqslant r_2 \leqslant 2)$，并在所有 $|\phi_d\rangle$ 的剩余粒子上进行 $Z_3^{r_2}$ 操作（即进行 $r_2$ 次 $Z_3 = \sum_{l=0}^{2} \omega^l |l\rangle\langle l|$ 操作）。之后，$P_2$ 将把所有粒子发送给 $P_3$。

[S-4] 当 $P_j (3 \leqslant j \leqslant n)$ 获得粒子时，$P_j$ 和 $P_{j-1}$ 将检查传输的安全性。之后，$P_j$ 和 $P_1$ 将会分析量子态 $|\phi_3\rangle$ 的真实性。如果量子态是真实的，$P_j$ 将选择一个随机数

$r_j(0 \leqslant r_j \leqslant 2)$，在剩余粒子上进行 $Z_3^{r_j}$ 操作。接着，$P_j$ 将所有带有诱骗态的粒子发送给 $P_{j+1}$。

[S-5] $P_n$ 将带有诱骗态的剩余粒子发送给 $P_1$。他们首先检查是否存在窃听。接着，$P_1$ 用 $B_3$ 基测量量子态。

$$\langle (|0\bar{0}\rangle + |1\bar{1}\rangle + |2\bar{2}\rangle)/\sqrt{3},$$
$$(|0\bar{1}\rangle + |1\bar{2}\rangle + |2\bar{0}\rangle)/\sqrt{3},$$
$$(|0\bar{2}\rangle + |1\bar{0}\rangle + |2\bar{1}\rangle)/\sqrt{3}, \cdots,$$
$$(|0\bar{0}\rangle + \omega^2 |1\bar{1}\rangle + \omega^4 |2\bar{2}\rangle)/\sqrt{3},$$
$$(|0\bar{1}\rangle + \omega^2 |1\bar{2}\rangle + \omega^4 |2\bar{0}\rangle)/\sqrt{3},$$
$$(|0\bar{2}\rangle + \omega^2 |1\bar{0}\rangle + \omega^4 |2\bar{1}\rangle)/\sqrt{3} \} \tag{9-21}$$

$B_3$ 基可以通过 $I_3 \otimes F_3$ 和 3 维 Bell 态构造。接着，$P_1$ 将结果分别标记为 $s = 0$，$1, \cdots, 8$。

[S-6] 如果结果为 $0 \leqslant s \leqslant 2$，$P_1$ 将要求每个其他参与者 $P_j (2 \leqslant j \leqslant n)$ 公布结果 $x_j - r_j$。接着，计算 $\left[ \sum_j (x_j - r_j) + s + x_1 \right] \bmod 3$，并公布结果。否则，如果结果为 $3 \leqslant s \leqslant 8$，则意味着发生了一些错误，所有参与者将重新开始协议。

# 9.5　协议分析

本节将首先分析提出的协议的核心，然后讨论提出的协议的普适性。在此基础上，本节分别给出了该协议的正确性和安全性。

## 9.5.1　普适性

9.4 节介绍了提出的量子安全多方计算协议的 3 个普适性例子，它们分别解决了量子百万富翁、量子私密比较和量子多方求和问题。其量子线路仿真如图 9-2 至图 9-4 所示。

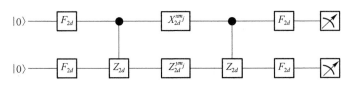

图 9-2　提出的量子百万富翁协议的线路仿真

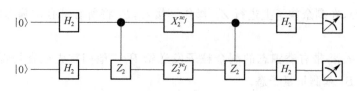

图 9-3　提出的量子私密比较协议的线路仿真

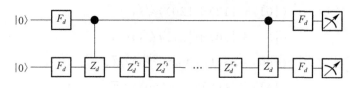

图 9-4　提出的量子多方求和协议的线路仿真

从图中可以看出,这些协议的流程是相似的。那么,一个问题很自然地出现了:是否还有其他的问题可以用图态和稳定子的形式来解决?本小节将对此进行讨论。

对于一组两粒子 dim 维正交图态 $|\varphi^{(0)}\rangle$, $|\varphi^{(1)}\rangle$, $\cdots$, $|\varphi^{\dim-1}\rangle$, 这些量子态中的每一个都是算符 $X_{\dim}\otimes Z_{\dim}$ 的本征态。换句话说, $X_{\dim}\otimes Z_{\dim}|\varphi^{(j)}\rangle=|\varphi^{(j)}\rangle$。已知 $X_{\dim}^{\dim}=Z_{\dim}^{\dim}=I$, 那么可以进一步推断出

$$X_{\dim}^{x}\otimes Z_{\dim}^{y}|\varphi^{(0)}\rangle=X_{\dim}^{0}\otimes Z_{\dim}^{y-x}|\varphi^{(0)}\rangle=|\varphi^{(y-x)}\rangle \tag{9-22}$$

由公式(9-22)可知,参与者可以通过测量最终量子态自然得到 $(y-x)\bmod \dim$ 的值。因此,图态和稳定子可以用来解决任何可以简化为方程 $(y-x)\bmod \dim$ 的计算问题。本章中的量子百万富翁协议、量子私密比较协议和量子多方求和协议是提出的量子安全多方计算协议的 3 个例子。除此之外,量子匿名排序(Quantum Anonymous Ranking, QAR)[3-6]也是一个例子。

## 9.5.2　正确性

(1) 量子百万富翁协议

量子百万富翁协议的正确性可以利用表 9-2 描述。在这里,很明显

$$|\phi_{2d}\rangle'=X_{2d}^{xm_j}\otimes Z_{2d}^{ym_j}|\phi_{2d}\rangle$$

$$=(|xm_j,\overline{ym_j}\rangle+|xm_j+1,\overline{ym_j+1}\rangle+\cdots+|xm_j-1,\overline{ym_j-1}\rangle)/\sqrt{2d}$$

$$=(|0,\overline{ym_j-xm_j}\rangle+|1,\overline{ym_j-xm_j+1}\rangle+|2d-1,\overline{ym_j-xm_j-1}\rangle)/\sqrt{2d} \tag{9-23}$$

那么,可以获知 $m_j=(ym_j-xm_j)\bmod 2d$。因为 $0\leqslant xm_j, ym_j\leqslant d-1$, 所以将知道如果 $xm_j=ym_j$, 那么 $m_j=0$;如果 $xm_j<ym_j$, 那么 $1<m_j<d-1$;如果 $xm_j>ym_j$, 那么 $d+1<m_j<2d-1$。量子百万富翁协议的正确性即得。

表 9-2　提出的量子百万富翁协议的系数值

| $xm_j$ | $ym_j$ | 操作 | 终态 | $m_j$ |
|---|---|---|---|---|
| $0 \leqslant xm_j < ym_j \leqslant d-1$ | | $X_{2d}^{xm_j} \otimes Z_{2d}^{ym_j}$ | $\mid \phi_{2d} \rangle'$ | $1 \leqslant m_j \leqslant d-1$ |
| $0 \leqslant xm_j = ym_j \leqslant d-1$ | | $X_{2d}^{xm_j} \otimes Z_{2d}^{ym_j}$ | $\mid \phi_{2d} \rangle$ | $m_j = 0$ |
| $0 \leqslant ym_j < xm_j \leqslant d-1$ | | $X_{2d}^{xm_j} \otimes Z_{2d}^{ym_j}$ | $\mid \phi_{2d} \rangle'$ | $d+1 \leqslant m_j \leqslant 2d-1$ |

（2）量子私密比较协议

在量子私密比较协议中，仅使用稳定子 $K_{2,1}$。参与者进行的所有可能的操作是 $I_2 \otimes I_2, I_2 \otimes Z_2, X_2 \otimes I_2$ 和 $X_2 \otimes Z_2$。$xc_j$ 和 $yc_j$ 的值、操作、终态和编码结果 $c_j$ 在表 9-3 中列出。

在这里，$\mid \phi_2 \rangle' = (\mid 0- \rangle + \mid 1+ \rangle)/\sqrt{2}$。对于表 9-3，等式 $c_j = (yc_j - xc_j) \bmod 2$ 可以被验证。TP 能够获知 $xc_j = yc_j$ 是否成立，他可以进一步知道 $XC = YC$ 是否成立。量子私密比较协议的正确性即得。

表 9-3　提出的量子私密比较协议的系数值

| $xc_j$ | $yc_j$ | 操作 | 终态 | $c_j$ |
|---|---|---|---|---|
| 0 | 0 | $I_2 \otimes I_2$ | $\mid \phi_2 \rangle$ | 0 |
| 0 | 1 | $I_2 \otimes Z_2$ | $\mid \phi_2 \rangle'$ | 1 |
| 1 | 0 | $X_2 \otimes I_2$ | $\mid \phi_2 \rangle'$ | 1 |
| 1 | 1 | $X_2 \otimes Z_2$ | $\mid \phi_2 \rangle$ | 0 |

（3）量子多方求和协议

在量子多方求和协议中，每个参与者对第二个粒子执行 $Z_d^{r_j}$ 操作。最后的量子态是

$$I \otimes Z_d^{r_n} \cdots Z_d^{r_2} \mid \phi_d \rangle = \frac{1}{\sqrt{d}} ( \mid 0, \overline{r_2 + \cdots n} \rangle + \mid 1, \overline{r_2 + \cdots r_n + 1} \rangle + \cdots + \mid d-1, \overline{r_2 + \cdots r_n - 1} \rangle )$$

(9-24)

接着，可以计算 $s = (r_2 + \cdots + r_n) \bmod d$ 的结果。而且，所有参与者的输入之和可以由公式（9-25）获得。

$$\begin{aligned}
&\left[ \sum_j (x_j - r_j) + s + x_1 \right] \bmod d \\
&= (x_2 - r_2 + \cdots + x_n - r_n + r_2 + \cdots r_n + x_1) \bmod d \\
&= (x_1 + x_2 + \cdots + x_n) \bmod d
\end{aligned}$$

(9-25)

量子多方求和协议的正确性即得。

### 9.5.3 安全性

本小节通过外部攻击和内部攻击详细分析本章所提出协议的安全性。

**1. 外部攻击**

一般的外部攻击有两种类型。第一类攻击包括虚假粒子攻击、时间移位攻击、检测器致盲攻击和木马攻击[7-9]。对于虚假粒子攻击和时移攻击，可以利用一个额外的检测器来监控量子态到达接收者 Alice/Bob/TP/参与者 $P_j$ 一侧的时间。对于探测器致盲攻击，光强监测将起到至关重要的作用。利用多光子检测[9]可以抵抗不可见光子窃听（IPE）特洛伊木马攻击和延迟光子特洛伊木马攻击。第二类攻击包括拦截重发攻击、测量重发攻击、纠缠度量攻击和关联诱导攻击。诱骗态是抵抗这些攻击的有效工具。由于外部攻击者不知道每个诱骗态的位置，因此无法区分载体态和诱骗态。他的窃听（第二种外部攻击）将扰乱诱骗态。在这种情况下，第二种外部攻击将在步骤[C-2]/[M-2]/[S-2]中被检测到。这个工具的思想来自著名的 BB84 协议[10]，该协议已经被证明是无条件安全的[11]。

以量子私密比较协议为例。所使用的诱骗态为 $\{|0\rangle, |1\rangle, |+\rangle, |-\rangle\}$，其中 $\langle 0|+\rangle = \langle 0|-\rangle = \langle 1|+\rangle = \langle 1|-\rangle = 1/\sqrt{2}$，即有些量子态是非正交的。而且，外部攻击者不知道各个诱骗态的位置和测量基。因此，他不能在不干扰任何诱骗态的情况下进行窃听。在步骤[C-2]的诱骗态和安全检测的帮助下，提出的量子私密比较协议也对这些攻击免疫。攻击将被合法参与者以非零的概率[12]检测到。同样，这些攻击对于提出的量子百万富翁协议和量子多方求和协议也是无效的。

总而言之，本章所提出的协议可以抵御外部攻击。

**2. 内部攻击**

内部攻击包括单个参与者攻击、部分参与者合谋攻击和 TP/$P_1$ 攻击。由于量子私密比较协议和量子百万富翁协议中只存在两个参与者，所以合谋攻击只涉及量子多方求和协议。

（1）单个参与者攻击

一个参与者 Alice/Bob/$P_j$($2 \leqslant j \leqslant n$)可能想要窃取 Bob/Alice/$P_k$($2 \leqslant k \leqslant n, k \neq j$)的私密信息。推断信息最常用的方法是约化密度矩阵。假设整个系统的量子态为 $|\varphi^{(s)}\rangle\langle\varphi^{(s)}|$，且 Alice/Bob/$P_j$ 粒子的约化矩阵为 $\rho_1/\rho_2/\rho_2$。

$$\rho_1 = \text{tr}_2 |\varphi^{(s)}\rangle\langle\varphi^{(s)}|$$

$$= \frac{1}{\dim}\text{tr}_2[(|0,\bar{s}\rangle + |1,\overline{s+1}\rangle + \cdots + |\dim-1,\overline{s-1}\rangle)$$

$$\otimes(\langle 0,\bar{s}| + \langle 1,\overline{s+1}| + \cdots + \langle\dim-1,\overline{s-1}|)]$$

$$= \frac{1}{\dim}(|0\rangle\langle 0|\langle\bar{s}|\bar{s}\rangle + |1\rangle\langle 1|\overline{\langle s+1|}\overline{s+1}\rangle + \cdots$$

$$+ |\dim-1\rangle\langle\dim-1|\overline{\langle s-1|}\overline{s-1}\rangle)$$

$$= \frac{1}{\dim}(|0\rangle\langle 0| + |1\rangle\langle 1| + \cdots + |\dim-1\rangle\langle\dim-1|)$$

$$= I_{\dim}/\dim \tag{9-26}$$

同理,也可以获知

$$\rho_2 = \text{tr}_1 |\varphi^{(s)}\rangle\langle\varphi^{(s)}| = I_{\dim}/\dim \tag{9-27}$$

由于 $\rho_1 = \rho_2 = I_{\dim}/\dim$,因此 $s$ 的值不会被透露给任何参与者。没有参与者可以获得任何其他参与者的信息。因此,约化密度矩阵对恶意的参与者是无用的。

(2) 合谋攻击

在提出的量子多方求和协议中,有 $n$ 个参与者参与计算。因此,一些参与者可能会合作窃取其他参与者的信息。

最可能的合谋攻击之一是参与者 $P_{j-1}$ 和 $P_{j+1}$($3\leqslant j\leqslant n-1$)试图合作以获得 $P_j$ 的输入 $x_j$。具体来说,$P_{j-1}$ 把一些假粒子发送给 $P_j$。如果 $P_j$ 在这些假粒子上执行一些操作,并将它们发送给 $P_{j+1}$,那么他的私密信息可能被 $P_{j+1}$ 窃取。但是,由于 $P_j$ 在步骤[S-2]中检查了传输的安全性和量子态 $|\phi_d\rangle$ 的真实性,因此提出的量子多方求和协议也可以抵抗这种攻击。如果 $P_{j-1}$ 把一个假粒子发送 $P_j$,这种窃听将被检测到。因此,参与者 $P_{j-1}$ 和 $P_{j+1}$ 不能通过串通获得任何额外信息。

还有一种类似的攻击是参与者 $P_2$ 和 $P_n$ 合作窃取私人信息。这里简要介绍这种攻击的步骤。首先,当 $P_2$ 从 $P_1$ 获得真实粒子时,他试图准备一些假粒子并将它们发送到 $P_3$。其次,参与者们将假粒子作为真实粒子传输。再次,当 $P_n$ 接收到这些粒子时,他或许可以计算 $x_3+x_4+\cdots+x_{n-1}$。最后,$P_2$ 和 $P_n$ 在知道所有输入的总和后或许可以推断出 $x_1$。幸运的是,这种攻击也是无效的,因为 $P_j$($3\leqslant j\leqslant n-1$)可以与 $P_1$ 合作检查传输的安全性和量子态 $|\phi_d\rangle$ 的真实性。

(3) TP 和 $P_1$ 攻击

一方面,在提出的量子私密比较和量子百万富翁协议中,TP 被设定为半诚实的。也就是说,他可以分析中间结果,窃取参与者的私密输入。但是,他不能干扰协议的执行。他能得到的唯一信息是最终量子态的测量结果。已知,TP 无法从测量结果中获得参与者的输入。除此之外,制备假量子态在步骤[C-2]和[M-2]中也会被发现。换句话说,TP 的攻击在提出的量子私密比较和量子百万富翁协议中是无效的。

另一方面,在提出的量子多方求和协议中,$P_1$ 是一个参与者,但他同时也负有作为半诚实 TP 的责任。首先,中间结果对他获取其他参与者的私人输入没有帮助。其次,如果他想准备一些假的量子态,通过在步骤[S-2]进行检测就可以发现这种攻击。换句话说,$P_1$ 的攻击在提出的量子多方求和协议中也是无效的。

简而言之,内部攻击对本章所提出的协议是无效的。

# 本 章 小 结

本章从普适性的角度,利用图态对量子安全多方计算协议进行了研究。本章首先设计了一个量子安全多方计算协议;其次提出了关于设计协议的实例,分别是量子百万富翁协议、量子私密比较协议和量子多方求和协议;最后说明了提出的协议在一定程度上是普适的,同时证明了所提出协议的正确性和安全性。

# 本章参考文献

[1] Markham D, Sanders B C. Graph states for quantum secret sharing[J]. Physical Review A, 2008, 78(4): 042309.

[2] Keet A, Fortescue B, Markham D, et al. Quantum secret sharing with qudit graph states[J]. Physical Review A, 2010, 82(6): 062315.

[3] Wang Q, Li Y, Yu C, et al. Quantum anonymous ranking and selection with verifiability[J]. Quantum Information Processing, 2020, 19:166.

[4] Li Y R, Jiang D H, Liang X Q. A novel quantum anonymous ranking protocol[J]. Quantum Information Processing, 2021, 20:342.

[5] Lin S, Guo G D, Huang F, et al. Quantum anonymous ranking based on the Chinese remainder theorem[J]. Physical Review A, 2016, 93(1):012318.

[6] Huang W, Wen Q Y, Liu B, et al. Quantum anonymous ranking[J]. Physical Review A, 2014, 89(3): 032325.

[7] Makarov V, Anisimov A, Skaar J. Effects of detector efficiency mismatch on security of quantum cryptosystems [J]. Physical Review A, 2006, 74(2): 022313.

[8] Jain N, Stiller B, Khan I, et al. Attacks on practical quantum key distribution systems (and how to prevent them)[J]. Contemporary Physics,

2016，57(3)：366-387.

[9] Li Y B，Qin S J，Yuan Z，et al. Quantum private comparison against decoherence noise［J］. Quantum Information Processing，2013，12（6）：2191-2205.

[10] Bennett C H，Brassard G. Quantum cryptography：Public key distribution and coin tossing［J］. Proc. Ieee Int. Conf. Computers Systems & Signal Processing Bangalore India，1984.

[11] Lo H K，Chau H F. Unconditional Security of Quantum Key Distribution Over Arbitrarily Long Distances［J］. Science，1999，283(5410)：2050-2056.

[12] Shor P W，Preskill J. Simple proof of security of the BB84 quantum key distribution protocol［J］. Physical Review Letters，2000，85(2)：441.

# 第 10 章
# 理性量子安全多方计算协议

## 10.1 概　　述

在 2015 年，Wang 等人[1]展示了理性安全多方计算的研究现状和一些经典的协议。随后在 2016 年，Wang 等人[2]利用模糊理论研究了理性计算协议。与以往的协议相比，该协议降低了轮数复杂度。然而，鉴于已有的理性量子多方计算协议不多，现阶段研究者对量子多方计算协议的公平性研究还比较少。2018 年，Maitra 等人[3]提出了一个理性量子协议来计算两个集合的交集。本章跟随理性经典秘密共享协议和理性量子秘密共享协议的研究，考虑秘密共享在理性多方计算协议中的应用，设计理性量子安全多方计算协议。

本章具体关注一类同态的多方计算问题，包括但不限于求和、求积和匿名排序。本章首先介绍了群同态和 Halpern 等人[4]的理性秘密共享协议；其次借鉴 Halpern 等人[4]的协议，给出了一个新型理性量子多方求和协议；再次设计了一个多功能理性量子安全多方计算协议，并讨论了该协议可以解决的多方计算问题的范围；最后分析了所提出协议的正确性、纳什均衡、公平性和安全性，计算了最优和最劣情况的概率，并将所提出的协议与 Halpern 等人[4]的和 Maitra 等人[5]的协议进行了比较。

## 10.2 预 备 知 识

### 10.2.1 群同态

同态是近世代数中的一个重要概念。假设有两个群 $G$ 和 $G'$，群内的加法分别为。和 $\odot$，$f$ 是这两个群之间的一个映射。如果对于群 $G$ 中的任意元素 $a$ 和 $b$，都有

$$f(a) \odot f(b) = f(a \circ b) \tag{10-1}$$

那么 $f$ 为群 $G$ 到 $G'$ 的一个同态。

如果 $f$ 是单射,则称 $f$ 为单同态;如果 $f$ 是满射,则称 $f$ 为满同态;如果 $f$ 是双射,则称 $f$ 为同构。

在函数中,一个多变量函数 $y=f(x_1,x_2,\cdots,x_n)(x_i\in A_i)$ 的定义域为 $A_1\times A_2\times\cdots\times A_n$。相应地,值域为 $f(A_1\times A_2\times\cdots\times A_n)$。

分别将该函数的定义域和值域上的加法记为 $\circ$ 和 $\odot$。如果对于任意的 $x_i,x'_i\in A_i,y=f(x_1,x_2,\cdots,x_n)$ 和 $y'=f(x'_1,x'_2,\cdots,x'_n)$,都有

$$y''=f(x_1\circ x'_1,x_2\circ x'_2,\cdots,x_n\circ x'_n)=y\odot y' \tag{10-2}$$

则函数 $f$ 是同态的,因此一种计算 $y$ 的方式是

$$y=y''\odot y'^{-1}=f(x_1\circ x'_1,x_2\circ x'_2,\cdots,x_n\circ x'_n)\odot[f(x'_1,x'_2,\cdots,x'_n)]^{-1} \tag{10-3}$$

其中,$y'^{-1}$ 是 $y'$ 在值域中的逆。

## 10.2.2　Halpern 等人提出的理性秘密共享协议

在 Halpern 等人[4]提出的协议中,存在 1 个庄家和 3 个参与者。分别将 3 个参与者记为 $P_1$、$P_2$ 和 $P_3$。

该协议的步骤简述如下。

[H-1] 庄家使用 (3,3) 门限方案将秘密分为 3 个份额,并将其分别发送给 3 个参与者。

[H-2] 每个参与者 $P_i$ 产生一个随机比特 $c_i$。这里,$c_i=1$ 的概率为 $\alpha$,$c_i=0$ 的概率为 $1-\alpha$。随后,$P_i$ 再产生一个等概率随机的比特 $c_i^{(+)}$。令 $c_i^{(-)}=c_i\oplus c_i^{(+)}$,$P_i$ 将比特 $c_i^{(+)}$ 发给参与者 $P_{i+1}$,并将 $c_i^{(-)}$ 发给参与者 $P_{i-1}$。这里,记 $P_0=P_3$,$P_4=P_1$。

[H-3] 参与者 $P_i$ 将比特 $c_{i+1}^{(-)}\oplus c_i$ 发给参与者 $P_{i-1}$。至此,参与者 $P_i$ 可以收到比特 $c_{i-1}^{(+)}$,$c_{i+1}^{(-)}$ 和 $c_{i+1}^{(-)}\oplus c_{i+1}$。

[H-4] 参与者 $P_i$ 计算 $p=c_{i-1}^{(+)}\oplus c_{i+1}^{(-)}\oplus c_{i+1}\oplus c_i=c_{i-1}\oplus c_{i+1}\oplus c_i=c_1\oplus c_2\oplus c_3$。如果 $p=c_i=1$,则 $P_i$ 将自己手中的秘密份额发送给其他两位参与者。

[H-5] 如果 $p=0$ 且 $P_i$ 没有收到任何份额,或者如果 $p=1$ 且 $P_i$ 只收到了一个份额,则庄家要求重启协议;否则,$P_i$ 收到了所有的份额,或者协议执行过程存在参与者欺骗,协议结束。

另外,在任意阶段如果 $P_i$ 没有收到本应收到的比特,则他终止协议。

# 10.3　提出的理性量子多方计算协议

本节将首先研究提出的基于普通协议的新型理性量子多方求和协议,然后为了解决更多的多方计算问题,将该协议扩展至一个多功能理性量子安全多方计算协议。

## 10.3.1　一个新型理性量子多方求和协议

假设有 $n$ 个参与者想要计算他们的私密数据之和。对于第 $i$ 个参与者 $P_i$，可以将他的私密数据写成一个 $d$ 进制的数字 $M_i \in \{0, \cdots, d-1\}$，其中，$i \in \{1, 2, \cdots, n\}$，$d$ 是一个素数。可以将协议的第 $j$ 轮过程描述如下。

[S-1] $P_i$ 产生一个随机数 $R_{ij} \in \{0, \cdots, d-1\}$，并计算 $MR_{ij} = M_i \oplus_d R_{ij}$。其中，$\oplus_d$ 表示模 $d$ 的加法。

[S-2] 参与者们执行一个普通的量子多方求和协议。所有的参与者计算 $MR_{ij}$ 的求和值，并将结果记为 $S_{1j}$。这里，可以执行任意一个同时满足安全性和正确性的量子求和协议。

[S-3] $P_i$ 选择一个比特 $c_{ij}$。$c_{ij} = 0$ 的概率为 $\alpha$，相应地，$c_{ij} = 1$ 的概率为 $1 - \alpha$。随后，他随机产生 $n-2$ 个比特 $c_{ij}^{(1)}, \cdots, c_{ij}^{(i-1)}, c_{ij}^{(i+1)}, \cdots, c_{ij}^{(n-1)}$，并计算 $c_{ij}^{(n)} = c_{ij} \oplus c_{ij}^{(1)} \oplus \cdots \oplus c_{ij}^{(i-1)} \oplus c_{ij}^{(i+1)} \oplus \cdots \oplus c_{ij}^{(n-1)}$。其中，$\oplus$ 表示模 2 的加法。

[S-4] $P_i$ 将 $c_{ij}^{(k)}$ 发给 $P_k (k \in \{1, \cdots, i-1, i+1, \cdots, n\})$。随后，$P_i$ 计算 $q_{ij} = c_{1j}^{(i)} \oplus c_{2j}^{(i)} \oplus \cdots \oplus c_{(i-1)j}^{(i)} \oplus c_{(i+1)j}^{(i)} \oplus \cdots \oplus c_{nj}^{(i)}$，并公布结果。每个参与者可以自行计算 $q_j = \oplus_{i=1}^{n} q_{ij} = \oplus_{i=1}^{n} c_{ij}$。如果 $q_j = c_{ij} = 0$，那么 $P_i$ 将 $R_{ij}$ 发给其他参与者。如果 $q_j = 0$ 但 $c_{ij} = 1$，则不做任何处理。否则 $q_j = 1$，此时所有参与者进入下一轮。

[S-5] 如果 $q_j = 0$ 且没有参与者收集到所有的 $n$ 个随机数 $R_{1j}, R_{2j}, \cdots, R_{nj}$，那么所有人公布他们的比特 $c_{ij}^{(k)}$，并检查哪些参与者应当发送自己随机数 $R_{mj}$。在本轮中，应发送而未发送的参与者需要在接下来的 $\lambda$ 轮中早于其他人发送自己的随机数。这里，$\lambda$ 是一个常数。否则，至少有一个参与者收集到了所有随机数。他可以获得 $R_{ij}$ 的求和结果，并将结果记为 $S_{2j}$。最后，该参与者可以计算他们秘密 $M_i$ 的求和值 $S_j = S_{1j} \ominus_d S_{2j}$。其中，$\ominus_d$ 表示模 $d$ 的减法。

## 10.3.2　多功能理性量子安全多方计算协议

本小节将 10.3.1 节提出的理性量子多方求和协议扩展为一个多功能理性量子安全多方计算协议。

将一个多方计算问题的解决方案视为一个多变量函数 $y = f(x_1, x_2, \cdots, x_n)$。解决方案的输入和输出分别对应于自变量和因变量。作为多方计算问题之一，多方求和可以被记为一个同态函数 $y = x_1 \oplus_d x_2 \oplus_d \cdots \oplus_d x_n$。因此，从多变量函数的角度考虑，所提出协议中的操作 $M_i \oplus_d R_{ij}$ 对应于 10.2.1 节中的 $x_i \circ x_i'$。类似地，$S_{1j} \ominus_d S_{2j}$ 对应于 $y'' \odot y'^{-1}$。

具体地，为了修改 10.3.1 节中的协议至一个理性量子安全多方计算协议，参与者们在第[S-1]步中需要执行的计算应从 $M_i \oplus_d R_{ij}$ 变为 $x_i \circ x'_i$，在第[S-5]步中需要执行的计算应从 $S_{1j} \ominus_d S_{2j}$ 变为 $y'' \odot y'^{-1}$。由于其他步骤不变，因此协议的具体过程此处不再赘述。

由于有且只有在同态函数的情况下公式(10-3)才成立，因此设计的协议可以用来解决可以被视为同态函数的计算问题。接下来将讨论哪些多方计算问题满足这项条件。

首先，正如前文已经展示的，多方求和就是其中一个例子。可以通过公式(10-4)计算所有输入 $x_i$ 之和：

$$x_1 + x_2 + \cdots + x_n = (x_1 + x'_1) + (x_2 + x'_2) + \cdots + (x_n + x'_n) - (x'_1 + x'_2 + \cdots + x'_n)$$

$$(10-4)$$

其次，也可以类似地解决多方求积问题。可以用公式(10-5)来计算乘法：

$$x_1 x_2 \cdots x_n = (x_1 x'_1)(x_2 x'_2) \cdots (x_n x'_n) / (x'_1 x'_2 \cdots x'_n) \qquad (10-5)$$

由于 $d$ 是一个素数，只有当 $x'_i = 0$ 时，$x'_1 x'_2 \cdots x'_n \equiv 0 \bmod d$ 成立，此时公式(10-5)无意义。因此为了避免这种情况，令所有 $x'_i \neq 0$。

最后，如果重读已有的量子多方计算协议，并查阅这些解决方案的核心，可以发现一些其他的例子。例如，很多量子百万富翁协议[6-7]从本质上来看使用了减法来解决该问题。在这些协议中，第三方 TP 需要计算 $x_i - x_j$ 以确定哪个输入更大。由于减法是加法的逆运算，因此 10.3.2 节提出的协议也同样可以解决这个问题。另一个例子是量子匿名排序协议[8-9]。在这些协议中，如果一个参与者拥有某个输入值，他就在该值对应的"计数器"上加 1，即在相应的粒子上执行一次操作。于是，参与者们可以得到作用在每个粒子上的操作次数，相应地，可以得到每个输入值出现的次数，以及所有输入值的排序情况。

实际上，正如 Shi 等人在文献[10]中提到的，加法和乘法是安全多方计算问题的两个基本原语。很多计算都是在加法和乘法的基础上执行的，例如求平均值、最大值和最小值。10.3.2 节提出的协议也同样适用于这些问题的解决。换句话说，10.3.2 节提出的协议是多功能的，而且拥有广阔的应用范围。

# 10.4 协议分析

本节将给出协议的几项分析。由于 10.3.2 节协议是 10.3.1 节协议的扩展，因此本节以 10.3.1 节协议为例进行分析。首先，本节依次分析参与者效用、正确性、纳什均衡和公平性，验证本章提出的协议是理性的。随后，本节分析本章提出协议的安全性、协议结果出现的概率，并将本章提出协议与前人已有协议进行比较。通过分析表明本章提出的协议是安全、高效、实用的。

## 10.4.1 参与者效用

本章所提出协议的步骤可以分为两个部分：步骤[S-1]至[S-2]基于普通的量子安全多方计算协议，而步骤[S-3]至[S-5]可以被视为一个理性的经典秘密共享协议。分别将这两部分称为量子阶段和经典阶段。

在量子阶段中，一个参与者将被选中计算并公布求和的结果，他的角色与其他参与者的角色不同，可以记这个参与者为 $P_1$。具体地，$P_1$ 将决定是否计算并公布 $S_{1j}$ 的值，而在此之前其他的参与者将选择是否编码自己的 $MR_{ij}$ ($i \neq 1$) 来帮助 $P_1$。然而，在经典阶段中，所有参与者的角色是相同的。他们可能发送自己的随机数 $R_{ij}$，也可能不发送。这里，在表 10-1 中描述了整个协议中参与者的不同策略、相应的结果、解释以及参与者效用。后续的分析中将用到这些内容。

表 10-1　策略、结果、解释及参与者效用

| 阶段 | 角色 | 策略 | 结果 | 解释 | 参与者效用 |
|---|---|---|---|---|---|
| 量子 | $P_i (i \neq 1)$ | 合作 | 成功编码 | $P_i (i \neq 1)$ 编码了自己的 $MR_{ij}$ 以帮助 $P_1$，$P_1$ 成功地获得了所有的 $MR_{ij}$ | $U_c$ |
| 量子 | $P_i (i \neq 1)$ | 合作 | 未成功编码 | $P_i (i \neq 1)$ 编码了自己的 $MR_{ij}$ 以帮助 $P_1$，但存在其他参与者没有编码的情况 | $U_{uc}$ |
| 量子 | $P_i (i \neq 1)$ | 停止 1 | 终止编码 | $P_i (i \neq 1)$ 未编码自己的 $MR_{ij}$ | $U_a$ |
| 量子 | $P_1$ | 公布 | 公开编码 | $P_1$ 计算并公布 $S_{1j}$ | $U_p$ |
| 量子 | $P_1$ | 停止 2 | 私自编码 | $P_1$ 没有计算或者公布 $S_{1j}$ | $U_{ud}$ |
| 量子 | $P_1$ | 空白 | 失败编码 | 部分参与者未编码 $MR_{ij}$，所以 $P_1$ 无法计算或者公布 | $U_f$ |
| 经典 | 任意参与者 $P_i$ | 发送 | 成功计算 | $P_i$ 发送了自己的随机数 $R_{ij}$，且对于 $1 \leq k \leq n$ 都有 $\text{info}_k(a) = 1$ | $U_s$ |
| 经典 | 任意参与者 $P_i$ | 发送 | 其他人计算 | $P_i$ 发送了 $R_{ij}$，$\text{info}_i(a) = 0$，但对于另一个 $P_k$ 来说 $\text{info}_k(a) = 1$ | $U_{us}$ |
| 经典 | 任意参与者 $P_i$ | 发送 | 未成功计算 | $P_i$ 发送了 $R_{ij}$，对于所有的 $1 \leq k \leq n$ 都有 $\text{info}_k(a) = 0$ | $U_{sn}$ |
| 经典 | 任意参与者 $P_i$ | 停止 3 | 无人计算 | 当 $c_{ij} = 1$ 时，$P_i$ 没有发送 $R_{ij}$，且对于所有的 $1 \leq k \leq n$ 都有 $\text{info}_k(a) = 0$ | $U_{rn}$ |
| 经典 | 任意参与者 $P_i$ | 停止 3 | 受惩罚计算 | 当 $c_{ij} = 0$ 时，$P_i$ 没有发送 $R_{ij}$，且对于所有的 $1 \leq k \leq n$ 都有 $\text{info}_k(a) = 0$ | $U_{pn}$ |
| 经典 | 任意参与者 $P_i$ | 停止 3 | 仅自己计算 | $P_i$ 没有发送 $R_{ij}$，此时 $\text{info}_i(a) = 1$ 但对于所有 $k \neq i$ 都有 $\text{info}_k(a) = 0$ | $U_o$ |
| 经典 | 任意参与者 $P_i$ | 发送/停止 3 | 错误计算 | $P_i$ 得到了一个错误的结果 | $U_w$ |

这里给出关于参与者效用的一些其他解释和讨论。

① 当且仅当所有的参与者在量子阶段合作时,才会进入并执行经典阶段。

② 在量子阶段中,如果所有的参与者选择"合作"以及"公布",他们的效用将分别为 $U_c$ 和 $U_p$,进而他们也会进入经典阶段。在经典阶段中,他们的效用将被记为 $U_s,U_{us},U_{sn},U_{m},U_{pn},U_w$ 或者 $U_o$。此时,将使用后 7 个符号来描述参与者的效用,而不是 $U_c$ 和 $U_p$。

③ 从 2.3 节中的注释①至③,可以知道 $U_o>U_s>U_{m}>U_{us}$,$U_o>U_s>U_{pn}>U_{us}$ 且 $U_o>U_s>U_{sn}>U_{us}$。

④ 对比结果"未成功计算"和"受惩罚计算",发现在两种情况下都没有参与者可以得到 $S_{2j}$ 或者 $S_j$。区别在于在前一种情况下 $P_i$ 发送了自己的随机数。由于在每轮协议结束时未履行职责的参与者会被发现并惩罚,因此有 $U_{sn}>U_{pn}$。

⑤ 对比结果"未成功计算"和"无人计算",发现两种情况下参与者都履行了职责,但是都没有人能获得结果。唯一的区别在于在前一种情况下 $R_{ij}$ 发送了随机数。这意味着他执行了更多的任务,也就是说 $U_{sn}<U_{m}$。

根据上述解释和讨论,进一步地可以得到 $U_o>U_s>U_{m}>U_{sn}>U_{pn}>U_{us}$。

在量子阶段中,$P_1$ 在所有其他参与者编码他们的 $MR_{ij}$ 后选择公布或者停止。这一阶段可以被视为一个动态博弈。博弈树是一个描述动态博弈的形象方式。这里,作为例子分析了四方协议版本中的量子阶段。图 10-1 给出了这个博弈 $\Gamma_1$ 的博弈树。虚线表示 $P_2$、$P_3$ 和 $P_4$ 互相不知道彼此的选择。换句话说,他们是同时进行决策的。

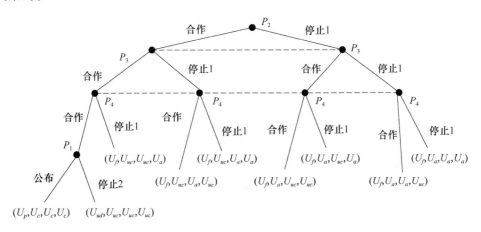

图 10-1 四方协议中量子阶段的博弈树

如果任意的参与者选择了策略"停止 1"或者"停止 2",没有参与者能获得有效的结果。参与者们将终止或者重启这个博弈。否则,所有的参与者可以获得 $S_{1j}$ 并进入经典阶段。从博弈类型的角度来看,如果任意的参与者受到惩罚,则他需要在其他参与者之前发送随机数，该博弈将是一个动态博弈。否则，所有的参与者将同时选择他们的策略，他们的地位都是等价的。在这种情况下该博弈将是一个静态博弈。

考虑到博弈的类型和 $c_{kj}$ 的取值，经典阶段中可能出现 4 种情况：①在静态博弈中不是所有的 $c_{kj}=0$；②在静态博弈中所有的 $c_{kj}=0$；③在动态博弈中所有的 $c_{kj}=0$；④在动态博弈中不是所有的 $c_{kj}=0$。接下来将用例子具体分析这 4 种情况。

① 由于 $q_j=0$ 且所有的参与者都是等价的，因此假设 $c_{1j}=c_{3j}=1$ 而 $c_{2j}=c_{4j}=0$，并将这个博弈记为 $\Gamma_2$。表 10-2 展示了该博弈中不同策略向量下的参与者效用。

**表 10-2　四方静态博弈 $\Gamma_2$ 的效用矩阵**

| $P_3$ | | 发送 | | 停止 3 | |
|---|---|---|---|---|---|
| $P_4$ | | 发送 | 停止 3 | 发送 | 停止 3 |
| $P_1$ | $P_2$ | | | | |
| 发送 | 发送 | $(U_s,U_s,U_s,U_s)$ | $(U_{us},U_{us},U_{us},U_o)$ | $(U_{us},U_{us},U_o,U_{us})$ | $(U_{sn},U_{sn},U_{nn},U_{pn})$ |
| 发送 | 停止 3 | $(U_{us},U_o,U_{us},U_{us})$ | $(U_{sn},U_{pn},U_{sn},U_{pn})$ | $(U_{sn},U_{pn},U_{nn},U_{sn})$ | $(U_{sn},U_{pn},U_{nn},U_{pn})$ |
| 停止 3 | 发送 | $(U_o,U_{us},U_{us},U_{us})$ | $(U_{nn},U_{sn},U_{sn},U_{pn})$ | $(U_{nn},U_{sn},U_{nn},U_{sn})$ | $(U_{nn},U_{sn},U_{nn},U_{pn})$ |
| 停止 3 | 停止 3 | $(U_{nn},U_{pn},U_{sn},U_{sn})$ | $(U_{nn},U_{pn},U_{sn},U_{pn})$ | $(U_{nn},U_{pn},U_{nn},U_{sn})$ | $(U_{nn},U_{pn},U_{nn},U_{pn})$ |

② 在这种情况下，可以得到 $c_{1j}=c_{2j}=c_{3j}=c_{4j}=0$。类似地，将这个博弈记为 $\Gamma_3$。表 10-3 给出了该博弈的效用。

**表 10-3　四方静态博弈 $\Gamma_3$ 的效用矩阵**

| $P_3$ | | 发送 | | 停止 3 | |
|---|---|---|---|---|---|
| $P_4$ | | 发送 | 停止 3 | 发送 | 停止 3 |
| $P_1$ | $P_2$ | | | | |
| 发送 | 发送 | $(U_s,U_s,U_s,U_s)$ | $(U_{us},U_{us},U_{us},U_o)$ | $(U_{us},U_{us},U_o,U_{us})$ | $(U_{sn},U_{sn},U_{pn},U_{pn})$ |
| 发送 | 停止 3 | $(U_{us},U_o,U_{us},U_{us})$ | $(U_{sn},U_{pn},U_{sn},U_{pn})$ | $(U_{sn},U_{pn},U_{pn},U_{sn})$ | $(U_{sn},U_{pn},U_{pn},U_{pn})$ |
| 停止 3 | 发送 | $(U_o,U_{us},U_{us},U_{us})$ | $(U_{pn},U_{sn},U_{sn},U_{pn})$ | $(U_{pn},U_{sn},U_{pn},U_{sn})$ | $(U_{pn},U_{sn},U_{pn},U_{pn})$ |
| 停止 3 | 停止 3 | $(U_{pn},U_{pn},U_{sn},U_{sn})$ | $(U_{pn},U_{pn},U_{sn},U_{pn})$ | $(U_{pn},U_{pn},U_{pn},U_{sn})$ | $(U_{pn},U_{pn},U_{pn},U_{pn})$ |

③ 不失一般性，假设 $P_1$ 受到了惩罚，此时 $c_{2j}=c_{3j}=c_{4j}=0$。利用博弈树来描述该博弈 $\Gamma_4$。在博弈 $\Gamma_4$ 中，$P_1$ 需要首先做出决策。如果他选择停止，其他人将不需要发送。此时的效用向量为 $(U_{pn},U_{nn},U_{nn},U_{nn})$。否则，其他人稍后同时选择自己的策略。类似地，图 10-2 中的虚线表示这些参与者同时做出选择。

④ 同理，假设 $P_1$ 受到惩罚，并假设 $c_{2j}=c_{3j}=1$ 且 $c_{4j}=0$。记该博弈为 $\Gamma_5$，并利用博弈树来描述该博弈，如图 10-3 所示。$\Gamma_5$ 的博弈树与 $\Gamma_4$ 的博弈树类似，区别仅在于 $P_2$ 和 $P_3$ 在选择策略"停止 3"的时候的效用从 $U_{pn}$ 变为 $U_{nn}$。

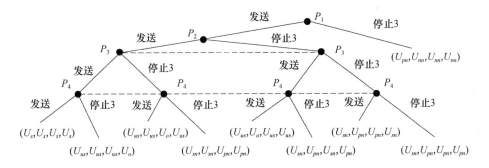

图 10-2　四方动态博弈 $\Gamma_4$ 的博弈树

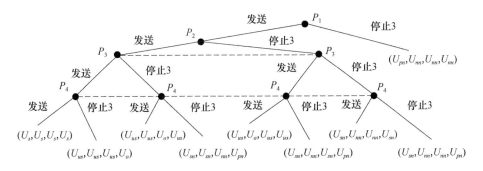

图 10-3　四方动态博弈 $\Gamma_5$ 的博弈树

## 10.4.2　正确性

**定义 10.1(正确性**[5]**)**　一个理性量子安全多方计算协议是正确的,如果对于每一个参与者 $P_i$ 的任意策略 $a_i$,都有

$$\Pr[o_{-i}(\Gamma,(a_i,a_{-i}))=\text{错误计算}]=0 \qquad (10\text{-}6)$$

**定理 10.1**　如果所有参与者都在"错误-停止"假设下,则本章提出协议的正确性得到保证。

**证明:**在本章提出的协议中,假设参与者处于"错误-停止"假设下,他们只能选择发送随机数或者不发送随机数,而不能发送虚假数字。在这种情况下,由于不会出现虚假的输入,因此协议的正确性就可以得到保证。另外,由于在多方计算协议中,参与者的输入不能被泄露给任何其他人,因此输入的真实性是无法得到保证的。"错误-停止"假设是在这种情况下的最优选择。

## 10.4.3　纳什均衡

均衡指的是所有的参与者处于平衡的状态。本小节将讨论协议的纳什均衡,并给出纳什均衡的存在性。

**定理 10.2** 存在一些 $x$ 和 $\alpha$ 的取值使得本章提出的协议满足混合策略纳什均衡。

**证明:** 正如前文已经展示的,可以将量子阶段视为一个动态博弈。如果没有惩罚出现,经典阶段是一个静态博弈,否则它也将是一个动态博弈。

对于静态博弈来说,可以很容易地获得其纯策略或者混合策略纳什均衡。然而,对于动态博弈来说,逆向归纳法是最重要的方法之一。逆向归纳法的思想是,在较早做决策的参与者进行决策时,将会考虑到较晚做决策的参与者可能选择什么策略。因此,如果首先推断最后一个进行决策的参与者在每种情况下可能选择的策略,并从后往前依次分析其他参与者可能的策略,就可以得到该博弈的均衡以及获得这个均衡的路径。为了更好地描述分析过程,先以四方博弈作为例子进行分析,并将分析过程扩展至 $n$ 方情况。

(1) 四方博弈

第一,分析博弈 $\Gamma_5$。在该博弈中,可以将参与者 $P_2$,$P_3$ 和 $P_4$ 之间进行的博弈记为一个静态子博弈 $\Gamma_6$。同样地,也可以使用效用矩阵来描述 $\Gamma_6$,如表 10-4 所示。

**表 10-4  子博弈 $\Gamma_6$ 的效用矩阵**

| $P_3$ | | 发送 | | 停止 3 | |
|---|---|---|---|---|---|
| | $P_4$ | 发送 | 停止 3 | 发送 | 停止 3 |
| $P_1$ | $P_2$ | | | | |
| 发送 | 发送 | $(U_s,U_s,U_s,U_s)$ | $(U_{us},U_{us},U_{us},U_o)$ | $(U_{us},U_{us},U_o,U_{us})$ | $(U_{sn},U_{sn},U_{nn},U_{pn})$ |
| | 停止 3 | $(U_{us},U_o,U_{us},U_{us})$ | $(U_{sn},U_{nn},U_{sn},U_{pn})$ | $(U_{sn},U_{nn},U_{nn},U_{sn})$ | $(U_{sn},U_{nn},U_{nn},U_{pn})$ |

由于不等式 $U_o > U_s > U_m > U_{sn} > U_{pn} > U_{us}$,容易发现只存在一个纳什均衡(发送,停止 3,停止 3,发送)。参与者的效用即 $(U_{sn},U_m,U_m,U_{sn})$。换句话说,如果一个参与者的随机数 $c_{ij}=0$,他将选择"发送";如果 $c_{ij}=1$,他将选择"停止 3"。可以将这个结论扩展至 $n$ 方版本中 $q_j=0$ 但不是所有的 $c_{kj}=0$ 的情况。

第二,分析博弈 $\Gamma_4$。将 $P_2$,$P_3$ 和 $P_4$ 之间的博弈记为子博弈 $\Gamma_7$。可以用效用矩阵来描述 $\Gamma_7$,如表 10-5 所示。

**表 10-5  子博弈 $\Gamma_7$ 的效用矩阵**

| $P_3$ | | 发送 | | 停止 3 | |
|---|---|---|---|---|---|
| | $P_4$ | 发送 | 停止 3 | 发送 | 停止 3 |
| $P_1$ | $P_2$ | | | | |
| 发送 | 发送 | $(U_s,U_s,U_s,U_s)$ | $(U_{us},U_{us},U_{us},U_o)$ | $(U_{us},U_{us},U_o,U_{us})$ | $(U_{sn},U_{sn},U_{pn},U_{pn})$ |
| | 停止 3 | $(U_{us},U_o,U_{us},U_{us})$ | $(U_{sn},U_{pn},U_{sn},U_{pn})$ | $(U_{sn},U_{pn},U_{pn},U_{sn})$ | $(U_{sn},U_{pn},U_{pn},U_{pn})$ |

从表 10-5 可以发现博弈存在 3 种纯策略纳什均衡：（发送，停止 3，停止 3，发送）、（发送，停止 3，发送，停止 3）和（发送，发送，停止 3，停止 3）。然而，由于任何参与者均不知道其他参与者的策略，所以他们只能选择一个混合策略。下面将求解混合策略纳什均衡。

这里，假设 $P_2$，$P_3$ 和 $P_4$ 分别以 $p'_2$，$p'_3$ 和 $p'_4$ 的概率选择策略"发送"。每一个参与者选择合适的 $p'_i$ 以使得每个其他参与者在选择不同策略时的效用相同。可以推导得到如下等式：

$$p'_3 p'_4 U_s + p'_3(1-p'_4)U_{us} + (1-p'_3)p'_4 U_{us} + (1-p'_3)(1-p'_4)U_{sn}$$
$$= p'_3 p'_4 U_o + p'_3(1-p'_4)U_{pn} + (1-p'_3)p'_4 U_{pn} + (1-p'_3)(1-p'_4)U_{pn} \tag{10-7}$$

$$p'_2 p'_4 U_s + p'_2(1-p'_4)U_{us} + (1-p'_2)p'_4 U_{us} + (1-p'_2)(1-p'_4)U_{sn}$$
$$= p'_2 p'_4 U_o + p'_2(1-p'_4)U_{pn} + (1-p'_2)p'_4 U_{pn} + (1-p'_2)(1-p'_4)U_{pn} \tag{10-8}$$

$$p'_2 p'_3 U_s + p'_2(1-p'_3)U_{us} + (1-p'_2)p'_3 U_{us} + (1-p'_2)(1-p'_3)U_{sn}$$
$$= p'_2 p'_3 U_o + p'_2(1-p'_3)U_{pn} + (1-p'_2)p'_3 U_{pn} + (1-p'_2)(1-p'_3)U_{pn} \tag{10-9}$$

为了简化计算，令 $a = U_s - U_o < 0$，$d = U_{sn} - U_{us} > 0$ 且 $x = U_{sn} - U_{pn} > 0$。在计算后，得到公式（10-7）至公式（10-9）的解为

$$p' = \begin{cases} \dfrac{d - \sqrt{(d-x)^2 - ax}}{a + 2d - x}, & a + 2d - x \neq 0 \\[3mm] 1 + \dfrac{a}{2d}, & a + 2d - x = 0 \end{cases} \tag{10-10}$$

其中，$0 < p' = p'_2 = p'_3 = p'_4 < 1$。若 $a + 2d - x \neq 0$，参与者 $P_2$，$P_3$ 和 $P_4$ 的效用期望值为 $U_{ex} = 2d(e - a + x)\dfrac{d - \sqrt{(d-x)^2 - ax}}{(a + 2d - x)^2} - \dfrac{(2d+e)x}{a + 2d - x} + U_{sn}$。若 $a + 2d - x = 0$，则 $U_{ex} = e - a + \dfrac{a(2d+e)}{d} + \dfrac{a^2(2d+e)}{4d^2} + U_{sn}$。其中，$e = U_s - U_{sn}$。

为了简单起见，进一步假设这些效用近似构成一个等差数列，也就是 $a = -1$，$d = 2$，$e = 1$，而 $0 < x < 2$。如果 $P_1$ 选择发送，则他的效用期望值为

$$U_{1se} = \frac{(24\sqrt{x^2 - 3x + 4} + 24)x - 6x^2 - 6x^3 + 12\sqrt{x^2 - 3x + 4} + 7\sqrt{(x^2 - 3x + 4)^3} - 80}{(x-3)^3} + U_{sn}$$

$$\tag{10-11}$$

当且仅当选择策略"发送"的效用大于策略"停止 3"时，也即当 $U_{1se} > U_{pn}$ 时，$P_1$ 将发送自己的随机数。为了求解不等式 $U_{1se} > U_{pn}$ 成立的条件，图 10-4 展示了函数 $U_{1se} - U_{pn}$ 在定义域 $x \in (0, 2)$ 上的图像。对于任意的 $0 < x < 2$，该不等式都成立。

从图 10-4 可以知道 $U_{1se} - U_{pn}$ 总是大于 0 的，且与 $x$ 的取值正相关。总体来说，

$P_1$ 即使受到惩罚也会发送自己的随机数。

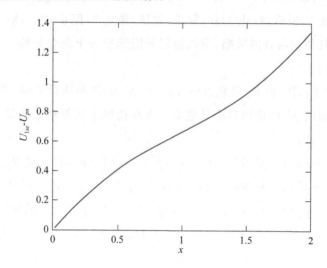

图 10-4 $U_{1se} - U_{pn}$ 与 $x$ 的关系

第三，分析博弈 $\Gamma_3$。类似地，该博弈存在 6 个纯策略均衡：(发送,发送,停止 3,停止 3)、(发送,停止 3,停止 3,发送)、(发送,停止 3,发送,停止 3)、(停止 3,发送,停止 3,发送)、(停止 3,发送,发送,停止 3)、(停止 3,停止 3,发送,发送)，但实际上参与者们还是只能选择混合策略。同样假设 $a = -1, d = 2$ 且 $e = 1$，那么有 $0 < x < 2$。设参与者 $P_i$ 选择发送随机数的概率为 $p''_i$。正如第一种情况，可以推导得到如下等式：

$$
\begin{aligned}
&p''_2 p''_3 p''_4 U_s + p''_2 p''_3 (1-p''_4) U_{us} + p''_2 (1-p''_3) p''_4 U_{us} + p''_2 (1-p''_3)(1-p''_4) U_{sn} \\
&+ (1-p''_2) p''_3 p''_4 U_{us} + (1-p''_2) p''_3 (1-p''_4) U_{sn} + (1-p''_2)(1-p''_3) p''_4 U_{sn} \\
&+ (1-p''_2)(1-p''_3)(1-p''_4) U_{sn} \\
&= p''_2 p''_3 p''_4 U_o + p''_2 p''_3 (1-p''_4) U_{pn} + p''_2 (1-p''_3) p''_4 U_{pn} + p''_2 (1-p''_3)(1-p''_4) U_{pn} \\
&+ (1-p''_2) p''_3 p''_4 U_{pn} + (1-p''_2) p''_3 (1-p''_4) U_{pn} + (1-p''_2)(1-p''_3) p''_4 U_{pn} \\
&+ (1-p''_2)(1-p''_3)(1-p''_4) U_{pn}
\end{aligned} \tag{10-12}
$$

$$
\begin{aligned}
&p''_1 p''_3 p''_4 U_s + p''_1 p''_3 (1-p''_4) U_{us} + p''_1 (1-p''_3) p''_4 U_{us} + p''_1 (1-p''_3)(1-p''_4) U_{sn} \\
&+ (1-p''_1) p''_3 p''_4 U_{us} + (1-p''_1) p''_3 (1-p''_4) U_{sn} + (1-p''_1)(1-p''_3) p''_4 U_{sn} \\
&+ (1-p''_1)(1-p''_3)(1-p''_4) U_{sn} \\
&= p''_1 p''_3 p''_4 U_o + p''_1 p''_3 (1-p''_4) U_{pn} + p''_1 (1-p''_3) p''_4 U_{pn} + p''_1 (1-p''_3)(1-p''_4) U_{pn} \\
&+ (1-p''_1) p''_3 p''_4 U_{pn} + (1-p''_1) p''_3 (1-p''_4) U_{pn} + (1-p''_1)(1-p''_3) p''_4 U_{pn} \\
&+ (1-p''_1)(1-p''_3)(1-p''_4) U_{pn}
\end{aligned} \tag{10-13}
$$

$$p''_1 p''_2 p''_4 U_s + p''_1 p''_2 (1-p''_4) U_{us} + p''_1 (1-p''_2) p''_4 U_{us} + p''_1 (1-p''_2)(1-p''_4) U_{sn}$$
$$+ (1-p''_1) p''_2 p''_4 U_{us} + (1-p''_1) p''_2 (1-p''_4) U_{sn} + (1-p''_1)(1-p''_2) p''_4 U_{sn}$$
$$+ (1-p''_1)(1-p''_2)(1-p''_4) U_{sn}$$
$$= p''_1 p''_2 p''_4 U_o + p''_1 p''_2 (1-p''_4) U_{pn} + p''_1 (1-p''_2) p''_4 U_{pn} + p''_1 (1-p''_2)(1-p''_4) U_{pn}$$
$$+ (1-p''_1) p''_2 p''_4 U_{pn} + (1-p''_1) p''_2 (1-p''_4) U_{pn} + (1-p''_1)(1-p''_2) p''_4 U_{pn}$$
$$+ (1-p''_1)(1-p''_2)(1-p''_4) U_{pn} \tag{10-14}$$
$$p''_1 p''_2 p''_3 U_s + p''_1 p''_2 (1-p''_3) U_{us} + p''_1 (1-p''_2) p''_3 U_{us} + p''_1 (1-p''_2)(1-p''_3) U_{sn}$$
$$+ (1-p''_1) p''_2 p''_3 U_{us} + (1-p''_1) p''_2 (1-p''_3) U_{sn} + (1-p''_1)(1-p''_2) p''_3 U_{sn}$$
$$+ (1-p''_1)(1-p''_2)(1-p''_3) U_{sn}$$
$$= p''_1 p''_2 p''_3 U_o + p''_1 p''_2 (1-p''_3) U_{pn} + p''_1 (1-p''_2) p''_3 U_{pn} + p''_1 (1-p''_2)(1-p''_3) U_{pn}$$
$$+ (1-p''_1) p''_2 p''_3 U_{pn} + (1-p''_1) p''_2 (1-p''_3) U_{pn} + (1-p''_1)(1-p''_2) p''_3 U_{pn}$$
$$+ (1-p''_1)(1-p''_2)(1-p''_3) U_{pn} \tag{10-15}$$

可以求解得到上述公式的解为

$$p'' = \frac{2 + 2\left(\cos\frac{\theta}{3} - \sqrt{3}\sin\frac{\theta}{3}\right)}{5-x} \tag{10-16}$$

其中，$\theta = \arccos\left(\frac{x(x-5)^2}{16} - 1\right)$，$0 < p'' = p''_1 = p''_2 = p''_3 = p''_4 < 1$。每一个参与者效用的期望值为 $U_{ex2} = (p'')^2 (7p'' - 6) + U_{sn}$。

第四，分析博弈 $\Gamma_2$。该博弈与 $\Gamma_6$ 非常相似，类似地可以解得该博弈存在一个纳什均衡（停止 3，发送，停止 3，发送）。参与者的效用为 $(U_{rm}, U_{sn}, U_{rm}, U_{sn})$。

第五，考虑博弈 $\Gamma_1$。对其进行简单分析，如果参与者们不进入经典阶段，他们将得不到任何效用。否则，他们有可能会得到计算的结果。显然地，进入经典阶段对于每一个参与者来说都是更加有利的。也就是说，参与者们将全部选择合作以进入经典阶段。

总结以上的分析，可以发现如果 $q_j = 1$ 或者 $c_{ij} = 1$，参与者 $P_i$ 肯定将选择"停止 3"。而如果 $q_j = c_{ij} = 0$，他将考虑是否要发送。当 $q_j = c_{ij} = 0$ 时一共存在两种情况：①在 $3\alpha(1-\alpha)^2$ 的概率下，3 个其他参与者中的两方具有 $c_{kj} = 1$，此时 $P_i$ 肯定会选择"发送"；②在 $\alpha^3$ 的概率下所有其他参与者的 $c_{kj}$ 都为 0，在这种情况下，$P_i$ 将以 $p''$ 的概率选择"发送"。

情况①的条件概率为 $3(1-\alpha)^2 / (4\alpha^2 - 6\alpha + 3)$，情况②的条件概率为 $\alpha^2 / (4\alpha^2 - 6\alpha + 3)$。总体来说，如果 $q_j = c_{ij} = 0$，$P_i$ 发送随机数的概率为

$$p_{wh} = \frac{\alpha^2}{4\alpha^2 - 6\alpha + 3} p'' + \frac{3(1-\alpha)^2}{4\alpha^2 - 6\alpha + 3} \tag{10-17}$$

（2）$n$ 方博弈

类似地，在一个 $n$ 方协议中，如果所有的 $c_{kj} = 0$（$1 \leqslant k \leqslant n$），可以推导得到混合策

略纳什均衡。对于参与者 $P_i$，选择发送随机数的概率为 $p_i$。其他参与者将选择各自的概率以使

$$p_{Ai}U_s + p_{Bi}U_{us} + p_{Ci}U_{sn} = p_{Ai}U_o + p_{Bi}U_{pn} + p_{Ci}U_{pn} \tag{10-18}$$

其中，$p_{Ai} = \prod\limits_{j \neq i}^{n} p_j$，$p_{Bi} = \sum\limits_{k=1,k \neq i}^{n} \prod\limits_{j \neq i, j \neq k} p_j(1-p_k)$ 且 $p_{Ci} = 1 - p_{Ai} - p_{Bi}$。如果将所有 $P_i$ 的等式合起来考虑，并进行化简，就可以得到

$$p^{n-1}a + (n-1)p^{n-2}(1-p)(x-d) + [1 + (n-2)p^{n-1} - (n-1)p^{n-2}]x = 0$$
$$\Rightarrow p^{n-1}[a + (n-1)d - x] - (n-1)p^{n-2}d + x = 0 \tag{10-19}$$

其中，$0 < p = p_1 = p_2 = \cdots = p_n < 1$。令 $g(p) = p^{n-1}[a + (n-1)d - x] - (n-1)p^{n-2}d + x$，容易得到 $g(0) = x > 0$ 且 $g(1) = a < 0$。根据零点定理，可以知道存在至少一个 $p \in (0,1)$ 使得 $g(p) = 0$。换句话说，每个参与者都可以找到至少一个合适的 $p$ 来使得每个其他参与者在选择不同策略时的效用都相同。混合策略纳什均衡即可实现。

另外，类似在四方协议的分析过程中提到的，在 $n$ 方协议中 $q_j = 0$ 但不是所有的 $c_{kj} = 0$ 的情况下，如果一个参与者拥有 $c_{ij} = 0$，他将选择"发送"，如果一个参与者拥有 $c_{ij} = 1$，他将选择"停止 3"。

此外，可以计算如果 $q_j = c_{ij} = 0$ 时，每个参与者发送自己随机数的概率。正如前文讨论的，共存在两种情况：① 以 $\beta_{1n} = \sum\limits_{k=1}^{\lceil n/2 \rceil - 1} C_{n-1}^{2k}\alpha^{n-2k-1}(1-\alpha)^{2k}$ 的概率，偶数且非零个 $c_{kj}$ 等于 1；② 以 $\beta_{2n} = \alpha^{n-1}$ 的概率，所有的 $c_{kj}$ 都等于 0。因此，如果 $q_j = c_{ij} = 0$，$P_i$ 选择"发送"的总概率为

$$p_{rwh} = \frac{\beta_{2n}}{\beta_{1n} + \beta_{2n}}p + \frac{\beta_{1n}}{\beta_{1n} + \beta_{2n}} \tag{10-20}$$

其中，$p$ 是公式(10-19)的解。

总体来说，存在适当的参数 $x$ 和 $\alpha$ 使本章提出的协议实现混合策略纳什均衡。

## 10.4.4　公平性

**定义 10.2(公平性[5])**　一个理性多方协议是公平的，如果对于每个参与者 $P_i$ 的任意策略 $a_i$，下式成立：

$$\Pr[o_i(\Gamma, (a_i, a_{-i})) = 成功计算] + \Pr[o_i(\Gamma, (a_i, a_{-i})) = 仅自己计算]$$
$$\leqslant \Pr[o_{-i}(\Gamma, (a_i, a_{-i})) = 成功计算] + \Pr[o_{-i}(\Gamma, (a_i, a_{-i})) = 仅自己计算]$$
$$\tag{10-21}$$

**定理 10.3**　参数 $x$ 和 $\alpha$ 存在一些取值使得本章提出的协议实现公平性。

**证明：**正如文献[5]中提到的，对于每个参与者来说，如果发送随机数的概率非常接近 1，他将没有动机来偏离协议。协议的公平性也进一步将得到保证。在 6.4.3 节中已分析，在经典阶段，如果 $q_j = c_{ij} = 0$，参与者 $P_i$ 将选择一个混合策略。接下来，

将计算如何选择参数以使得概率接近 1,也即 $p_{mvh}=99.95\%$。

同样假设 $a=-1,d=2$ 且 $e=1$。由于 $0<x<2$,且协议的设计初衷也希望所有的参与者都发送自己的 $R_{ij}$,因此给出 $x=1.9+\varepsilon$($\varepsilon$ 是一个较小的数)。随后,计算 $p$ 和 $\alpha$ 以满足 $p_{mvh}=99.95\%$。若 $p$ 和 $\alpha$ 中有一个是确定的,则另一个也随之确定。在表 10-6 中给出了在 $n=5,10,20,50,100,200,500,1000$ 的情况下一对可能的 $p$ 和 $\alpha$ 的取值。

**表 10-6 $p_{mvh}=99.95\%$ 的参数取值**

| $n$ | $x$ | $p$ | $\alpha$ | $p_{mvh}$ |
|---|---|---|---|---|
| 5 | 1.900 4 | 0.778 3 | 0.187 8 | 0.999 5 |
| 10 | 1.900 7 | 0.900 2 | 0.512 9 | 0.999 5 |
| 20 | 1.903 4 | 0.952 5 | 0.758 4 | 0.999 5 |
| 50 | 1.902 2 | 0.981 5 | 0.915 9 | 0.999 5 |
| 100 | 1.914 6 | 0.990 9 | 0.964 3 | 0.999 5 |
| 200 | 1.925 7 | 0.995 5 | 0.985 6 | 0.999 5 |
| 500 | 1.921 3 | 0.998 2 | 0.996 1 | 0.999 5 |
| 1 000 | 1.919 8 | 0.999 1 | 0.998 8 | 0.999 5 |

对于 $n$ 的任何其他取值,也同样容易找到 $x$ 和 $\alpha$ 的取值来使得 $p_{mvh}$ 接近 1。换句话说,存在参数 $x$ 和 $a$ 的一些取值可保证本章提出协议的公平性。

## 10.4.5 安全性

本章提出的理性量子安全多方计算协议可以被分为量子阶段和经典阶段。本小节将分别分析量子阶段和经典阶段的安全性,并讨论随机数对该协议安全性的保护作用。

第一,在量子阶段中,可以执行任意的满足同态性的安全量子多方计算协议,并将这一协议视为一个黑盒,例如文献[8]和[9]中的协议。基于此,只要原始的协议是安全的,这一阶段也是安全的。

第二,在经典阶段中,以提出的理性量子求和协议为例,参与者们相互发送的所有 $R_{ij}$ 都是随机的。参与者 $P_1$ 不能从 $R_{kj}$ 推导得到有关任何其他参与者输入 $M_k$ 的任何有用信息。

第三,仍然以提出的理性量子求和协议为例,$R_{ij}$ 是随机的,$MR_{ij}$ 和 $S_{1j}$ 也是随机的。这意味着即使 $MR_{ij}$ 和 $S_{1j}$ 被泄露,只要所有参与者在公布他们的 $R_{ij}$ 之前可以发现外部攻击者,本章提出的协议也是安全的。从这点来看,本章提出的协议类似于量子密钥分发协议[11-12]或者量子密钥协商协议[13]。

综上所述,本章提出协议的量子阶段和经典阶段都是安全的,因此协议的安全性容易得到满足。由于随机数的存在,本章提出的协议也比一般的量子安全多方计算协议更安全。

## 10.4.6 概率和效率

回顾本章所提出协议的所有结果。"成功计算"的结果意味着协议成功执行，这也是协议设计者所期望的。如果所有的 $c_{ij}=0$，这一结果的概率为 $p_{nwh}^n$。而最不期望的结果是"仅自己计算"/"其他人计算"，因为这意味着有参与者私自完成了计算过程。当且仅当一个参与者选择"停止3"时这种结果会发生。如果所有的 $c_{kj}=0$，这种结果发生的概率为 $np_{nwh}^{n-1}(1-p_{nwh})$。接着，本小节将讨论如何选取参数以使得结果"成功计算"的概率远大于"仅自己计算"/"其他人计算"的概率。

正如前文讨论过的，$p_{nwh}$ 与参数 $\alpha$，$p$ 和 $n$ 正相关，而 $p$ 是与 $n$ 和 $x$ 正相关的。这里，同样假设 $x=1.9+\varepsilon$，然后计算当 $n=5,10,20,50,100,200,500,1000$ 时的 $p$。在此之后，计算 $p_{nwh}$ 以使得 $p_{nwh}^n$ 为 $np_{nwh}^{n-1}(1-p_{nwh})$ 的二倍、十倍、一百倍。接着，可以随之确定 $\alpha$。表 10-7、表 10-8 和表 10-9 中列出了所有的系数。

表 10-7 满足 $p_{nwh}^n/[np_{nwh}^{n-1}(1-p_{nwh})]=2$ 的参数系数

| $n$ | $x$ | $p$ | $\alpha$ | $p_{nwh}$ | $p_{nwh}^n$ | $np_{nwh}^{n-1}(1-p_{nwh})$ |
|---|---|---|---|---|---|---|
| 5 | 1.900 4 | 0.778 3 | 0.675 4 | 0.909 1 | 0.620 9 | 0.310 5 |
| 10 | 1.900 7 | 0.900 2 | 0.857 1 | 0.952 4 | 0.613 9 | 0.307 0 |
| 20 | 1.903 4 | 0.952 5 | 0.934 1 | 0.975 6 | 0.610 3 | 0.305 1 |
| 50 | 1.902 2 | 0.981 5 | 0.975 0 | 0.990 1 | 0.608 0 | 0.304 0 |
| 100 | 1.914 6 | 0.990 9 | 0.987 9 | 0.995 0 | 0.607 3 | 0.303 6 |
| 200 | 1.925 7 | 0.995 5 | 0.994 0 | 0.997 5 | 0.606 9 | 0.303 5 |
| 500 | 1.921 3 | 0.998 2 | 0.997 6 | 0.999 0 | 0.606 7 | 0.303 3 |
| 1 000 | 1.919 8 | 0.999 1 | 0.998 8 | 0.999 5 | 0.606 6 | 0.303 3 |

表 10-8 满足 $p_{nwh}^n/[np_{nwh}^{n-1}(1-p_{nwh})]=10$ 的参数系数

| $n$ | $x$ | $p$ | $\alpha$ | $p_{nwh}$ | $p_{nwh}^n$ | $np_{nwh}^{n-1}(1-p_{nwh})$ |
|---|---|---|---|---|---|---|
| 5 | 1.900 4 | 0.778 3 | 0.457 3 | 0.980 4 | 0.905 7 | 0.090 6 |
| 10 | 1.900 7 | 0.900 2 | 0.715 5 | 0.990 1 | 0.905 3 | 0.090 5 |
| 20 | 1.903 4 | 0.952 5 | 0.856 1 | 0.995 0 | 0.905 1 | 0.090 5 |
| 50 | 1.902 2 | 0.981 5 | 0.942 1 | 0.998 0 | 0.904 9 | 0.090 5 |
| 100 | 1.914 6 | 0.990 9 | 0.971 1 | 0.999 0 | 0.904 9 | 0.090 5 |
| 200 | 1.925 7 | 0.995 5 | 0.985 6 | 0.999 5 | 0.904 9 | 0.090 5 |
| 500 | 1.921 3 | 0.998 2 | 0.994 2 | 0.999 8 | 0.904 8 | 0.090 5 |
| 1 000 | 1.919 8 | 0.999 1 | 0.997 1 | 0.999 9 | 0.904 8 | 0.090 5 |

表 10-9 满足 $p_{mwh}^{n}/[np_{mwh}^{n-1}(1-p_{mwh})]=100$ 的参数系数

| $n$ | $x$ | $p$ | $\alpha$ | $p_{mwh}$ | $p_{mwh}^{n}$ | $np_{mwh}^{n-1}(1-p_{mwh})$ |
|---|---|---|---|---|---|---|
| 5 | 1.900 4 | 0.778 3 | 0.261 6 | 0.998 0 | 0.990 1 | 0.009 9 |
| 10 | 1.900 7 | 0.900 2 | 0.554 5 | 0.999 0 | 0.990 1 | 0.009 9 |
| 20 | 1.903 4 | 0.952 5 | 0.758 3 | 0.999 5 | 0.990 1 | 0.009 9 |
| 50 | 1.902 2 | 0.981 5 | 0.898 8 | 0.999 8 | 0.990 1 | 0.009 9 |
| 100 | 1.914 6 | 0.990 9 | 0.948 8 | 0.999 9 | 0.990 1 | 0.009 9 |
| 200 | 1.925 7 | 0.995 5 | 0.974 2 | 1.000 0 | 0.990 1 | 0.009 9 |
| 500 | 1.921 3 | 0.998 2 | 0.989 6 | 1.000 0 | 0.990 0 | 0.009 9 |
| 1 000 | 1.919 8 | 0.999 1 | 0.994 8 | 1.000 0 | 0.990 0 | 0.009 9 |

从表 10-7、表 10-8 和表 10-9 中,可以知道很容易使得结果"成功计算"的概率远大于"仅自己计算"/"其他人计算"的概率。在这些系数的情况下,"其他人计算"的几乎不可发生。与此同时,结果"成功计算"的概率将非常接近 1。这也表明提出的协议是高效的。

除此之外,同样可以发现系数之间的一些关系。首先,如果 $x$ 近似于固定,那么 $p$ 随着 $n$ 的增大而增大。其次,如果 $x,p$ 和 $n$ 都是确定的,那么 $\alpha$ 随着 $p_{mwh}$ 的增大而减小。最后,如果 $x,p$ 和 $p_{mwh}^{n}/[np_{mwh}^{n-1}(1-p_{mwh})]$ 都是确定的,$\alpha$ 随着 $n$ 的增大而增大。这些关系将帮助协议参与者们在不同情况下选择不同的系数。

## 10.4.7 协议比较

在本小节中,将本章提出的协议与已有的两个理性协议进行比较。具体来说,从如下的几个方面比较了提出的协议和 Halpern 等人[4] 的理性经典秘密共享协议、Maitra[5] 等人的理性量子秘密共享协议。

首先,考虑协议的应用场景。Halpern 等人[4] 的协议可以解决共享经典秘密的问题,Maitra 等人[5] 的协议可以共享已知的量子态,而本章提出的协议可以解决多种多方计算问题。正如第 4 章所述,这一特性是协议的一种普适性。由于在经典秘密共享、共享经典信息的量子秘密共享和共享量子信息的量子秘密共享协议中,参与者手中的份额都是随机的,因此可以在参与者之间传递这些份额。然而,在多方计算协议中,参与者的输入是确定的且是私密的,因此其不能在参与者之间直接地传递。在本章提出的协议中,通过引入随机数来解决这一问题。由于协议的执行过程中只传递了随机数,因此任何参与者的真实输入都不会被泄露给任何其他人。协议中参与者输入的安全性也得到了保证。

其次,考虑协议的假设。当 Halpern 等人[4] 和 Maitra 等人[5] 分析 $P_1$ 的策略时,他们假设 $P_2$ 和 $P_3$ 将遵守协议。在这种情况下,对于第三个参与方来说合作是更有利的。然而由于任何参与者都不可能事先知道任何其他人的策略，这一假设是不太实际的。而本章提出的协议在不做任何预设的情况下分析了参与者策略的每种可能情况。

最后，考虑协议中参与者的数量。在文献[5]中，通过量子纠错编码研究了一个$(k,n)$门限协议。至于文献[4]，Halpern 等人同样扩展了他们的三方协议至 $n$ 方版本。然而，这一协议将所有的参与者分为了 3 个集合。在每个集合中，参与者选举一个领导，并将自己的份额都发给相应的领导。最后，3 个领导执行一个理性三方协议。这一扩展形式是平凡的。与文献[4]相比，在本章提出的 $n$ 方协议中，每一个参与者都可以平等地执行协议。本章提出的协议比 Halpern 等人[4]的协议更像理性 $n$ 方协议。

总体来说，本章提出的协议在上述这些方面比 Halpern 等人[4]和 Maitra 等人[5]的协议更有优势。

# 本 章 小 结

本章研究了理性量子安全多方计算协议，并提出了第一个多功能理性量子安全多方计算协议。对于任意的多方计算问题，只要它的任意一个量子版本解决方案的计算是同态的，就可以对该解决方案进行改进，并可以利用本章提出的协议解决这一多方计算问题。除此之外，本章具体分析了提出的理性量子安全多方计算协议。该协议满足了理性协议所需的各项条件，同时也是安全的、多功能的和高效的。另外，本章提出的协议不对参与者的策略做任何额外的假设。

# 本章参考文献

[1] Wang Y, Li T, Qin H, et al. A brief survey on secure multi-party computing in the presence of rational parties[J]. Journal of Ambient Intelligence and Humanized Computing, 2015, 6(6)：807-824.

[2] Wang Y, Li T, Chen L, et al. Rational computing protocol based on fuzzy theory[J]. Soft Computing, 2016, 20(2)：429-438.

[3] Maitra A. Quantum secure two-party computation for set intersection with rational players[J]. Quantum Information Processing, 2018, 17(8)：197.

[4] Halpern J, Teague V. Rational secret sharing and multiparty computation[C] // Proceedings of the thirty-sixth annual ACM symposium on Theory of computing. New York：ACM Press, 2004：623-632.

［5］ Maitra A，De S J，Paul G，et al. Proposal for quantum rational secret sharing [J]. Physical Review A，2015，92(2)：022305.

［6］ Zhang W W，Li D，Zhang K J，et al. A quantum protocol for millionaire problem with Bell states[J]. Quantum Information Processing，2013，12(6)：2241-2249.

［7］ Luo Q B，Yang G W，She K，et al. Multi-party quantum private comparison protocol base on d-imensional entangle states［J］. Quantum Information Processing，2014，13(10)：2343-2352.

［8］ Huang W，Wen Q Y，Liu B，et al. Quantum anonymous ranking［J］. Physical Review A，2014，89(3)：032325.

［9］ Lin S，Guo G D，Huang F，et al. Quantum anonymous ranking based on the Chinese remainder theorem[J]. Physical Review A，2016，93(1)：012318.

［10］ Shi R，Mu Y，Zhong H，et al. Secure multiparty quantum computation for summation and multiplication[J]. Scientific Reports，2016，6：19655.

［11］ Bennet C H，Brassard，G. Quantum cryptography：Public key distribution and coin tossing［C］// Proc. of IEEE Int. Conf. on Comp. ，Syst. and Signal Proc. Bangalore：IEEE，1984.

［12］ Gong L H，Song H C，He C S，et al. A continuous variable quantum deterministic key distribution based on two-mode squeezed states［J］. Physica Scripta，2014，89(3)：035101.

［13］ Min S Q，Chen H Y，Gong L H. Novel multi-party quantum key agreement protocol with G-like states and bell states［J］. International Journal of Theoretical Physics，2018，57(6)：1811-1822.

# 第 11 章
# 基于单向量子行走的高效量子百万富翁协议

## 11.1 概　　述

　　量子百万富翁协议可以依据使用的粒子种类被分为两大类,即基于单粒子的量子百万富翁协议和基于多粒子的量子百万富翁协议。单粒子协议存在着几大优势,比如它比多粒子协议具有更小的安全隐患。已有的方案中有许多针对纠缠态的攻击方法,如在 Gao 等人[1] 的论文中提出了针对纠缠态的关联提取攻击。此外,在当前的量子技术环境下,单粒子相比于纠缠态而言更易于制备,这减少了量子资源的消耗,降低了对设备的要求。因此从理论上来讲单粒子协议更具有实用性。

　　2021 年,Chen 等人[2] 首次提出了一种基于离散量子行走(Quantum Walks,QWs)的新型的量子百万富翁协议,它继承了单粒子协议的许多优点。量子行走是经典随机漫步的一种延伸,它由一个 2 维的 Coin 态和一个 $d$ 维的 Walker 态的张量积所组成。QWs 粒子由于其初态处于直积态而非纠缠态,因此是易于制备的。近期的研究表明,量子行走可以分为两大类型:1 维量子行走[3-4] 和高维量子行走[5]。1 维的量子行走也就是在一条无限长的直线上进行算符的演化,而高维量子行走可以使得粒子在图或立方体上进行演化。量子行走有着广阔的应用前景[6],例如用于加速量子算法或模拟量子系统[7]。在 Chen 等人[2] 的协议中,演化算符用于加密,并且使用位移算符将参与者的私密信息编码到 QWs 粒子中,该协议中参与者私有信息的范围是 $\left\{0,1,\cdots,\left\lfloor\dfrac{d-1}{2}\right\rfloor\right\}$。

　　受到 Chen 等人[2] 的启发,本章提出了一个基于单向圆上量子行走(One-Direction Quantum Walks on the Circle,ODQWC)的量子百万富翁协议。该协议可以判断两个参与者私密信息的大小,而不仅仅是比较两者是否相等。此外,利用单向量子行走,TP 可以将 Walker 态的 $|0\rangle_p$ 设置为标志位,这样可以扩大参与者的私密信息的取值范围。在该协议中,参与者私密信息的取值范围为 $\{0,1,\cdots,d-1\}$,由此提高了量子比特的利用率。最后,对该协议的安全性进行了一定的改善,使得 Alice

和 Bob 在协议中处于一个对称的位置,能够让本章提出的协议抵御截获重发、纠缠测量,以及蛮力攻击等常见的攻击。

本章关注基于单向量子行走的高效量子百万富翁协议。首先介绍量子行走的基本知识和性质;其次对提出的基于单向量子行走的高效量子百万富翁协议进行详细的解释;再次通过分析证明该协议的正确性和安全性;最后将该协议与其他协议进行比较,主要比较协议的安全性、效率和可实现性这 3 个方面。

# 11.2　预　备　知　识

## 11.2.1　演化算符

演化算符是量子行走体系中的重要算符,QWs 粒子的移动就是依靠应用演化算符来进行的。正如经典随机漫步一样,量子行走先通过投掷硬币来决定 QWs 粒子的行进方向,再通过位移算符来使其移动一步。这里,Coin 态的 $|0\rangle$ 代表着粒子向正方向移动,而 $|1\rangle$ 向负方向移动。通常而言,硬币的投掷使用的是 Hadamard 门,使用 Hadamard 门的量子行走也被称作 Hadamard 行走[8]。

$$C=H=\frac{1}{\sqrt{2}}(|0\rangle\langle0|+|0\rangle\langle1|+|1\rangle\langle0|-|1\rangle\langle1|)\qquad(11\text{-}1)$$

位移算符在硬币算符投掷之后应用于 QWs 粒子:

$$S = |0\rangle_c\langle0|\otimes\sum_i|i+1\rangle_p\langle i|+|1\rangle_c\langle1|\otimes\sum_i|i-1\rangle_p\langle i|\qquad(11\text{-}2)$$

位移算符可以将 $|0\rangle_c|x\rangle_p$ 转换为 $|0\rangle_c|x+1\rangle_p$,$|1\rangle_c|x\rangle_p$ 转换为 $|1\rangle_c|x-1\rangle_p$。因此,演化算符可以定义为

$$U=S\cdot(C\otimes I_p)\qquad(11\text{-}3)$$

文献[2]提供了对于 $U$ 和 $S$ 逆算符的证明,其逆算符为

$$U^{-1}=(C^{-1}\otimes I_p)\cdot S^{-1}\qquad(11\text{-}4)$$

$$S^{-1} = |0\rangle_c\langle0|\otimes\sum_i|i-1\rangle_p\langle i|+|1\rangle_c\langle1|\otimes\sum_i|i+1\rangle_p\langle i|\qquad(11\text{-}5)$$

如果 QWs 粒子想要移动 $k$ 步,就应当应用 $k$ 次演化算符。将应用 $k$ 次演化算符定义为 $U^k$,它的逆算符则是 $U^{-k}$。

## 11.2.2　离散量子行走的测量和性质

在量子行走中,一项重要的任务就是测量。传统随机漫步和量子行走的区别在于量子系统的叠加性。当然,如果 QWs 粒子每走一步就进行一次测量,那么这就与

传统随机漫步无异。

在本章提出的基于单向量子行走的高效量子百万富翁协议中，应用算符 $M_c = \alpha_0 |0\rangle_c \langle 0| + \alpha_1 |1\rangle_c \langle 1|$（这里，$|\alpha_0|^2 + |\alpha_1|^2 = 1$）来测量 Coin 态，使用 $M_p = \sum_{i=0}^{d-1} \alpha_i \otimes |i\rangle_p \langle i|$（这里，$\sum_i |\alpha_i|^2 = 1$）来测量 Walker 态。所有的测量基都是正交的，且协议中令 $\alpha_i = 1/\sqrt{d}$。

表 11-1 列出了 QWs 粒子 $|1\rangle_c |0\rangle_p$ 在前几步中的概率分布。从该表中可以看到，更多的粒子偏向于在左侧出现，但依旧能够有一定的概率在右侧观察到结果。分析表明，粒子可以同时向左、右两侧移动。（表 11-1 中的 $T$ 表示移动的步数，$P$ 表示 QWs 粒子的位置。QWs 粒子的初始状态为 $|1\rangle_c |0\rangle_p$。）

**表 11-1　$|1\rangle_c |0\rangle_p$ 在前几步中的概率分布**

| $T$ | $P$ | | | | | | | | |
|---|---|---|---|---|---|---|---|---|---|
| | $-4$ | $-3$ | $-2$ | $-1$ | $0$ | $1$ | $2$ | $3$ | $4$ |
| 0 | | | | | 1 | | | | |
| 1 | | | | 1/2 | | 1/2 | | | |
| 2 | | | 1/4 | | 1/2 | | 1/4 | | |
| 3 | | 1/8 | | 5/8 | | 1/8 | | 1/8 | |
| 4 | 1/16 | | 5/8 | | 1/8 | | 1/8 | | 1/16 |

## 11.2.3　单向圆上量子行走

如果将直线量子行走的两端相连，就形成了一个圆，即圆上的量子行走，如图 11-1 所示。

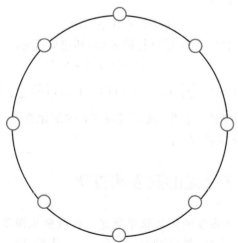

图 11-1　圆上量子行走示意图

如果 QWs 粒子只向一个方向行走,那么其位移算符可以修改为

$$S_o = |0\rangle_c\langle0| \bigotimes \sum_i |(i+1) \bmod d\rangle_p\langle i| + |1\rangle_c\langle1| \bigotimes \sum_i |i \bmod d\rangle_p\langle i|$$

$$(11\text{-}6)$$

这个微小的改动使得 QWs 粒子只会沿着单方向行走。单方向的演化算符表示为

$$U_o = S_o(C \bigotimes I_p) \tag{11-7}$$

文献[2]中提供了对于 $U$ 和 $S$ 逆算符的证明,其逆算符记为

$$S_o^{-1} = |0\rangle_c\langle0| \bigotimes \sum_i |(i-1) \bmod d\rangle_p\langle i| + |1\rangle_c\langle1| \bigotimes \sum_i |i \bmod d\rangle_p\langle i|$$

$$(11\text{-}8)$$

$$U_o^{-1} = (C^{-1} \bigotimes I_p) \cdot S_o^{-1} \tag{11-9}$$

将 ODQWC 前三步的概率分布列在表 11-2 中,可以看到粒子能够行走的最远的位置等于应用的演化算符数。

**表 11-2　ODQWC 前三步的概率分布**

| $T$ | $P$ | | | | |
|---|---|---|---|---|---|
| | 0 | 1 | 2 | 3 | 4 |
| 0 | 1 | | | | |
| 1 | 1/2 | 1/2 | | | |
| 2 | 1/4 | 1/2 | 1/4 | | |
| 3 | 1/8 | 1/8 | 5/8 | 1/8 | |

# 11.3　提出的高效量子百万富翁协议

下面将详细介绍提出的基于单向圆上量子行走的高效量子私密比较协议。假设该协议是运行于理想状态下,没有技术错误,信道的传输不存在噪声干扰和丢失。此外,在本章提出的协议中,需要一个半诚实的第三方。图 11-2 给出了该协议的流程图。本章提出协议的执行步骤具体介绍如下。

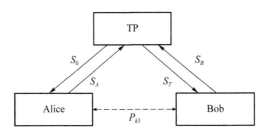

图 11-2　本章提出协议的流程图

［Q-1］从半诚实的第三方 TP 开始执行，它将制备 $k$ 份处于 $|0\rangle_c|0\rangle_p$ 态的 QWs 粒子。其中参数 $k$ 是一个安全阈值，且需要足够大以满足后续的测量要求。TP 拥有两个密钥 $P_{k1}$ 和 $P_{k2}$。Alice 和 Bob 是两个互不信任的参与者，他们通过安全的密钥分发协议（如 BB84 协议[9]），共享一对私有密钥 $P_{k3}$。TP 将应用 $U_o^{P_{k1}}$ 在 $k$ 个 $|0\rangle_c|0\rangle_p$ 上来生成初始序列 $S_0$。初始粒子为

$$|\xi\rangle = U_o^{P_{k1}}|0\rangle_c|0\rangle_p \tag{11-10}$$

［Q-2］为了避免外部的窃听者窃取到参与者的私密信息，必须对窃听进行检测。因此 TP 从集合 $\langle|0\rangle, |1\rangle, \cdots, |d-1\rangle, F|0\rangle, F|1\rangle, \cdots, F|d-1\rangle\}$ 中随机地选择了 $2\lambda$ 个诱骗粒子，并随机的插入到 $S_0$ 中，生成序列 $S_0'$。其中 $F$ 是 $d$ 维量子态的傅里叶变换：

$$F|j\rangle = \frac{1}{\sqrt{d}}\sum_{k=0}^{d-1}e^{\frac{2\pi ijk}{d}}|k\rangle \tag{11-11}$$

$|j\rangle$ 和 $F|j\rangle$ 的测量基是 $\langle|0\rangle, |1\rangle, \cdots, |d-1\rangle\}$ 和 $\langle F|0\rangle, F|1\rangle, \cdots, F|d-1\rangle\}$。接着 TP 将 $S_0'$ 发送给 Alice。

［Q-3］Alice 在收到 $S_0'$ 后向 TP 报告，TP 接着公布诱骗粒子的位置和测量基。Alice 根据 TP 公布的测量基和诱骗粒子的对应位置，对诱骗粒子进行测量，并将测量结果反馈给 TP。TP 根据测量结果的错误率，给出是否存在窃听者的判断。如果错误率大于一定的安全阈值，则 Alice 丢弃现有粒子，并重新开始协议，否则协议继续。

［Q-4］Alice 将诱骗粒子移除，并对 $S_0$ 应用演化算符 $U_o^{P_{k3}}$。之后 Alice 将他的私密信息 $m_1$（$m_1 \leqslant d-1$）通过应用演化算符 $U_o^{m_1}$ 编码入 $S_0$ 中，从而生成粒子序列 $S_A$，接着利用步骤［Q-2］和［Q-3］中的方法将 $S_A$ 发送给 TP。

［Q-5］TP 按步骤［Q-3］去除诱骗粒子之后得到 $S_A$，然后对 $S_A$ 应用算符 $U_o^{P_{k2}}$，得到序列 $S_T$，最后按步骤［Q-2］、步骤［Q-3］中的方法，将 $S_A'$ 发送给 Bob。

［Q-6］Bob 接收到 $S_A'$ 后按步骤［Q-3］中的方法去除诱骗粒子，Bob 对 $S_A'$ 应用步算符 $U^{-P_{k3}}$，接着再应用 $U^{-m_2}$，得到 $S_B$。接着 Bob 再利用步骤［Q-2］和［Q-3］中的方法将粒子发送给 TP。

［Q-7］TP 检查收到的粒子，并去除诱骗粒子，之后再对 $S_B$ 做 $P_{k1}$，$P_{k2}$ 的逆操作，即应用步算符 $U_o^{-P_{k1}}$，$U_o^{-P_{k2}}$，得到最终的粒子 $S_F$。之后 TP 对 $k$ 个粒子使用算符 $M_c \otimes M_p$ 进行测量，得到最终的结果。根据测量结果可分为以下 3 种情况。

① 如果所有的粒了的 Walker 态都是 $|0\rangle_p$，则 $m_1 = m_2$。

② 如果 Walker 态不全为 $|0\rangle_p$，则 $m_1 > m_2$。

③ 如果没有 Walker 态是 $|0\rangle_p$，则 $m_1 < m_2$。

# 11.4 协议分析

本节将从正确性和安全性两方面分析本章提出的协议。

## 11.4.1 正确性

**引理 11.1** 在 ODQWC 中,算符 $U_\circ$ 满足:对于 $\forall k, k \in [0, 1, \cdots, d-1]$,$U_\circ^k |0\rangle_c$ $|0\rangle_p$ 的测量结果可能会出现 $|0\rangle_p$。

**证明:** 当 $k=1$ 时,QWs 态为

$$U |0\rangle_c |0\rangle_p = S \cdot (C \otimes I_p) |0\rangle_c |0\rangle_p$$
$$= \frac{1}{\sqrt{2}} S(|0\rangle_c |0\rangle_p + |1\rangle_c |0\rangle_p)$$
$$= \frac{1}{\sqrt{2}} (|0\rangle_c |1\rangle_p + |1\rangle_c |0\rangle_p) \tag{11-12}$$

假设经过 $k=j(0 < j \leqslant d-2)$ 步后的 QWs 态为

$$U_\circ^j |0\rangle_c |0\rangle_p = \sum_{i=0}^{j} (\alpha_i |0\rangle_c |i\rangle_p + \beta_i |1\rangle_c |i\rangle_p), \ (|\alpha_i|^2 + |\beta_i|^2 \neq 0) \tag{11-13}$$

其中对于 $\forall i, |\alpha_i|^2 + |\beta_i|^2 \neq 0$。$k=j+1$ 步后的 QWs 态为

$$U_\circ \otimes U_\circ^j |0\rangle_c |0\rangle_p$$

$$= S_\circ (C \otimes I) \left[ \sum_{i=0}^{j} (\alpha_i |0\rangle_c |i\rangle_p + \beta_i |1\rangle_c |i\rangle_p) \right]$$

$$= \sum_{i=0}^{j} \left[ \frac{\alpha_i}{\sqrt{2}} (|0\rangle_c |i+1\rangle_p + |1\rangle_c |i\rangle_p) + \frac{\beta_i}{\sqrt{2}} (|0\rangle_c |i+1\rangle_p - |1\rangle_c |i\rangle_p) \right]$$

$$= \sum_{i=0}^{j+1} (\alpha_i' |0\rangle_c |i\rangle_p + \beta_i' |1\rangle_c |i\rangle_p) \tag{11-14}$$

因此经过 $k$ 步后 Walker 的测量结果的范围为 $[0, k] \cap \mathbb{Z}$。有 $|\alpha_i|^2 + |\beta_i|^2 \neq 0$,可以得到 $|\alpha_i'|^2 + |\beta_i'|^2 \neq 0$,因此对于任意的 $i \in \{0, 1, 2, \cdots, k\}$,Walker 的测量结果 $|i\rangle_p$ 的概率都不为 0。因此引理 11.1 得证。

**引理 11.2** 当 $-(d-1) \leqslant k < 0$ 时,Walker 对 $U_\circ^k |0\rangle_c |0\rangle_p$ 的测量结果不会出现 $|0\rangle_p$。

**证明:** 等式(11-9)给出了 ODQWC 中演化算符的逆算符。当 $k=-1$ 时,演化算

符 $U_o^{-1}$ 作用于 $|0\rangle_c|0\rangle_p$ 为

$$U_o^{-1}|0\rangle_c|0\rangle_p = (C^{-1} \otimes I_p) \cdot S_o^{-1}|0\rangle_c|0\rangle_p$$

$$= (H \otimes I_p) \cdot \left(|0\rangle_c\langle 0| \otimes \sum_i |(i-1) \bmod d\rangle_p\langle i| + |1\rangle_c\langle 1|\right.$$

$$\left.\otimes \sum_i |i \bmod d\rangle_p\langle i|\right)|0\rangle_c|0\rangle_p$$

$$= (H \otimes I_p) \cdot (|0\rangle_c |-1 \bmod d\rangle_p)$$

$$= \frac{1}{\sqrt{2}}(|0\rangle_c|d-1\rangle_p + |1\rangle_c|d-1\rangle_p) \tag{11-15}$$

当 $k=-2$ 时,演化算符 $U_o^{-2}$ 作用于 $|0\rangle_c|0\rangle_p$ 为

$$U_o^{-2}|0\rangle_c|0\rangle_p = \frac{1}{\sqrt{2}}U_o^{-1}(|0\rangle_c|-1 \bmod d\rangle_p + |1\rangle_c|-1 \bmod d\rangle_p)$$

$$= \frac{1}{2}(|0\rangle_c|-2 \bmod d\rangle_p + |1\rangle_c|-2 \bmod d\rangle + |0\rangle_c$$

$$\otimes |-1 \bmod d\rangle_p - |1\rangle_c|-1 \bmod d\rangle_p)$$

$$= \sum_{i=-2}^{-1}(\alpha_i|0\rangle_c|i \bmod d\rangle_p + \beta_i|1\rangle_c|i \bmod d\rangle_p) \tag{11-16}$$

其中 $|\alpha_i|^2 + |\beta_i|^2 \neq 0$。因此可以假设当 $k=-j$ ($1<j\leqslant d-2$) 时,$k$ 步后的 QWs 粒子为

$$U_o^k|0\rangle_c|0\rangle_p = \sum_{i=-j}^{-1}(\alpha_i|0\rangle_c|i \bmod d\rangle_p + \beta_i|1\rangle_c|i \bmod d\rangle_p) \tag{11-17}$$

$k=-(j+1)$ 步后的 QWs 粒子为

$$U_o^{-1} \otimes U_o^{-j}|0\rangle_c|0\rangle_p = (H \otimes I_p) \cdot S\left[\sum_{i=-j}^{-1}(\alpha_i|0\rangle_c|i \bmod d\rangle_p + \beta_i|1\rangle_c|i \bmod d\rangle_p)\right]$$

$$= (H \otimes I_p) \sum_{i=-j}^{-1}(\alpha_i|0\rangle_c|(i-1) \bmod d\rangle_p + \beta_i|1\rangle_c|i \bmod d\rangle_p)$$

$$= \sum_{i=-j}^{-1}\left[\frac{\alpha_i}{\sqrt{2}}(|0\rangle_c|(i-1) \bmod d\rangle_p + |1\rangle_c|(i-1) \bmod d\rangle_p)\right.$$

$$\left.+ \frac{\beta_i}{\sqrt{2}}(|0\rangle_c|i \bmod d\rangle_p - |1\rangle_c|i \bmod d\rangle_p)\right]$$

$$= \sum_{i=-(j+1)}^{-1}(\alpha_i'|0\rangle_c|i \bmod d\rangle_p + \beta_i'|1\rangle_c|i \bmod d\rangle_p) \tag{11-18}$$

因为 $2<j+1\leqslant d-1$,Walker 的测量结果中不会出现 $|0\rangle_p$,因此引理 11.2 得证。

**推论 11.1** 本章提出协议的结果是正确的。

**证明:** 最终的 QWs 粒子的状态为 $U_o^{m_1-m_2}|0\rangle_c|0\rangle_p$,因为 $0\leqslant m_1,m_2\leqslant d-1$,所以 $-(d-1)\leqslant m_1-m_2\leqslant d-1$。当 $m_1=m_2$ 时,$U_o^{m_1-m_2}$ 等价于 $I_c\otimes I_p$。根据引理 11.1

和引理 11.2,可以证明以下结果。

① 如果 $m_1 = m_2$,所有的测量结果都是 $|0\rangle_p$。

② 如果 $m_1 > m_2$,测量结果中会出现 $|0\rangle_p$,但不会都是 $|0\rangle_p$。

③ 如果 $m_1 < m_2$,测量结果中不会出现 $|0\rangle_p$。

因此推论 11.1 得证。

## 11.4.2 安全性

本节从外部攻击和内部攻击两方面来分析本章所提出协议的安全性。

(1)外部攻击

在本章所提出协议的执行过程中,可能存在外部攻击者 Eve。他可能使用很多方式来窃取信息,如截获重发攻击和纠缠附加粒子攻击等。

截获重发攻击是指窃听者会截获信道中的粒子,并对其进行测量,随后根据测量结果构造需要的假粒子并将其发送给接收者[10]。本章提出的协议在防止此类攻击方面表现良好。

本章提出的协议采用了诱骗粒子。这是一种在其他协议中广泛使用的一种安全措施[11-14],用于检测外部的攻击者。其安全性已经得到了广泛的证明。在本章提出的协议中,插入了 $2\lambda$ 个诱骗粒子到 QWs 粒子中。由于诱骗粒子的随机性,攻击者 Eve 不知道所用的测量基和诱骗粒子位置,因此每个诱骗粒子都有$(d-1)/2d$ 的概率引入错误。如果 $\lambda$ 足够大,则引入错误的概率能够接近 100%。此外,即使外部窃听没有被检测到,窃听者也不会获取到任何有用的信息,因为在该协议中,每次传输前都使用密钥 $P_{k1}/P_{k2}/P_{k3}$ 对 QWs 粒子进行了加密。

纠缠附加粒子攻击是指,攻击者 Eve 截获量子信道上的粒子,并通过运用酉变换,将辅助量子态与量子信道上的粒子进行纠缠,之后通过测量辅助量子态来获得信息。下面将证明 Eve 无法通过有效的纠缠附加粒子攻击来获取有效信息。

本章提出的协议采用 $d$ 维量子态作为诱骗粒子,Eve 的酉变换为 $E(|j\rangle|e\rangle) = \sum_{k=0}^{d-1} \lambda_{jk} |m_{jk}\rangle|e_{jk}\rangle$,其中 $\sum_{k=0}^{d-1} |\lambda_{jk}|^2 = 1$,且 $|m_{jk}\rangle$,$|e_{jk}\rangle$ 是 $|j\rangle$ 和 $|e\rangle$ 系统上的两组正交基。$|e\rangle$ 是 Eve 的辅助量子态。

Eve 不希望在攻击的过程中引入错误,且希望获取到有效的信息。因此可以列出如下等式:

$$\begin{cases} E|j\rangle|e\rangle = |j\rangle|e_j\rangle, \\ E \cdot (F|j\rangle|e\rangle) = F|j\rangle|e_{F_j}\rangle \end{cases} \tag{11-19}$$

其中,辅助粒子需要满足条件$\langle e_j | e_k \rangle = 0 (j \neq k)$。接下来改写公式(11-19)中第二个等式等号的左边:

$$|\varphi\rangle = E \cdot (F|j\rangle|e\rangle)$$
$$= E\left(\frac{1}{\sqrt{d}} \sum_{k=0}^{d-1} e^{\frac{2\pi ijk}{d}} |k\rangle|e\rangle\right)$$
$$= \frac{1}{\sqrt{d}} \sum_{k=0}^{d-1} \sum_{y=0}^{d-1} \lambda_{ky} e^{\frac{2\pi ijk}{d}} |m_{ky}\rangle|e_{ky}\rangle \tag{11-20}$$

可以计算出整个系统的密度矩阵为

$$|\varphi\rangle\langle\varphi| = \frac{1}{d}\left(\sum_{k=0}^{d-1} \sum_{y=0}^{d-1} \lambda_{ky} e^{\frac{2\pi ijk}{d}} |m_{ky}\rangle|e_{ky}\rangle\right)\left(\sum_{k=0}^{d-1} \sum_{y=0}^{d-1} \lambda_{ky} e^{\frac{-2\pi ijk}{d}} \langle m_{ky}|\langle e_{ky}|\right)$$
$$\tag{11-21}$$

因此 Eve 的约化密度矩阵为

$$\frac{1}{d} \sum_{k=0}^{d-1} \sum_{y=0}^{d-1} (\lambda_{ky})^2 |e_{ky}\rangle\langle e_{ky}| \tag{11-22}$$

可以看到约化密度矩阵与变量 $j$ 无关,因此当外部攻击者 Eve 将辅助粒子与参与者粒子纠缠后,所有粒子对于 Eve 而言是相同的。因此他无法保证不引入错误,并且不能获取到有效的信息。

(2)内部攻击

对于参与者来说,如果他们希望通过拦截在量子信道中传输的粒子来获取有效信息,那么他们的地位相当于外部攻击者。外部攻击中的证明确保了本章提出的协议可对这种行为进行检测。

对于参与者而言,其主要的关注点在蛮力攻击[15]。即参与者冒着被检测的风险,强行截获粒子,并对其进行检测。这是一种十分严重的安全威胁。下面将从 3 个角度来分析本章提出协议对于蛮力攻击的安全性。

① 在步骤[Q-4]中,Alice 可能会向 TP 传送一个虚假的 QWs 粒子$|0\rangle_c|0\rangle_p$,然后在步骤[Q-6]中截获 Bob 所发送的粒子,并采用蛮力攻击来获取 Bob 的私密信息。然而 TP 在步骤[Q-5]中应用密钥 $P_{k2}$ 对粒子进行了新的加密,这使得 Alice 无法通过这种蛮力攻击的方式来获取私密信息[15]。

② Bob 可能在步骤[Q-4]中发动蛮力攻击,但由于他不知道 TP 的最初加密密钥 $P_{k1}$,因此他无法通过蛮力攻击的方式来获取 Alice 的私密信息。

③ TP 可能会在步骤[Q-4]和[Q-6]中发动蛮力攻击,然而 Alice 在步骤[Q-4]中对粒子应用密钥 $P_{k3}$ 对粒子进行了加密,并且步骤[Q-6]中的粒子状态为 $U^{m_1 - m_2}|0\rangle_c|0\rangle_p$,因此 TP 在这两个步骤中都无法获取到 Alice 或 Bob 的私密信息。

## 11.4.3　协议比较

本节将从量子位效率、安全性和可实现性 3 个方面分析本章所提出协议的优势。因为基于量子行走的量子百万富翁协议是较为新颖的研究内容,因此本节主要关注在本章所提出协议与 Chen 等人[2]所提出协议的比较上。

(1) 量子位效率

量子位效率是一个在衡量协议效率方面广泛使用的方法。传统意义上的量子位效率定义为 $\eta = c/q$,其中 $c$ 为私密信息的最大比特,$q$ 为所消耗的量子比特数。然而由于本章提出的协议使用的是 $d$ 维量子态,因此重新定义了量子位效率 $\eta' = c/q'$,其中 $q' = q \times \log_2 d$。

在该协议中使用的量子态为 $k$ 对 Walker 态和 Coin 态。参与者私密信息的取值范围为 $[0, d-1] \bigcap \mathbb{Z}$。这意味着参与者最大可比较的信息比特数为 $\log_2 d$。因此量子位效率为 $\eta = \dfrac{\log_2 d}{k(\log_2 d + 1)}$。在 Chen 等人提出的协议中,参与者私密信息的取值范围为 $\left[ 0, \left\lfloor \dfrac{d-1}{2} \right\rfloor \right] \bigcap \mathbb{Z}$,因此其量子位效率为 $\eta = \dfrac{\log_2 d - 1}{k(\log_2 d + 1)}$。

尽管本章所提出协议的量子比特效率与标准定义不同,但仍然能够精确地反映该协议的效率。上面的比较结果表明,该协议所能承载的参与者私密信息比特数比 Chen 等人[2]提出的协议多了 1 位,这也意味着其参与者的私密信息的最大值是 Chen 等人[2]提出协议的两倍。

(2) 安全性

QWs 粒子有其独特的安全性。和那些采用纠缠粒子的协议相比,它不存在事先的粒子分配。因此能够避免许多的攻击。

此外,在 Chen 等人[2]提出的协议中没有安全检查来确保传输的粒子就是 TP 最初给出的粒子,因此 Alice 存在很多的攻击方式来窃取 Bob 的信息。通过修改 Chen 等人[2]协议的结构,本章提出的协议修正了这一细小的缺陷,确保参与者不能发起攻击。

(3) 可实现性

QWs 粒子的最初状态是一个乘积态 $|0\rangle_c |0\rangle_p$。因此和纠缠态相比[10,14,16],它的测量和制备都相对而言更为容易[17]。此外,在本章提出的协议中只运用了一种算符 $U$,这使协议在现有的量子技术下能更容易实现,减少了所需的量子资源和设备需求。因此,本章提出的协议是容易实现的。

# 本 章 小 结

本章利用单粒子态和量子行走对量子百万富翁协议进行研究。本章首先介绍了量子行走的基本知识和性质；其次对提出的基于单向量子行走的量子百万富翁协议进行了详细介绍；再次通过分析证明了提出协议的正确性和安全性；最后通过将该协议与其他协议进行比较，说明了提出的协议在量子位效率、安全性和可实现性上存在的优势。

# 本章参考文献

[1]  Gao F, Wen Q Y, Zhu F C. Comment on: "quantum exam" [Phys. Lett. A 350 (2006) 174][J]. Physics Letters A, 2007, 360(6): 748-750.

[2]  Chen F L, Zhang H, Chen S G, et al. Novel two-party quantum private comparison via quantum walks on circle [J]. Quantum Information Processing, 2021, 20(5): 178.

[3]  Xue P, Qin H, Tang B, et al. Experimental realization of one-dimensional optical quantum walks[J]. Chinese Physics B, 2014, 23(11): 110307.

[4]  Li D, Mc Gettrick M, Zhang W W, et al. One-dimensional lazy quantum walks and occupancy rate[J]. Chinese Physics B, 2015, 24(5): 050305.

[5]  Li T, Zhang Y S, Yi W. Two-dimensional quantum walk with non-Hermitian skin effects[J]. Chinese Physics Letters, 2021, 38(3): 030301.

[6]  Farhi E, Gutmann S. Quantum computation and decision trees[J]. Physical Review A, 1998, 58(2): 915.

[7]  Mohseni M, Rebentrost P, Lloyd S, et al. Environment-assisted quantum walks in photosynthetic energy transfer [J]. The Journal of Chemical Physics, 2008, 129(17): 174106.

[8]  Hao Q, Xue P. Quantum walks with coins undergoing different quantum noisy channels[J]. Chinese Physics B, 2015, 25(1): 010501.

[9]  Bennett C H, Brassard G. Quantum cryptography: public-key distribution and coin tossing [C]//Proceedings of the International Conference on Computers, Systems and Signal Processing. Bangalore: IEEE, 1984.

[10]  Jiang L Z. Semi-quantum private comparison based on Bell states [J]. Quantum Information Processing, 2020, 19(6): 180.

[11]  Lin S, Sun Y, Liu X F, et al. Quantum private comparison protocol with d-dimensional Bell states[J]. Quantum Information Processing, 2013, 12(1): 559-568.

[12]  Zhou N R, Xu Q D, Du N S, et al. Semi-quantum private comparison protocol of size relation with d-dimensional Bell states [J]. Quantum

Information Processing，2021，20(3)：124.

[13] Chen X B，Xu G，Niu X X，et al. An efficient protocol for the private comparison of equal information based on the triplet entangled state and single-particle measurement[J]. Optics Communications，2010，283(7)：1561-1565.

[14] Liu W，Wang Y B. Quantum private comparison based on GHZ entangled states[J]. International Journal of Theoretical Physics，2012，51(11)：3596-3604.

[15] Wen Q Y，Qin S J，Gao F. Cryptanalysis of quantum cryptographic protocols[J]. Journal of Cryptologic Research，2014，1(2)：200-210.

[16] Lang Y F. Quantum private comparison using single Bell state [J]. International Journal of Theoretical Physics，2021，60(11)：4030-4036.

[17] Pan H M. Two-party quantum private comparison using single photons[J]. International Journal of Theoretical Physics，2018，57(11)：3389-3395.

# 第 12 章

# 基于单光子和旋转加密的高效
# 量子私密比较协议

## 12.1 概　　述

在现有的 QPC 协议中,纠缠态被广泛应用。然而一些不利条件,如制备纠缠态的困难[1]和纠缠态的安全漏洞[2],限制了纠缠态的应用。因此,基于单光子的协议受到了广泛关注[3-6]。作为确保上述协议正确性和安全性的重要方法,旋转加密被引入各种类型的量子协议中,如量子密钥交换[7]、指定验证者量子签名[8]、量子图像加密[9]等。此外,因为旋转加密对应的映射是同态的,所以旋转加密可用于设计 QPC 协议[10-11]。

本章提出一种基于偏振单光子的 QPC 协议,该协议高效且易于实现。在该协议中,两个参与者使用旋转加密和单光子编码他们的秘密整数,然后他们可以通过半诚实的 TP 比较各自的私密整数是否相等。TP 可能单独行为不端,但不能与其他参与者合谋[12-15]。TP 在协议开始时初始化量子序列,并在协议结束时解码结果;两个参与者的核心操作是将秘密编码到量子序列中。

与现有的 QPC 协议相比,本章提出的协议具有以下优点:首先,由于采用循环传输模式[16-17],在循环传输模式下,光子将沿着环形路径 TP-参与者 1-参与者 2-TP 传输,所以在没有预共享密钥的情况下,本章所提出协议的量子比特效率为 100%;其次,纠缠态、联合测量和纠缠交换等复杂技术被单光子、单粒子测量和酉运算所取代,因此本章所提出协议对技术的要求较为简单,易于实现,且其效率达到了理论上的最大值。

本章关注基于单光子和旋转加密的高效量子私密比较协议,首先以旋转加密为核心阐述了加解密方法;其次提出了一种新的 QPC 协议;再次分析了系统的正确性、安全性和效率;最后将提出的协议与其他协议进行了比较,还讨论了其扩展应用。

## 12.2　预备知识

基于旋转加密的加解密方法是本章提出协议的核心,故本节主要介绍此部分内容。

二进制数"0"会被编码为水平极化光子$|0\rangle$,二进制数"1"会被编码为垂直极化光子$|1\rangle$。旋转加密操作基于琼斯矩阵[18]。该操作对应的酉算符$R(\theta)$表示如下:

$$R(\theta)=\begin{pmatrix}\cos\theta & -\sin\theta \\ \sin\theta & \cos\theta\end{pmatrix}\tag{12-1}$$

符号$E_K[|\varphi\rangle]$表示用密钥$K\in[0,2\pi)$加密光子$|\varphi\rangle$,即$E_K[|\varphi\rangle]=R(K)|\varphi\rangle$;符号$D_K[|\varphi\rangle]$表示用密钥$K\in[0,2\pi)$解密光子$|\varphi\rangle$,即$D_K[|\varphi\rangle]=R(-K)|\varphi\rangle$。例如,二进制消息$P=0$被编码为$|\varphi\rangle=|0\rangle$后,加密操作可以表示为

$$|\varphi'\rangle=E_\theta[|\varphi\rangle]=R(\theta)|\varphi\rangle=\begin{pmatrix}\cos\theta & -\sin\theta \\ \sin\theta & \cos\theta\end{pmatrix}\begin{pmatrix}1 \\ 0\end{pmatrix}$$

$$=\begin{pmatrix}\cos\theta \\ \sin\theta\end{pmatrix}=\cos\theta|0\rangle+\sin\theta|1\rangle\tag{12-2}$$

加密后,原始的极化方向就会被掩盖。解密过程与加密过程类似,只是要将$\theta$替换为$-\theta$。以$|\varphi'\rangle$为例,解密过程如下:

$$D_\theta[|\varphi'\rangle]=R(-\theta)|\varphi'\rangle=\begin{pmatrix}\cos(-\theta) & -\sin(-\theta) \\ \sin(-\theta) & \cos(-\theta)\end{pmatrix}\begin{pmatrix}\cos\theta \\ \sin\theta\end{pmatrix}$$

$$=\begin{pmatrix}1 \\ 0\end{pmatrix}=|0\rangle=|\varphi\rangle\tag{12-3}$$

这种加解密方案有两个特点。

**引理 12.1**　映射$\theta\to R(\theta)$是同态的,即对于$n=2,3,4,\cdots$都有

$$\prod_{i=1}^{n}R(\theta_i)=R\left(\sum_{j=1}^{n}\theta_j\right)\tag{12-4}$$

**证明:**当$n=2$时,

$$R(\theta_1)R(\theta_2)=\begin{pmatrix}\cos\theta_1 & -\sin\theta_1 \\ \sin\theta_1 & \cos\theta_1\end{pmatrix}\begin{pmatrix}\cos\theta_2 & -\sin\theta_2 \\ \sin\theta_2 & \cos\theta_2\end{pmatrix}$$

$$=\begin{pmatrix}\cos(\theta_1+\theta_2) & -\sin(\theta_1+\theta_2) \\ \sin(\theta_1+\theta_2) & \cos(\theta_1+\theta_2)\end{pmatrix}$$

$$=R(\theta_1+\theta_2)\tag{12-5}$$

因此,引理 12.1 在$n=2$时成立。

假设当 $n=k,k=2,3,4,\cdots$ 时，有 $\prod\limits_{i=1}^{k}R(\theta_i)=R(\sum\limits_{j=1}^{k}\theta_j)$。

根据这个假设，当 $n=k+1$ 时，则有

$$\prod_{i=1}^{k+1}R(\theta_i)=\Big(\prod_{i=1}^{k}R(\theta_i)\Big)R(\theta_{k+1})$$

$$=R\Big(\sum_{j=1}^{k}\theta_j\Big)R(\theta_{k+1})$$

$$=R\Big(\Big(\sum_{j=1}^{k}\theta_j\Big)+\theta_{k+1}\Big)$$

$$=R\Big(\sum_{j=1}^{k+1}\theta_j\Big) \tag{12-6}$$

因此，引理 12.1 在 $n=k+1$ 时成立。

综上所述，对于 $n=2,3,4,\cdots$ 都有 $\prod\limits_{i=1}^{n}R(\theta_i)=R(\sum\limits_{j=1}^{n}\theta_j)$。

所以，映射 $\theta\rightarrow R(\theta)$ 是同态的。根据该性质，如果数据被加密多次，那么可以忽略每个密钥的顺序。因此，解密时可以简单地将所有密钥相加作为新密钥，然后仅执行一次解密操作。

**引理 12.2** 对于 $\alpha,\beta\in\{0,1\}$，以下等式成立：

$$R(\theta)|\alpha\oplus\beta\rangle=E_{\frac{\pi}{2}\alpha+\frac{\pi}{2}\beta}[R(\theta)|0\rangle] \tag{12-7}$$

**证明：** 对 $E_{\frac{\pi}{2}\alpha+\frac{\pi}{2}\beta}[R(\theta)|0\rangle]$ 按如下方式进行转化：

$$E_{\frac{\pi}{2}\alpha+\frac{\pi}{2}\beta}[R(\theta)|0\rangle]=R\Big(\frac{\pi}{2}\alpha+\frac{\pi}{2}\beta\Big)[R(\theta)|0\rangle]=R(\theta)\Big[R\Big(\frac{\pi}{2}\alpha+\frac{\pi}{2}\beta\Big)|0\rangle\Big]$$

$$\tag{12-8}$$

$\alpha,\beta,\alpha\oplus\beta,|\alpha\oplus\beta\rangle$ 和 $R\Big(\frac{\pi}{2}\alpha+\frac{\pi}{2}\beta\Big)|0\rangle$ 之间的关系如表 12-1 所示。

表 12-1 $\boldsymbol{\alpha},\boldsymbol{\beta},\boldsymbol{\alpha}\oplus\boldsymbol{\beta},|\boldsymbol{\alpha}\oplus\boldsymbol{\beta}\rangle$ 和 $R\Big(\dfrac{\pi}{2}\boldsymbol{\alpha}+\dfrac{\pi}{2}\boldsymbol{\beta}\Big)|0\rangle$ 之间的关系

| $\alpha$ | $\beta$ | $\alpha\oplus\beta$ | $|\alpha\oplus\beta\rangle$ | $R\Big(\dfrac{\pi}{2}\alpha+\dfrac{\pi}{2}\beta\Big)|0\rangle$ |
|---|---|---|---|---|
| 0 | 0 | 0 | $|0\rangle$ | $|0\rangle$ |
| 0 | 1 | 1 | $|1\rangle$ | $|1\rangle$ |
| 1 | 0 | 1 | $|1\rangle$ | $|1\rangle$ |
| 1 | 1 | 0 | $|0\rangle$ | $|0\rangle$ |

从表 12-1 中可以发现 $|\alpha\oplus\beta\rangle$ 和 $R\Big(\dfrac{\pi}{2}\alpha+\dfrac{\pi}{2}\beta\Big)|0\rangle$ 总是相等的。因此有

$$R(\theta)|\alpha\oplus\beta\rangle=R(\theta)\Big[R\Big(\frac{\pi}{2}\alpha+\frac{\pi}{2}\beta\Big)|0\rangle\Big]=E_{\frac{\pi}{2}\alpha+\frac{\pi}{2}\beta}[R(\theta)|0\rangle] \tag{12-9}$$

所以引理 12.2 成立。

这意味着 $R(\theta)|\alpha\oplus\beta\rangle$ 可以表示为 $E_{\frac{\pi}{2}\alpha+\frac{\pi}{2}\beta}[R(\theta)|0\rangle]$，即利用旋转加密可以实现按位异或的操作。

## 12.3 提出的两方量子私密比较协议

本章提出的协议在以下场景工作：两个互不信任的参与者 Alice 和 Bob 希望通过半诚实第三方 TP(记为 Charlie)的帮助来比较各自的秘密是否相等。假设 Alice 和 Bob 各自持有私密整数 $N_A$ 和 $N_B$。Alice 将 $N_A$ 转化为 $n$ 位长的二进制数 $N_{A,n-1}\cdots N_{A,1}N_{A,0}$，Bob 将 $N_B$ 转化为 $n$ 位长的二进制数 $N_{B,n-1}\cdots N_{B,1}N_{B,0}$。

[P-1] Charlie 初始化一个 $n$ 位长的全 $|0\rangle$ 光子序列 $S$ 并生成密钥 $K_C = \{k_{C,i}:0\leqslant k_{C,i}<2\pi,i=n-1,\cdots,1,0\}$。之后，他对 $S$ 进行以下操作得到 $S_{\text{init}}$：

$$S_{\text{init}}=\{|\varphi_{\text{init},i}\rangle:|\varphi_{\text{init},i}\rangle=E_{k_{C,i}}[|0\rangle],i=n-1,\cdots,1,0\} \tag{12-10}$$

[P-2] Charlie 从 $\{|0\rangle,|1\rangle,|+\rangle,|-\rangle\}$ 随机选择 $m$ 个光子作为诱骗光子。之后他将这些诱骗光子随机插入 $S_{\text{init}}$ 得到一个长度为 $(m+n)$ 的新序列 $S'_{\text{init}}$，并且记录诱骗光子的位置和状态。最后他将 $S'_{\text{init}}$ 发送给 Alice。

[P-3] 在 Alice 回应收到 $S'_{\text{init}}$ 后，Charlie 公布诱骗光子的位置与对应位置的测量基。对于诱骗光子为 $|0\rangle$ 或 $|1\rangle$ 的位置，Charlie 公布 $Z$ 基；对于诱骗光子为 $|+\rangle$ 或 $|-\rangle$ 的位置，Charlie 公布 $X$ 基。之后，Alice 按照 Charlie 公布的信息对诱骗粒子进行测量并公布测量结果。如果结果的错误率高于某个预先商定的阈值，则说明有窃听者存在，那么整个协议会重新执行。否则 Alice 丢弃插入到 $S'_{\text{init}}$ 的诱骗光子，恢复 $S_{\text{init}}$ 后执行步骤[P-4]。

[P-4] Alice 生成密钥 $K_A=\{k_{A,i}:0\leqslant k_{A,i}<2\pi,i=n-1,\cdots,1,0\}$。之后，她用 $K_A$ 与 $N_{A,n-1}\cdots N_{A,1}N_{A,0}$ 对 $S_{\text{init}}$ 进行以下操作得到 $S_A$：

$$S_A=\{|\varphi_{A,i}\rangle:|\varphi_{A,i}\rangle=E_{\frac{\pi}{2}N_{A,i}+k_{A,i}}[|\varphi_{\text{init},i}\rangle],i=n-1,\cdots,1,0\} \tag{12-11}$$

[P-5] 和步骤[P-2]与步骤[P-3]类似，Alice 将插入诱骗光子后的序列发送给 Bob，之后和 Bob 进行窃听检测。如果他们发现窃听者存在，则重启协议。

[P-6] 和步骤[P-4]中 Alice 的行为类似，Bob 生成 $K_B$，并用 $K_B$ 和 $N_{B,n-1}\cdots N_{B,1}N_{B,0}$ 对 $S_A$ 进行以下操作得到 $S_B$：

$$S_B=\{|\varphi_{B,i}\rangle:|\varphi_{B,i}\rangle=E_{\frac{\pi}{2}N_{B,i}+k_{B,i}}[|\varphi_{A,i}\rangle],i=n-1,\cdots,1,0\} \tag{12-12}$$

和[P-2]与[P-3]类似，Bob 将插入诱骗光子后的序列发送 Charlie，之后和 Charlie 进行窃听检测。如果他们发现窃听者存在，则重启协议。

[P-7] Alice 和 Bob 公开 $K_A$ 与 $K_B$，Charlie 将它们记录下来。

[P-8] Charlie 用 $K_A$、$K_B$ 与 $K_C$ 解密 $S_B$，得到 $S_C$：

$$S_C=\{|\varphi_{C,i}\rangle:|\varphi_{C,i}\rangle=D_{k_{A,i}+k_{B,i}+k_{C,i}}[|\varphi_{B,i}\rangle],i=n-1,\cdots,1,0\} \tag{12-13}$$

Charlie 使用 $Z$ 基测量 $S_C$，之后按照以下规则计算 $N_C = N_{C,n-1} \cdots N_{C,1} N_{C,0}$：

$$N_{C,i} = \begin{cases} 0, & |\varphi_{C,i}\rangle = |0\rangle \\ 1, & |\varphi_{C,i}\rangle = |1\rangle \end{cases} \tag{12-14}$$

如果序列 $N_C$ 中存在一个 1，则 Charlie 得到 $N_A \neq N_B$；如果序列 $N_C$ 全部为 0，则 Charlie 得到 $N_A = N_B$。

# 12.4 协议分析

本节将对本章提出的协议的正确性、安全性和效率进行分析。

## 12.4.1 正确性

在正确性分析中，诱骗光子被忽略，因为它们仅用于检测窃听者，之后就被丢弃，不会对其他光子构成影响。

$S_C$ 中的每一个 $|\varphi_{C,i}\rangle$ 都可以根据 Alice、Bob 和 Charlie 的处理规则写成以下形式：

$$
\begin{aligned}
|\varphi_{C,i}\rangle &= R(-k_{A,i} - k_{B,i} - k_{C,i})|\varphi_{B,i}\rangle \\
&= R(-k_{A,i} - k_{B,i} - k_{C,i})R\left(\frac{\pi}{2}N_{B,i} + k_{B,i}\right)|\varphi_{A,i}\rangle \\
&= R(-k_{A,i} - k_{B,i} - k_{C,i})R\left(\frac{\pi}{2}N_{B,i} + k_{B,i}\right)R\left(\frac{\pi}{2}N_{A,i} + k_{A,i}\right)|\varphi_{\text{init},i}\rangle \\
&= R(-k_{A,i} - k_{B,i} - k_{C,i})R\left(\frac{\pi}{2}N_{B,i} + k_{B,i}\right)R\left(\frac{\pi}{2}N_{A,i} + k_{A,i}\right)R(k_{C,i})|0\rangle
\end{aligned}
\tag{12-15}
$$

根据引理 12.1，公式（12-15）中的 4 个琼斯矩阵[18]可以合并，结果如下：

$$
\begin{aligned}
|\varphi_{C,i}\rangle &= R\left(-k_{A,i} - k_{B,i} - k_{C,i} + \frac{\pi}{2}N_{B,i} + k_{B,i} + \frac{\pi}{2}N_{A,i} + k_{A,i} + k_{C,i}\right)|0\rangle \\
&= R\left(\frac{\pi}{2}N_{B,i} + \frac{\pi}{2}N_{A,i}\right)|0\rangle
\end{aligned}
\tag{12-16}
$$

根据引理 12.2 可知 $|\varphi_{C,i}\rangle = |N_{A,i} \oplus N_{B,i}\rangle$。

简单起见，将 $N_{A,n-1} \oplus N_{B,n-1}, \cdots, N_{A,1} \oplus N_{B,1}, N_{A,0} \oplus N_{B,0}$ 简记为 $N_A \oplus N_B$。那么由公式（12-14）可知 $N_C = N_A \oplus N_B$。所以，当 $N_C$ 全 0 时有 $N_A = N_B$，否则 $N_A \neq N_B$。因此，Charlie 可以通过 $N_C$ 来判断 $N_A$ 和 $N_B$ 是否相等。

## 12.4.2 安全性

本小节将分析本章提出的协议的安全性。首先证明提出的协议能够抵抗外部攻击,其次证明提出的协议能够抵抗内部攻击。

### 1. 外部攻击

假设 Eve 是外部攻击者。他无法发现目标光子和诱骗光子之间的区别。因此,他必须对所有光子实施相同的操作。他最一般的操作是诱导样本光子与辅助量子系统相互作用。因此,他的行为可以表示为

$$\begin{cases} U_E |0\rangle |\varphi^E\rangle = a_0 |0\rangle |\varphi_{00}^E\rangle + b_0 |1\rangle |\varphi_{01}^E\rangle \\ U_E |1\rangle |\varphi^E\rangle = a_1 |0\rangle |\varphi_{10}^E\rangle + b_1 |1\rangle |\varphi_{11}^E\rangle \end{cases} \tag{12-17}$$

显然,$|a_i|^2 + |b_i|^2 = 1$ ($i = 0, 1$)。如果 Eve 在窃听检查中没有引入错误,则整体操作必须满足以下要求:

$$\begin{cases} U_E |+\rangle |\varphi^E\rangle = |+\rangle |\varphi_+^E\rangle \\ U_E |-\rangle |\varphi^E\rangle = |-\rangle |\varphi_-^E\rangle \\ U_E |0\rangle |\varphi^E\rangle = |0\rangle |\varphi_0^E\rangle \\ U_E |1\rangle |\varphi^E\rangle = |1\rangle |\varphi_1^E\rangle \end{cases} \tag{12-18}$$

以 $U_E |+\rangle |\varphi^E\rangle = |+\rangle |\varphi_+^E\rangle$ 为例,等号两边展开如下:

$U_E |+\rangle |\varphi^E\rangle = |+\rangle |\varphi_+^E\rangle$

$\Rightarrow \dfrac{1}{\sqrt{2}} U_E |0\rangle |\varphi^E\rangle + \dfrac{1}{\sqrt{2}} U_E |1\rangle |\varphi^E\rangle = \dfrac{1}{\sqrt{2}} |0\rangle |\varphi_+^E\rangle + \dfrac{1}{\sqrt{2}} |1\rangle |\varphi_+^E\rangle$

$\Rightarrow \dfrac{1}{\sqrt{2}} (a_0 |0\rangle |\varphi_{00}^E\rangle + b_0 |1\rangle |\varphi_{01}^E\rangle) + \dfrac{1}{\sqrt{2}} (a_1 |0\rangle |\varphi_{10}^E\rangle + b_1 |1\rangle |\varphi_{11}^E\rangle)$

$= \dfrac{1}{\sqrt{2}} |0\rangle |\varphi_+^E\rangle + \dfrac{1}{\sqrt{2}} |1\rangle |\varphi_+^E\rangle$

$\Rightarrow \dfrac{1}{\sqrt{2}} |0\rangle (a_0 |\varphi_{00}^E\rangle + a_1 |\varphi_{10}^E\rangle - |\varphi_+^E\rangle) + \dfrac{1}{\sqrt{2}} |1\rangle (b_0 |\varphi_{01}^E\rangle + b_1 |\varphi_{11}^E\rangle - |\varphi_+^E\rangle) = 0$

$\Rightarrow \begin{cases} a_0 |\varphi_{00}^E\rangle + a_1 |\varphi_{10}^E\rangle - |\varphi_+^E\rangle = 0 \\ b_0 |\varphi_{01}^E\rangle + b_1 |\varphi_{11}^E\rangle - |\varphi_+^E\rangle = 0 \end{cases} \tag{12-19}$

此处,0 表示列零向量。同理有

$$\begin{cases} a_0 |\varphi_{00}^E\rangle + a_1 |\varphi_{10}^E\rangle - |\varphi_+^E\rangle = 0 \\ b_0 |\varphi_{01}^E\rangle + b_1 |\varphi_{11}^E\rangle - |\varphi_+^E\rangle = 0 \\ a_0 |\varphi_{00}^E\rangle - a_1 |\varphi_{10}^E\rangle - |\varphi_-^E\rangle = 0 \\ b_0 |\varphi_{01}^E\rangle - b_1 |\varphi_{11}^E\rangle + |\varphi_-^E\rangle = 0 \\ a_0 |\varphi_{00}^E\rangle - |\varphi_0^E\rangle = 0 \\ b_0 |\varphi_{01}^E\rangle = 0 \\ a_1 |\varphi_{10}^E\rangle = 0 \\ b_1 |\varphi_{11}^E\rangle - |\varphi_1^E\rangle = 0 \end{cases} \tag{12-20}$$

解得 $|\varphi_{00}^E\rangle=|\varphi_{11}^E\rangle=|\varphi_0^E\rangle=|\varphi_1^E\rangle$，$a_1=b_0=0$ 和 $a_0=b_1=1$。其代入公式（12-17）后，结果如下：

$$\begin{cases} U_E|0\rangle|\varphi^E\rangle=|0\rangle|\varphi_{00}^E\rangle \\ U_E|1\rangle|\varphi^E\rangle=|1\rangle|\varphi_{00}^E\rangle \end{cases} \tag{12-21}$$

也就是说，Eve 无法在不引入错误的情况下对 $\{|0\rangle,|1\rangle\}$ 进行区分。而一旦存在错误，窃听检查就会发现它，然后协议将在不泄露信息的情况下重新启动。因此 Eve 的攻击将永远不会成功。

除上述攻击外，测量重发攻击、拦截重发攻击、纠缠测量攻击等特殊情况，也都可以在窃听检查中被发现[19,20]。

### 2. 内部攻击

在本章的设定下，Alice、Bob 和 Charlie 可能会试图窃取其他人的私密信息。一般来说，参与者在发动攻击时更具破坏性，应该得到更多的关注[21]。

本章提出的协议中，量子通信发生在步骤[P-2]（Charlie 向 Alice 发送 $S_{init}$）、[P-5]（Alice 向 Bob 发送 $S_A$）、[P-6]（Bob 向 Charlie 发送 $S_B$）。任意一个 $S_{init}$ 中的 $|\varphi_{init,i}\rangle$、$S_A$ 中的 $|\varphi_{A,i}\rangle$、$S_B$ 中的 $|\varphi_{B,i}\rangle$（$i=n-1,\cdots,1,0$）都分别可以写成公式（12-22）、公式（12-23）和公式（12-24）的形式：

$$|\varphi_{init,i}\rangle=E_{k_{C,i}}[\,|0\rangle]=R(k_{C,i})|0\rangle \tag{12-22}$$

$$|\varphi_{A,i}\rangle=E_{\frac{\pi}{2}N_{A,i}+k_{A,i}}[\,|\varphi_{init,i}\rangle]$$

$$=R\left(\frac{\pi}{2}N_{A,i}+k_{A,i}\right)R(k_{C,i})|0\rangle$$

$$=R(k_{A,i}+k_{C,i})|N_{A,i}\rangle \tag{12-23}$$

$$|\varphi_{B,i}\rangle=E_{\frac{\pi}{2}N_{B,i}+k_{B,i}}[\,|\varphi_{A,i}\rangle]$$

$$=R\left(\frac{\pi}{2}N_{B,i}+k_{B,i}\right)|\varphi_{A,i}\rangle$$

$$=R(k_{A,i}+k_{B,i}+k_{C,i})\left[R\left(\frac{\pi}{2}N_{A,i}+\frac{\pi}{2}N_{B,i}\right)|0\rangle\right]$$

$$=R(k_{A,i}+k_{B,i}+k_{C,i})|N_{A,i}\oplus N_{B,i}\rangle \tag{12-24}$$

与依靠诱骗粒子保证的外部安全性不同，内部安全性依靠旋转加密自身来保证，证明如下。

当测量光子时，无论它自身初始状态如何，测量后都会坍缩到 $|0\rangle$ 或 $|1\rangle$。此时旋转角度丢失，所以攻击者无法仅通过测量截获的光子获取密钥。进一步地，如果攻击者使用错误的密钥，则无法保证测量结果完全正确。例如，攻击者选择使用 $\gamma\neq\theta$ 解密 $R(\theta)|0\rangle$，那么结果为 $D_\gamma[R(\theta)|0\rangle]=R(\theta-\gamma)|0\rangle=\cos(\theta-\gamma)|0\rangle+\sin(\theta-\gamma)|1\rangle$。所以攻击者使用 $Z$ 基测量 $R(\theta-\gamma)|0\rangle$ 获得正确结果 $|0\rangle$ 的概率 $p$ 为 $\cos^2(\theta-\gamma)$。易知 $p$ 无法达到 $100\%$，这意味着错误的密钥无法保证测量结果完全正确。

因此,分析内部攻击是否成功的方法为:判断参与者是否可以同时获得光子序列和相应的密钥。基于这个思想,本节将逐一分析以下 4 种情况:Alice 想要获取 $N_B$、Bob 想要获取 $N_A$、Charlie 想要获取 $N_A$、Charlie 想要获取 $N_B$。

(1) 情况 1:Alice 想要获取 $N_B$

$N_B$ 仅存在于 $S_B$ 中,其对应密钥为 $(K_A+K_B+K_C)$。但 $K_C$ 始终由 Charlie 持有,在整个协议执行期间从未公布,所以 Alice 无法获取解密所需密钥。

Alice 窃取 $N_B$ 的一种方法是向 Bob 传送一个全部由 $|0\rangle$ 组成的 $S_A$。当 Bob 向 Charlie 传送 $S_B$ 时,Alice 截获 $S_B$ 并向 Charlie 发送一个随机光子序列。如果 Bob 公布了他的密钥,Alice 就能同时持有 $S_B$ 和其对应的密钥 $K_B$,那么 $N_B$ 就会被泄露。然而这个方法不可行。一旦 Alice 截获了 $S_B$,Bob 和 Charlie 就会在对 $S_B$ 的窃听检测中发现窃听者的存在,协议会在 Bob 公布密钥之前重启。

综上所述,Alice 无法获取 $N_B$。

(2) 情况 2:Bob 想要获取 $N_A$

因为 Bob 将 $S_A$ 加密为 $S_B$,所以对于 Bob 而言,从 $S_A$ 或 $S_B$ 中获取 $N_A$ 是等价的。以后者为例,和 Alice 的情况类似,Bob 也由于无法获取 $K_C$ 而无法得到 $S_B$ 对应的密钥 $(K_A+K_B+K_C)$。

Bob 窃取 $N_A$ 的一种方法是截获 $S_{\mathrm{init}}$,将它替换为一个全部由 $|0\rangle$ 组成的光子序列。而后 Bob 接收 Alice 发来的 $S_A$,之后向 Charlie 发送一个随机光子序列。如果 Alice 公布了她的密钥,Bob 就能同时持有 $S_A$ 和其对应的密钥 $K_A$,那么 $N_A$ 就会被泄露。然而这个方法不可行。一旦 Bob 截获了 $S_{\mathrm{init}}$,Charlie 和 Alice 就会在对 $S_{\mathrm{init}}$ 的窃听检测中发现窃听者的存在,协议会在 Alice 公布密钥 $K_A$ 之前重启。

综上所述,Bob 无法获取 $N_A$。

(3) 情况 3:Charlie 想要获取 $N_A$

一旦 Charlie 截获了 $S_A$,Alice 和 Bob 就会在对 $S_A$ 的窃听检测中发现窃听者存在,整个协议会在 Alice 公布密钥 $K_A$ 之前重启。而 Charlie 对于 $S_B$ 的获取是合法的,但他从 $S_B$ 中只能获取 $N_A \oplus N_B$ 而无法单独获取 $N_A$。

综上所述,Charlie 无法获取 $N_A$。

(4) 情况 4:Charlie 想要获取 $N_B$

如前所述,$N_B$ 在协议正常执行时从未单独传输过,只会与 $N_A$ 共存。所以,除非 $N_A$ 泄露,否则 $N_B$ 永远不会泄露。然而如情况 3 所言,Charlie 无法获取 $N_A$,所以 Charlie 在协议正常执行时无法获取 $N_B$。

Charlie 窃取 $N_B$ 的一种方法是截获 $S_A$,之后将其替换为一个全部由 $|0\rangle$ 组成的光子序列并将这个光子序列发给 Bob。之后 Charlie 就可以在 Bob 公布密钥 $K_B$ 之后计算 $N_B$。当然,由于 Alice 和 Bob 会在对 $S_A$ 的窃听检测中发现窃听者存在,因此协议在这之后就会重启。

综上所述,Charlie 无法获取 $N_B$。

根据上述研究,本章提出的协议可以抵抗外部和内部攻击,而不会泄露 Alice 和 Bob 的私密整数。

## 12.4.3　效率

本章提出协议的量子比特效率采用文献[22]和[12]所述的计算方法,即 $\eta = \dfrac{\eta_c}{\eta_t}$,其中,$\eta_c$ 表示待比较的经典比特数目,$\eta_t$ 表示除诱骗粒子外所需的量子比特数目[12,22]。在一般的量子私密比较协议中,$\eta_t$ 又可以表示为 $\eta_t = \eta_s + \eta_k$,其中 $\eta_s$ 表示承载私密信息的量子比特数目,$\eta_k$ 表示预共享密钥等操作所需的量子比特数目。本章提出的协议中,每一位经典比特的比较都是通过一个量子比特实现的,所以有 $\eta_s = \eta_c$。此外,本章提出的协议除诱骗粒子外不涉及预共享密钥等消耗量子资源的操作,所以有 $\eta_k = 0$。综上所述,本章提出协议的量子比特效率为 $100\%$。

## 12.4.4　协议比较

本节将对本章提出的协议与其他相似协议进行比较,并讨论本章所提出协议的扩展应用。

表 12-2 比较了本章所提出协议与文献[4]、[23]、[24]、[25]中的类似协议。本章所提出协议有以下优点。第一,在密钥分发过程中不需要使用额外的粒子,因此,与一系列基于 QKD 的 QPC 协议[4,24,25]相比,该协议在密钥分发方面没有量子资源消耗。第二,本章提出的协议实现了量子资源的复用,即同一个量子序列携带了两个参与者的秘密整数。然而,在一些没有这个功能的协议[24-25]中,玩家必须准备更多的粒子来执行协议,这增加了量子资源的消耗。第三,本章提出的协议和 Jia 等人[23]提出的协议都达到了最大理论效率,但是本章提出的协议更容易实现。Jia 等人[23]提出的协议有更多的技术限制,例如制备 $\chi$ 型真四粒子纠缠态、纠缠交换和联合测量[16],而本章提出的协议是通过更加简单的单光子、酉运算和单粒子测量实现的。

表 12-2　本章提出的协议与一些现有 QPC 协议的比较

| 协议 | 使用的量子资源 | 量子效率 | 是否需要 QKD 协议 | 是否实现量子资源复用 | 测量方法 |
|---|---|---|---|---|---|
| 文献[4]提出的协议 | 单光子 | 33% | 是 | 是 | 单粒子测量 |
| 文献[23]提出的协议 | $\chi$ 型真四粒子纠缠态 | 100% | 否 | 是 | 联合测量 |
| 文献[24]提出的协议 | 贝尔态 | 25% | 是 | 否 | 单粒子测量 |
| 文献[25]提出的协议 | 单光子 | 33% | 是 | 否 | 单粒子测量 |
| 本章提出的协议 | 单光子 | 100% | 否 | 是 | 单粒子测量 |

此外,本章提出的协议还可以扩展到执行其他任务。其中一个扩展的任务是完成两个集合的比较:每个玩家将集合中所有元素的二进制值由小至大串联为一个二进制串,之后进行比较。另一扩展的任务是量子秘密共享:假设初始秘密 $N_C$ 被分成了两份,分别为 $N_A$ 和 $N_B = N_A \oplus N_C$,之后 Alice 获得了 $N_A$,Bob 获得了 $N_B$,那么 Alice 和 Bob 就可以执行本章提出的协议以获得初始秘密 $N_C$。

# 本 章 小 结

本章提出了一个基于单光子和旋转加密的高效量子私密比较协议。在 TP 的帮助下,参与者可以安全地确定两个私密整数的大小关系。为了提高效率,本章提出的协议中的密钥是通过经典信道而不是 QKD 协议分发的,因此不会消耗额外的粒子来共享密钥。此外,循环传输模式允许参与者实现量子资源的多路复用,进而减少了协议中使用的光子数量。根据这两个特性,本章提出的协议的量子比特效率达到了理论最大值 100%。在技术方面,本章提出的协议可以利用单光子、酉运算和单粒子测量在当前技术条件下实现。

# 本章参考文献

[1] Shannon K,Towe E,Tonguz O K. On the use of quantum entanglement in secure communications: a survey [J]. arXiv preprint arXiv:2003. 07907,2020.

[2] 温巧燕,秦素娟,高飞. 量子密码协议安全性分析[J]. 密码学报,2014,1(2): 200-210.

[3] Yang Y G,Xia J,Jia X I N,et al. New quantum private comparison protocol without entanglement[J]. International Journal of Quantum Information, 2012,10(06):1250065.

[4] Liu B,Gao F,Jia H,et al. Efficient quantum private comparison employing single photons and collective detection[J]. Quantum Information Processing, 2013,12(2):887-897.

[5] Li Y B,Ma Y J,Xu S W,et al. Quantum private comparison based on phase encoding of single photons[J]. International Journal of Theoretical Physics, 2014,53(9):3191-3200.

[6] Liu B,Xiao D,Huang W,et al. Quantum private comparison employing single-photon interference [J]. Quantum Information Processing, 2017, 16(7):180.

[7] Goswami P S, Chakraborty T, Chattopadhyay A. A secured quantum key exchange algorithm using fermat numbers and DNA encoding[C]//2021 Fourth International Conference on Electrical, Computer and Communication Technologies (ICECCT). IEEE, 2021: 1-8.

[8] Xin X, Ding L, Li C, et al. Quantum public-key designated verifier signature [J]. Quantum Information Processing, 2022, 21(1): 33.

[9] Zhang J, Huang Z, Li X, et al. Quantum image encryption based on quantum image decomposition[J]. International Journal of Theoretical Physics, 2021, 60(8): 2930-2942.

[10] Song X, Wen A, Gou R. Multiparty quantum private comparison of size relation based on single-particle states [J]. IEEE Access, 2019, 7: 142507-142514.

[11] Wu W Q, Zhou G L, Zhao Y X, et al. New quantum private comparison protocol without a third Party[J]. International Journal of Theoretical Physics, 2020, 59(6): 1866-1875.

[12] Ye T Y, Ji Z X. Two-party quantum private comparison with five-qubit entangled states[J]. International Journal of Theoretical Physics, 2017, 56(5): 1517-1529.

[13] Ye T Y. Quantum private comparison via cavity QED[J]. Communications in Theoretical Physics, 2017, 67(2): 147.

[14] Zha X W, Yu X Y, Cao Y, et al. Quantum private comparison protocol with five-particle cluster states[J]. International Journal of Theoretical Physics, 2018, 57(12): 3874-3881.

[15] Pan H M. Quantum private comparison based on $\chi$-type entangled states [J]. International Journal of Theoretical Physics, 2017, 56 (10): 3340-3347.

[16] Ji Z X, Fan P R, Zhang H G, et al. Several two-party protocols for quantum private comparison using entanglement and dense coding [J]. Optics Communications, 2020, 459: 124911.

[17] Ye C Q, Li J, Chen X B, et al. Efficient semi-quantum private comparison without using entanglement resource and pre-shared key[J]. Quantum Information Processing, 2021, 20(8): 262.

[18] Jones R C. A new calculus for the treatment of optical systemsi. description and discussion of the calculus[J]. Josa, 1941, 31(7): 488-493.

[19] Shor P W, Preskill J. Simple proof of security of the BB84 quantum key distribution protocol[J]. Physical Review Letters, 2000, 85(2):441.

[20] Zi W, Guo F, Luo Y, et al. Quantum private comparison protocol with the

random rotation[J]. International Journal of Theoretical Physics, 2013, 52(9): 3212-3219.

[21] Gao F, Qin S J, Wen Q F, et al. A simple participant attack on the bradler-dušek protocol[J]. Quantum Information & Computation, 2007, 7(4): 329-334.

[22] Tseng H Y, Lin J, Hwang T. New quantum private comparison protocol using EPR pairs[J]. Quantum Information Processing, 2012, 11(2): 373-384.

[23] Jia H Y, Wen Q Y, Li Y B, et al. Quantum private comparison using genuine four-particle entangled states [J]. International Journal of Theoretical Physics, 2012, 51(4): 1187-1194.

[24] Yan L, Zhang S, Chang Y, et al. Semi-quantum key agreement and private comparison protocols using Bell states [J]. International Journal of Theoretical Physics, 2019, 58(11): 3852-3862.

[25] Sun Z, Yu J, Wang P, et al. Quantum private comparison with a malicious third party[J]. Quantum Information Processing, 2015, 14(6): 2125-2133.